U0872107

核电厂维修人员通用技能培训教材

维修管理

中核核电运行管理有限公司　组织编写

中国原子能出版社

图书在版编目（CIP）数据

核电厂维修人员通用技能培训教材. 维修管理 / 中核核电运行管理有限公司组织编写. 一北京：中国原子能出版社，2020.11（2024.7 重印）

ISBN 978-7-5221-0956-5

Ⅰ. ①核… Ⅱ. ①中… Ⅲ. ①核电厂-装备维修-技术培训-教材 Ⅳ. ①TM623.7

中国版本图书馆 CIP 数据核字（2020）第 192088 号

核电厂维修人员通用技能培训教材　维修管理

出版发行　中国原子能出版社（北京市海淀区阜成路 43 号　100048）
责任编辑　刘东鹏
装帧设计　赵　杰
责任校对　冯莲凤
责任印制　赵　明
印　　刷　中煤（北京）印务有限公司
经　　销　全国新华书店
开　　本　787 mm×1092 mm　1/16
印　　张　16
字　　数　403 千字
版　　次　2020 年 11 月第 1 版　2024 年 7 月第 2 次印刷
书　　号　ISBN 978-7-5221-0956-5　　**定　价　114.00 元**

网址：**http://www.aep.com.cn**　　**E-mail：atomep123@126.com**
发行电话：010-88828678

核电厂维修人员通用技能培训教材

维修管理

编审委员会

主　任	邹正宇			
副主任	朱晓斌	刘崇都	吴炳泉	董军成
委　员	王孔钊	王晓波	方幼君	卢才华
	叶丹萌	朱　磊	孙国忠	李厚文
	吴小海	吴明亮	邹俊磊	张世敏
	周瑞东	郑建华	费志松	徐宏明
	盛建华	韩光辉	蒲晓彬	樊鹏飞
编　者	王　波	卢才华	叶云芳	宁　卫
	朱　磊	刘崇都	孙　坚	孙　营
	李攀攀	何仁义	陈璞洁	林　洋
	赵永顺	胡四光	贾小强	钱碧军
	郭宏宇	章日俊	覃恩高	焦允站
	穆圣楠			
审　者	方幼君	卢才华	朱晓斌	肖　炜
	邹正宇	陈志高	姜向平	高　波
	黄国炤	梅炳云		

出版前言

为保障入职核反应堆维修新员工获得应对正常工况和紧急情况所需的基本工作技能和技术水平，中核核电运行管理有限公司维修领域各处室和综合培训处在完成维修通用技能培训科目编制和教学实施工作的基础上，继续推动了《维修通用技能培训教材》管理合订本的出版工作。

《维修通用技能培训教材》管理合订本中所有科目于 2014 年编制完成。2015 年开始面向维修领域新员工在入厂培训后进行教学实施，并纳入中核核电运行管理有限公司各维修处室的岗位培训清单。《维修通用技能培训教材》管理合订本的所属科目在维修领域的新员工技能培训工作中起到了“提高维修技能水平、保障机组安全生产”的作用。为了更好发挥维修通用技能培训教材的作用，配合核电厂维修领域工作的顺利有序开展，便于培训部门有效地组织培训，正确引导学员通过培训、学习，提高自身素质和能力，中核核电运行管理有限公司综合培训处组织印刷出版《维修通用技能培训教材》管理合订本。

《维修通用技能培训教材》管理合订本内容紧扣维修领域新入职员工所需要了解的维修管理理念，通过对核电厂系统、防人因失误、大修管理、维修政策与期望、维修人员行为规范、防异物管理、高处作业等课程的学习，了解核电厂维修管理理念，从而学习对核电厂现场情况进行有效辨识，正确认识岗位工作规范，进而具备核电厂维修人员工作素养。

《维修通用技能培训教材》管理合订本包含7个部分，涵盖核电厂共性通用管理理念和基本操作规范。其中第一部分 核电厂运行概述由叶云芳、孙坚负责编写，第二部分 维修人员防人因失误工具由焦允站、何仁义、覃恩高负责编写，第三部分 防异物管理由李攀攀、贾小强、郭宏宇、孙营负责编写，第四部分 维修人员行为规范由章日俊、陈璞洁负责编写，第五部分 维修政策与期望由刘崇都负责编写，第六部分 大修管理由凌天云负责编写，第七部分 高处作业安全技能由林洋负责编写。

《维修通用技能培训教材》管理合订本的编制出版，凝聚着编、审、校、排、印及组织管理人员的大量辛勤劳动和心血，同时得到了相关部门的大力支持和热情帮助，在此表示深深地谢意！

《维修通用技能培训教材》管理合订本中如有不妥之处，恳请批评指正。

中核核电运行管理有限公司

目　录

第一部分　核电厂运行概述

第二部分 维修人员防人因失误工具

第三部分 防异物管理

第四部分　维修人员行为规范

第五部分　维修政策与期望

第六部分 大修管理

第七部分　高处作业安全技能

第一部分　核电厂运行概述

第一章　核电厂运行特点

1.1　反应堆临界是核电厂运行特点之一

$$k_{\mathrm{eff}} \to 1, \rho \to 0$$

反应堆稳态运行时一定是临界状态
反应堆安全的核心是反应性控制
只要是会导致反应性变化的活动一定要非常谨慎！
例如：提棒/插棒（为升温目的的提棒）；稀释/硼化

1.2　核电厂反应堆内储有大量放射性物质

防止放射性产物外逸的三道安全屏障：燃料包壳、一回路压力边界、安全壳（见图 1-1）。

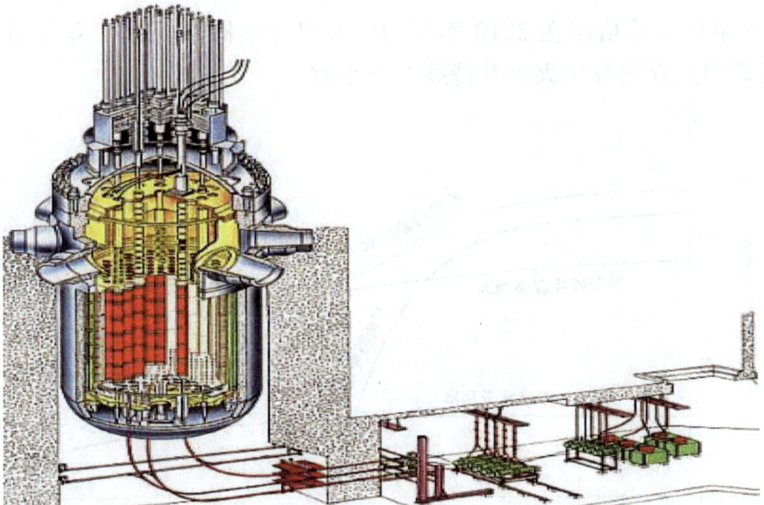

图 1-1　核电厂安全的关键是：确保三道屏障的完整性

1.3 相当可观的堆芯剩余释热

停堆后堆芯内(燃料内)仍有剩余裂变发热和衰变热(见图 1-2)。

冷却时间较长,停堆后的冷却,乏燃料池的冷却。

福岛第一核电厂 4 号机组事故后外观见图 1-2。

图 1-2 福岛第一核电厂 4 号机组事故后外观

福岛第一核电厂 4 号机组在 2010 年 11 月 30 日停堆检修。2011 年 3 月 15 日 4 点 54 分,4 号机组乏燃料贮存池发生火灾并持续 2 个小时。

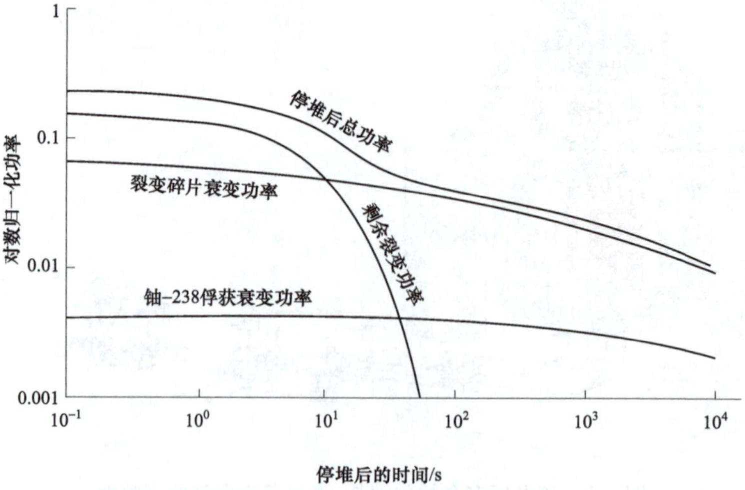

图 1-3 停堆功率曲线图

1.4　核电厂系统

一座大型核电厂约有 250 个系统，其中又分完全和核安全相关系统，部分和核安全相关系统以及与质量相关和无关的系统。设备中仅阀门就约有 40 000 只(美国西屋公司设计的现役电厂)，而相同规模的化石燃料电厂则只有 4 000 只左右，且多为手动；核电厂正常运行瞬变比化石燃料电厂要快得多(如蒸汽发生器水位变化与锅炉水位变化相比)，因而使得操纵人员驾驭核电厂顺利渡过瞬变更困难；压水堆核电厂反应堆冷却剂系统含硼，频繁的负荷变化势必造成繁杂的操作和废水量增加；更主要的原因是核电厂投资比化石燃料电厂高。

1.5　使用饱和蒸汽

核电厂绝大多数使用饱和蒸汽，而现代化石燃料电厂使用过热蒸汽或超临界和超超临界蒸汽。由于饱和蒸汽的热焓比过热蒸汽低，因而相同规模的核电厂使用的蒸汽管道、汽轮机、调节阀门等的尺寸都比较大，热效率相对较低，向环境排放的热量稍高。

核电运行特点：高温、高压、高放射性。

第二章　核电厂系统分类及其作用

2.1　核蒸汽供应系统(NSSS)(一回路)

一回路辅助系统:包含有反应堆冷却剂系统(RCS)、化学与容积控制系统(CVCS)、停堆冷却系统(余热排除系统 RHRS,兼作低压安注)、硼回收与处理系统、设备冷却水系统、主泵轴密封系统、海水冷却水系统、其他辅助系统等。其作用:将核裂变产生的热量通过 SG 传给二回路给水。

2.2　蒸汽和动力转换系统(二回路)

包含有汽轮发电机组、凝汽器、主蒸汽系统、凝结水和给水系统以及其他辅助系统。其作用:将蒸汽发生器 SG 传输的热量通过加热二次侧的给水使之产生蒸汽并驱动汽轮发电机组。

2.3　电力系统

厂外电力系统(3 路厂外电源,24/500 kV)

厂内电力系统(6 kV、380 V、220 V……)

将发电机产生的电能通过主变压器输送给电网,以及通过高压厂用变压器向厂内 6.6 kV 配电盘系统供电。

电力系统的功能:

1) 机组正常运行时,由发电机组通过主变压器向超高压电网输送电力,并通过降压变压器向厂内用电设备供电。

2) 机组启动和停运时,由超高压电网向厂内用电设备供电。

3) 在发电机出口母线失压,超高压电网向厂内供电失败,或厂用降压变压器故障时,由 220 kV 后备电源经辅变向厂内用电设备供电(方家山、二厂)。

4) 在外电源全部断电,由应急柴油发电机组向厂内应急设备供电。

方家山核电机组一次接线图如图 2-1 所示。

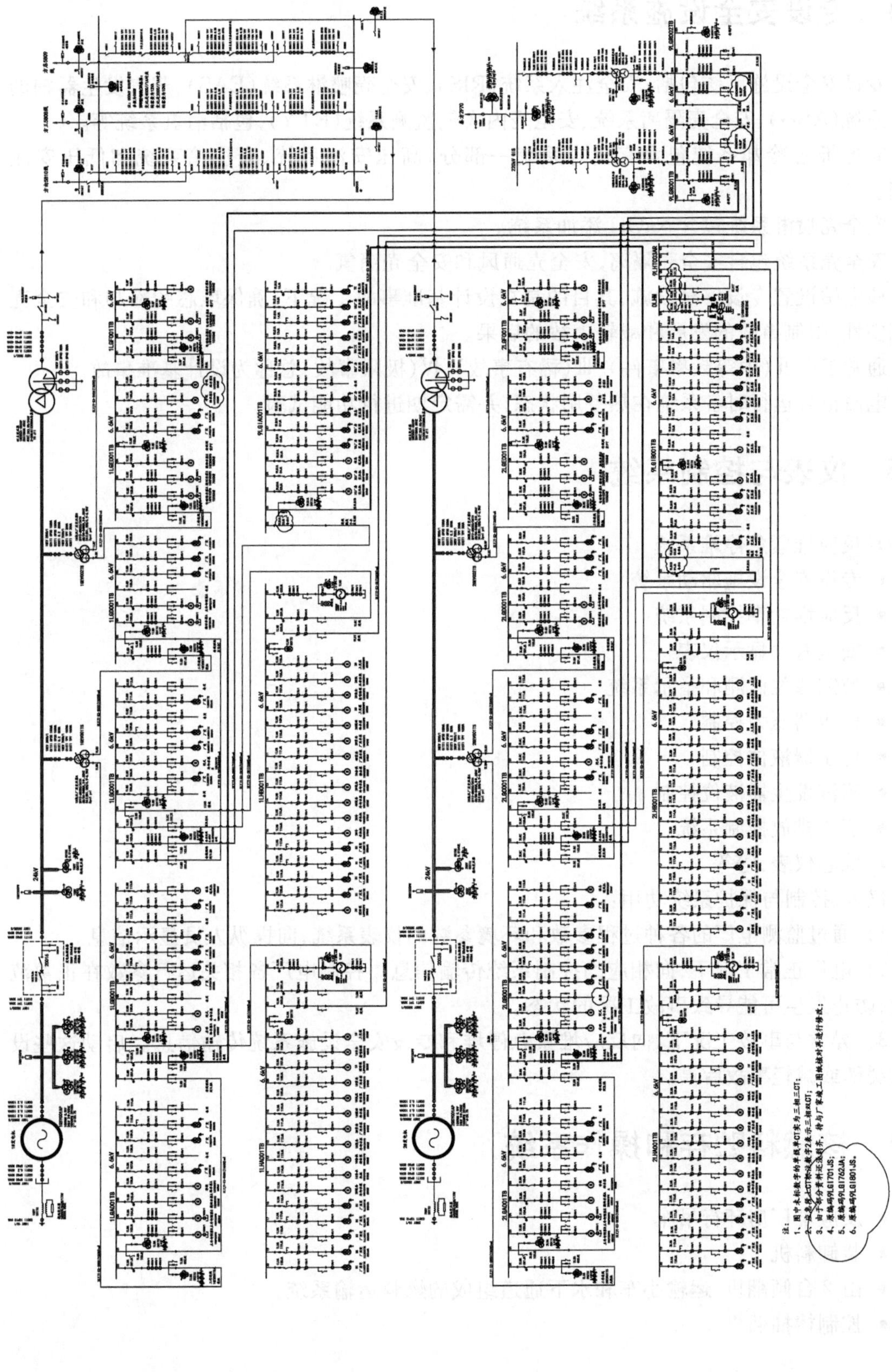

图 2-1　方家山核电工程电气一次主接线图

2.4 专设安全设施系统

专设安全设施系统包括:安全注入系统(RIS)、安全壳喷淋系统(EAS)、蒸汽发生器辅助给水系统(ASG)、安全壳隔离系统、安全壳内大气监测系统(ETY),包括消氢系统等。

应急堆芯冷却系统包含有化容系统一部分、高压安注系统、安注箱系统和低压安注系统。

安全壳喷淋系统包含 NaOH 添加系统。

安全壳系统包含安全壳隔离、安全壳通风和安全壳消氢。

核电站设置专设安全设施,其目的是在设计基准事故工况下,确保堆芯的冷却和安全壳的完整性,限制事故的发展和减轻事故的后果。

通常工况Ⅱ(中等频率事件)、Ⅲ(稀有事故)、Ⅳ(极限事故)总称为设计基准事故。

电站正常运行时各系统在热备用状态,并需定期进行功能试验。

2.5 仪表与控制系统

- 反应堆紧急停堆系统
- 专设安全设施驱动系统
- 反应堆功率控制系统
- 安全有关显示仪表
- 控制棒位监测和指示系统
- 稳压器压力控制
- 稳压器液位控制
- 蒸汽发生器液位控制
- 蒸汽排放控制系统
- 堆芯仪表,等等

仪表、控制与保护系统功用:

1) 通过监测电厂的各种过程参数和环境参数的仪表系统,向操纵人员显示信息。

2) 电厂正常工况下,向相应的控制系统传输信息。控制电厂各相关运行参数在正常范围内,防止发生可能导致事故工况的状态。

3) 异常与事故工况下,向反应堆紧急停堆和专设安全设施系统传输信息。启动这些设施以缓解或减轻事故后果。

2.6 核燃料贮存和操作系统

- 反应堆厂房环行吊车
- 装卸料机
- 由 2 台倾翻机、运输小车和水下通道组成的燃料运输系统
- 控制棒抽插机

- 燃料抓取机
- 新燃料贮存格架和乏燃料贮存格架
- 燃料贮存厂房吊车
- 燃料升降机

2.7　放射性废物管理

为保护环境免受放射性污染，防止对工作人员和居民造成放射性辐照。核电厂运行期间产生的放射性气体、液体、固体废物在排放到环境和最终处置前，必须进行收集、贮存、转型和处理。其包括：放射性废液处理系统、放射性固体废物处理系统、放射性废气处理系统。

2.8　外围系统

为确保核电站安全发电而设置的其他系统；提供电厂的各种用水、设备执行机构的动力等，以及维持必须的设备运行环境和工作人员工作环境。其包括：水处理、压空、动力（供热）、氮气、冷冻、空调、通风、消防等。

第三章　反应堆组成及工作原理

3.1　代码及说明

3.1.1　系统代码

二期设计中以三个字母表示一个系统，为了方便大家记忆，特做以下分类说明：

1）A**：给水回路，如 ADG(除氧器)，APA(电动给水泵)，APG(SG 排污)，ARE(主给水)，ASG(辅助给水)

2）C**：冷凝器，CEX(凝结水抽取)，CRF(循环水)，CVI(真空抽取)

3）D**：通风，装卸，通讯系统，DV*，DW*(通风)

4）E**：安全壳相关，EAS(安全壳喷淋)，EPP(安全壳泄漏)，ETY(安全壳大气监测)，EVC(堆坑通风)

5）G**：汽轮发电机及输电系统，如 GCT(汽机旁排系统)

6）J**：消防相关的系统，如 JDT(火警探测)

7）K**：仪表和控制，如 KIS(地震仪表)

8）L**：电气系统，如 LHA(应急电源 6.0 kV　A 系列)

9）P**：堆水池，如 PMC(核燃料装贮存)

10）R**：一回路系统，如 RCP(反应堆冷却)

11）S**：二回路系统，SA*(压缩空气)，SE*(水)等

12）T**：三废系统，如 TEG(废气系统)

13）V**：蒸汽系统，如 VVP(主蒸汽系统)

14）X**：辅助蒸汽系统，如 XCA(辅助蒸汽生产系统)

3.1.2　二字代码

1）L*：就地测量设备，如 LD(就地流量测量)

2）M*：模拟传感测量设备，如 MQ(无功测量)

3）Q*：计数器，如 QC(转速计)

4）S*：逻辑(通断)传感器设备，如 SP(压力测量通断信号)

5）Y*：试验测量设备，如 YN(液位测试)

注：以上设备二字代码的第二个字母有以下规律：A—核测量，D—流量，J—火警，N—液位，P—压力，Q—无功，W—有功，C—速度，H—时间，T—温度。

6）V*：阀门，如 VA(空气阀门)，VB(含硼水阀门)，VC(循环水)，VD(除盐水)，VF(燃料油)，VL(凝结水)，VN(常规岛闭路冷却水)，VP(一回路冷却剂)，VV(蒸汽)，VX(SF6 阀门)，VY(氢气)，VZ(氮气阀门)

其他重要二字设备功能代码：

AA(报警灯)；BA(贮存罐)；BC(接线盒)；CO(压缩机)；CC(选择开关)；CR(配电箱)；CS(冷凝器)；EC(计算机输入)；EU(计算机模拟输入)；EN(记录仪)；GD(函数发生器)；JA(断路器)；PO(泵)；RC(控制站)；RF(冷却器)；TA(辅变)；TC(汽轮机)；TP(主变)；TS(厂变)；ZA(高选)；ZI(低选)；ZV(风机)。

3.1.3　房间代码

A	B	C	C_1	C_2	C_3

其中：A 代表机组号：1—1 号机组；2—2 号机组；9—1，2 号机组共用；0—全厂公用

BC 代表厂房标识，一般情况只用一个字母表示，只有 N(核辅助厂房)、M(汽机厂房)内部还需分区时，后面再加 A，B，C，D，E，F 以示区分。

D—柴油机厂房；K—核燃料厂房；L—电气厂房；M—汽轮机厂房；

N—核辅助厂房；R—核反应堆厂房；W—连接厂房。

$C_1C_2C_3$代表房间号，其中 C_1代表楼层，C_2C_3代表房号。

对于核岛厂房 C_1是如此规定：C_1=0，房间标高为-6.70 m

C_1=1，房间标高为-3.40 m　C_1=2，房间标高为 0.00 m

C_1=3，房间标高为+5.00 m　C_1=4，房间标高为+8.00 m

C_1=5，房间标高为+11.50 m　C_1=6，房间标高为+15.50 m

C_1=7，房间标高为+19.50 m　C_1=8，房间标高为+24.00 m

举例：1R211 表示 1 号机组反应堆厂房 0 m 楼层编号 11 的房间主要参数(一厂 30 万千瓦机组)

主要设计参数(一厂 30 万千瓦机组)

电功率 310 MWe　核功率　966 MWt

设计寿命 30 年　堆芯高度 2.9 m

堆芯等效直径 2.486 m

燃料组件数 121(每组含燃料棒 204 根，15×15 排列)

平衡燃料浓度 3.4%　　平衡循环运行周期 360 EFPD

平衡换料 UO2 重量 13.47 吨　DNBR 2.16

冷却剂工作压力 15.2 MPa　冷却剂平均温度 302 ℃

反应堆总的冷却剂流量 24 000 t/h

3.2　压水型反应堆组成

燃料芯块如图 3-1 所示。

燃料组件(见图 3-2)为安置核材料的物体。冷却燃料棒和带走能量的载体—冷却剂；使中子慢化的物体—慢化剂。

图 3-1 燃料芯块

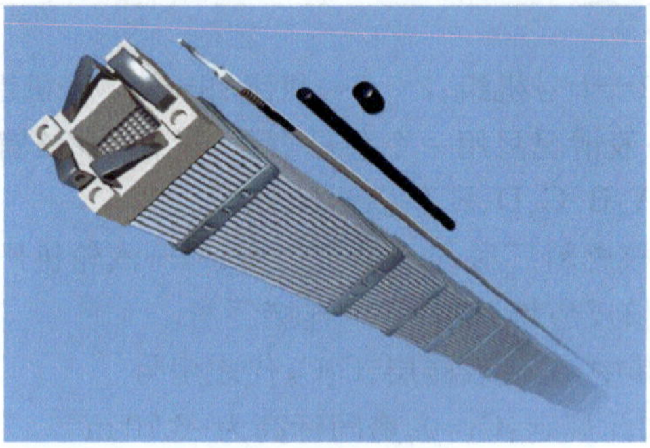

图 3-2 燃料组件

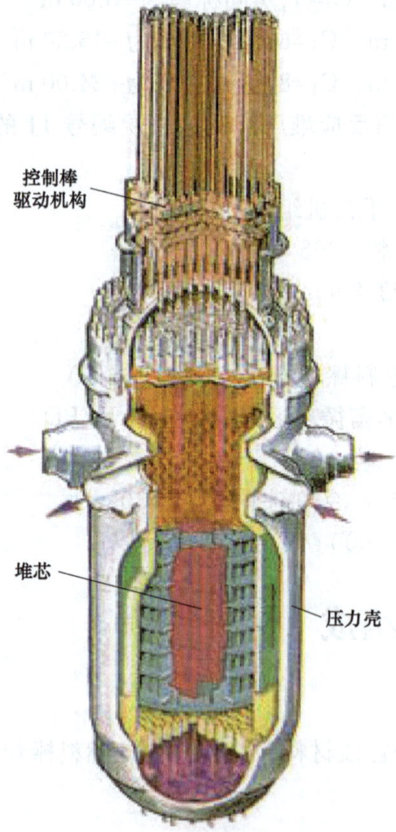

图 3-3 压力容器及堆内结构

控制棒(图 3-4)控制中子数量,即控制功率的物体。

图 3-4　控制棒组件

3.3 反应堆本体

压水堆核电站的核供汽系统(NSSS),也称为一回路系统,其组成:

- 反应堆冷却剂系统(RCS——Reactor Coolant System)(也称一回路主系统)
- 一回路辅助系统

3.3.1 反应堆冷却剂系统(RCS)

RCS(简称主系统)——由两条相同的与反应堆压力容器对称并联的传热环路组成,运行期间,主系统内充满含硼水(冷却剂与慢化剂),PZR 内一半水一半汽(满功率时)。

3.3.2 RCS 组成

主系统的范围定义如下:(见图 3-5)

1) (包括控制棒驱动机构耐压壳在内的)反应堆压力容器　1个

2) 反应堆冷却剂泵(主泵)(RCP)　2个

3) 蒸汽发生器的反应堆冷却剂侧(SG)　2个(2 975 根U形管/1个)

4) 经波动管与一条反应堆冷却剂环路相连接的稳压器(PZR)　1个(1 环路热段)

5) 稳压器卸压箱　1个

6) 安全阀和卸压阀　2+2 个

7) 上述各主要设备之间相互连接的管道、阀门和附件(测量仪表等)

8) 连接辅助系统或支持系统的每条管系,引伸到第二只隔离阀(从高压侧算起)为止的这段管子及其阀门和附件。

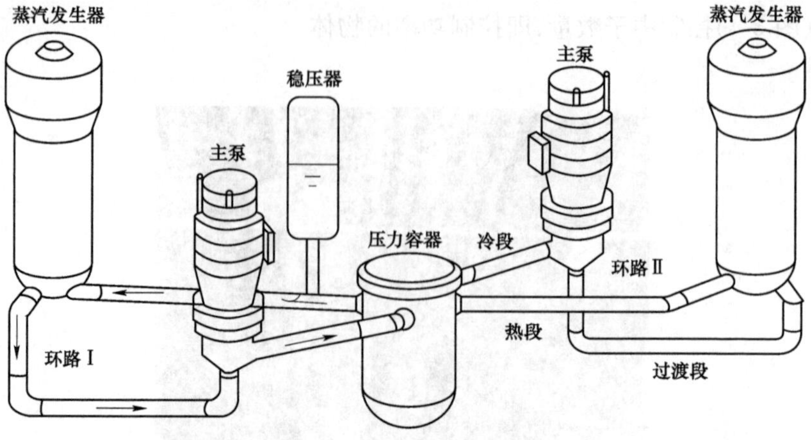

图 3-5 反应堆冷却剂系统空间布置图

3.3.3 RCS 特点

1）高温 ＜50 ℃(停堆换料)～295 ℃(100%功率运行，Tavg) (350 ℃)

2）高压 1 Pa(停堆换料)～15.2 MPa(155 kgf/cm^2) (175 kgf/cm^2)

3）高放射性 由核发电的性质决定

3.3.4 RCS 流程

RCS 流程如下：

Rx→SG→RCP
↑________|

3.3.5 RCS 系统功能

1）正常功率运行时，导出堆芯裂变热，并将导出的热量传给蒸汽发生器二次侧的给水，使之变成饱和蒸汽，以驱动汽机发电机组。

2）在停堆冷却阶段，通过蒸汽发生器排放蒸汽(4A)和向停堆冷却系统传热(4B)，以带走堆芯衰变热和主系统的蓄热。

3）主冷却剂是含硼除盐水。通过其硼浓度的改变可以补偿堆芯反应性的变化。主冷却剂还同时兼作中子慢化剂和反射层。

4）作为反应堆冷却剂系统压力边界，包容堆冷却剂，构成防止放射性外逸的第二道安全“屏障”。

3.4 反应堆本体结构

秦山核电站的反应堆本体由压力容器、堆芯、堆内构件、控制棒驱动机构组成(见图 3-6)。反应堆压力容器是由圆筒形筒身，带有焊接的半球形底封头和可拆的法兰密封垫半球形顶盖组成。容器内装有堆芯、堆内构件、控制棒以及与堆芯直接有关的其他部件。

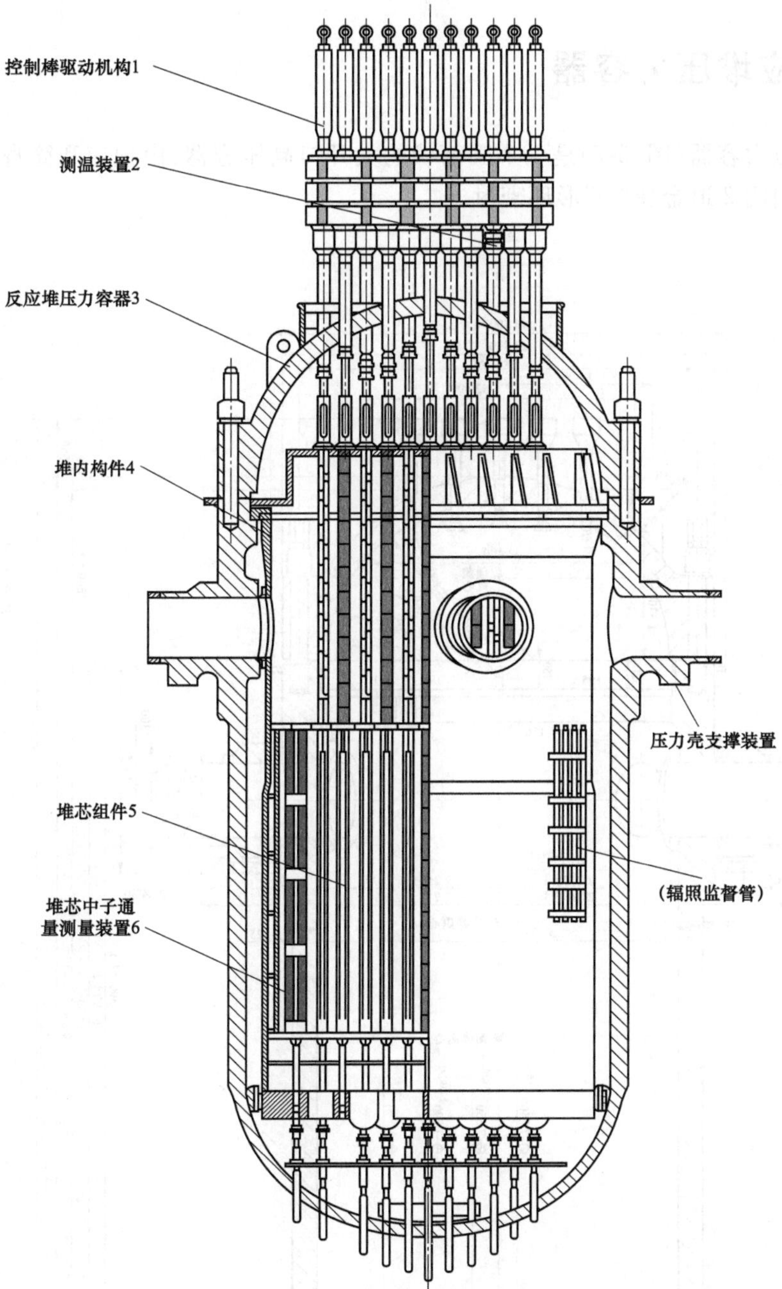

图 3-6　反应堆本体

堆芯是反应堆产生热能的核心部位，由 121 个燃料组件按方形栅格排列构成近似圆形的结构，燃料(UO_2)重量 40 746 千克。堆芯周围有一层围板。堆内构件包括吊篮部件和压紧部件，用以安放和固定整个堆芯，并为冷却剂导流。控制棒驱动机构共 37 个，设置于压力容器顶盖上，利用电磁力提升改变控制棒在堆内的轴向位置来控制反应堆运行。压力容器和一回路主管道，蒸汽发生器及主泵等构成承压边界。整个反应堆通过压力容器支撑安放在生物屏蔽层中。

3.5 反应堆压力容器

反应堆压力容器(图 3-7)是一个圆筒状的大开口高压容器,由顶盖和筒身组成,顶盖与筒身法兰面间用 2 道金属“O”形环密封。

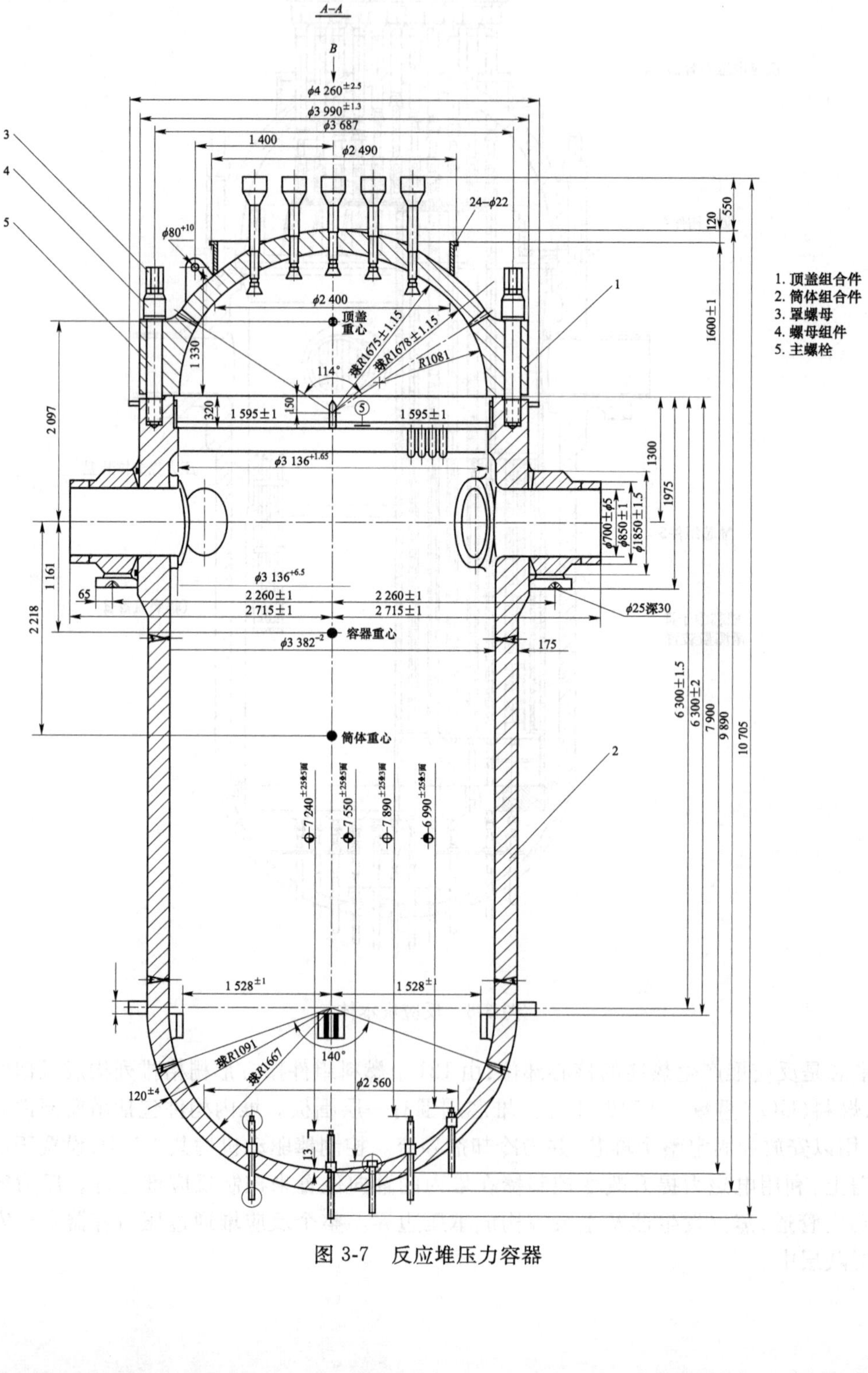

图 3-7 反应堆压力容器

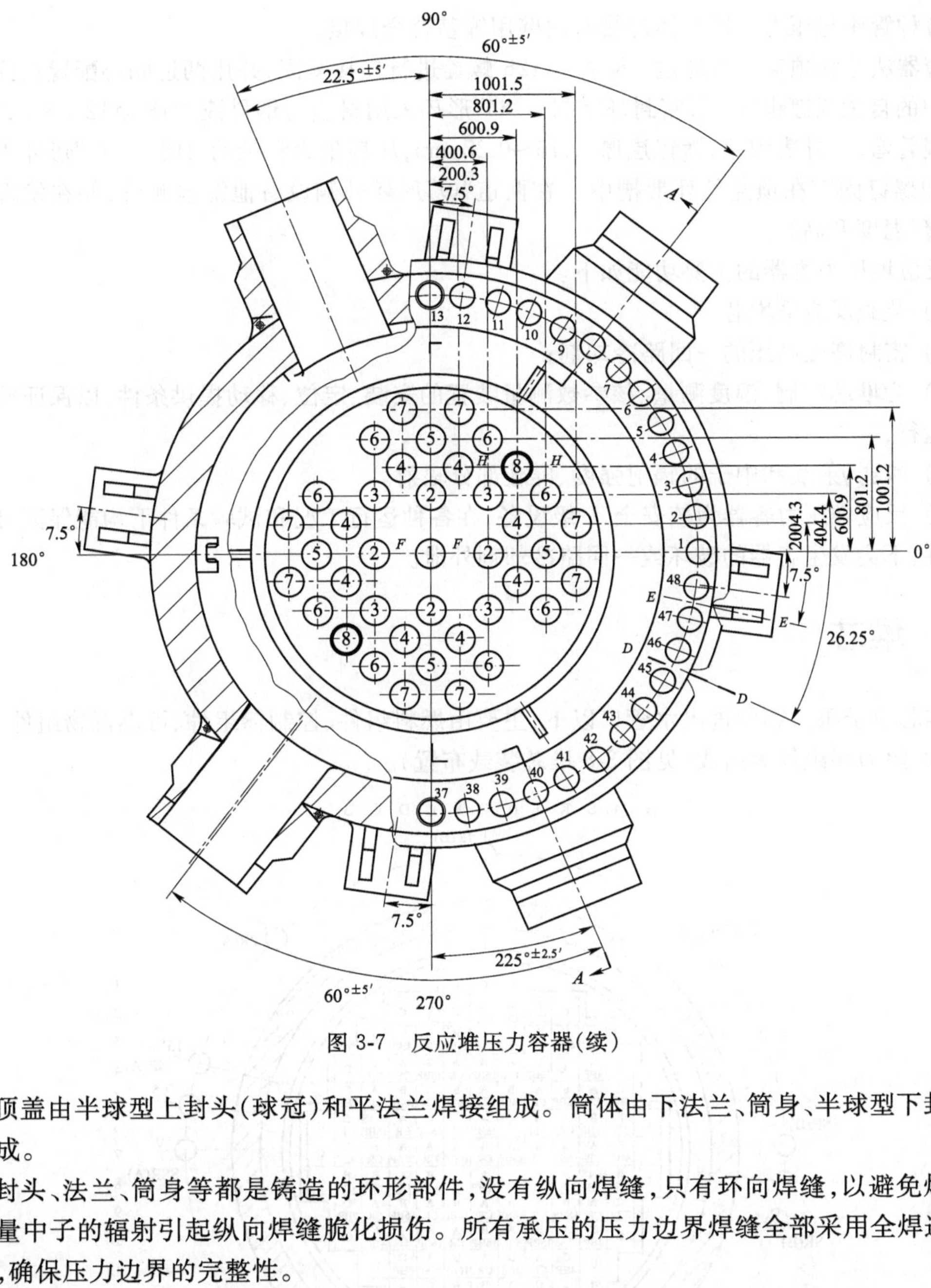

图 3-7　反应堆压力容器(续)

顶盖由半球型上封头(球冠)和平法兰焊接组成。筒体由下法兰、筒身、半球型下封头焊接组成。

封头、法兰、筒身等都是铸造的环形部件，没有纵向焊缝，只有环向焊缝，以避免焊缝受高通量中子的辐射引起纵向焊缝脆化损伤。所有承压的压力边界焊缝全部采用全焊透焊缝连接，确保压力边界的完整性。

在压力容器顶盖上有 37 个驱动机构管座和 2 个温度测量管座(42 个热电偶)，另外还有一个放气接管。压力容器筒体的下法兰上有 4 个接管段，2 个为进水接管段，2 个为出水接管段，下封头有 30 个中子通量测量导向套管管座。压力容器上封头及下封头的材质为 SA-533、B 型 1 类(板材)，上法兰、下法兰、出口接管、进口接管、筒体的材质为 SA-508，3 类(铸件)。SA-533 及 SA-508，均为低合金高强度钢。

为避免压力容器内表面腐蚀，压力容器的内表面、密封面均有镍基不锈钢堆焊层，堆焊层厚度为 3～4 mm。

各种管座与压力容器本体焊接时内壁用镍基合金焊接。

容器法兰和顶盖法兰通过 48 个,6.125 螺栓进行连接紧固,并用两道同心配置在顶盖密封槽中的自紧式镀银"O"形密封环密封。"O"形环采用材质为铟科镍 718,ϕ12.7×1.27 mm 的无缝管弯制,外表镀银、镀银层厚 0.15～0.22 mm,压扁量为管径的 10%。"O"形环用专用压板和螺钉固定在顶盖的环形槽中。在两道"O"形环外侧设有泄漏检测管,并在发现泄漏时报警(温度升高)。

反应堆压力容器的主要功能如下。

1）装载反应堆堆芯;

2）密封高温高压的一回路冷却剂;

3）为堆芯控制、温度测量、核参数测量装置的安装、定位、移动提供条件,以保证反应堆安全运行;

4）减弱γ射线和中子的辐射强度、屏蔽部分辐射。

5）反应堆压力容器为核安全 I 级设备,在各种运行工况和试验条件下均能保证可靠的完整性,不会发生容器的破坏或一回路冷却剂外泄。

3.6 堆芯

堆芯位于压力容器进出水管口以下,主要由燃料组件、控制棒组件、可燃毒物组件、中子源组件、阻力塞组件等组成(见图 3-8 堆芯装载布置)。

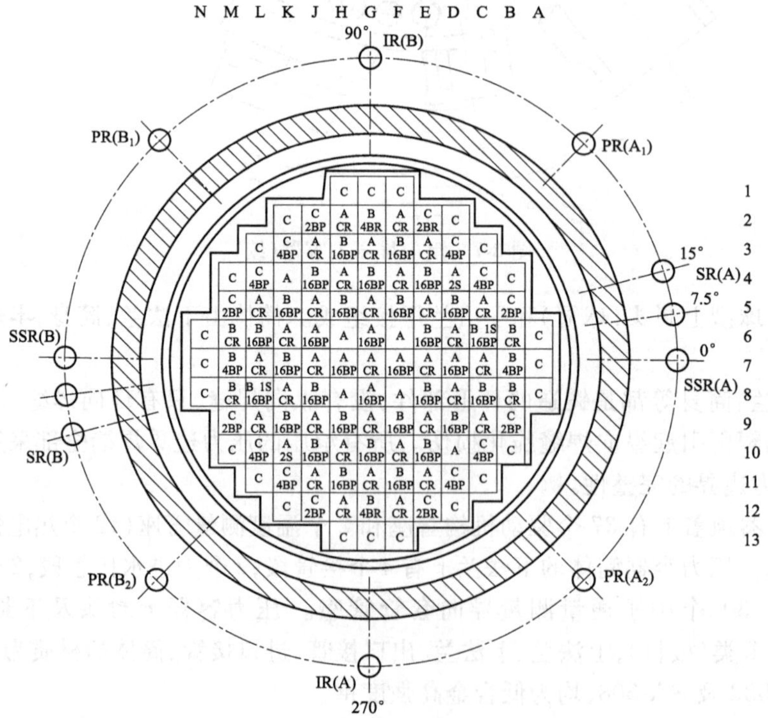

图 3-8 堆芯装载布置

<table>
<tr><th colspan="3">燃料组件</th><th colspan="4">内插件</th></tr>
<tr><td>代号</td><td>浓度</td><td>组件数</td><td>代号</td><td>内容</td><td colspan="2">数量</td></tr>
<tr><td>A</td><td>2.4Wt%</td><td>41</td><td>CR</td><td>控制棒</td><td colspan="2">37</td></tr>
<tr><td>B</td><td>2.672Wt%</td><td>40</td><td>16BP</td><td rowspan="3">可燃毒物棒
(576根)</td><td>32</td><td rowspan="3">52</td></tr>
<tr><td>C</td><td>3.0Wt%</td><td>40</td><td>4BP</td><td>12</td></tr>
<tr><td rowspan="2">合计</td><td rowspan="2"></td><td rowspan="2">121</td><td>2BP</td><td>8</td></tr>
<tr><td></td><td>阻力塞棒</td><td colspan="2">32</td></tr>
<tr><td rowspan="2">注:</td><td colspan="6">1S——初级中子源（于16BP内插件内）二个　1根/个</td></tr>
<tr><td colspan="6">2S——次级中子源（于阻力塞内插件内）二个　4根/个</td></tr>
</table>

图 3-8　堆芯装载布置(续)

3.7　燃料组件(共计 121 组)

燃料组件是堆芯结构中的核心部件,长期处在高温高压、有强烈中子及γ辐照并伴随含硼水腐蚀、冲刷和水力振动等恶劣环境下工作,因此燃料组件性能好坏直接关系到反应堆的安全可靠性、经济性和先进性。

燃料组件由燃料棒、组件骨架、压紧弹簧等部件组成。燃料棒按 15×15 排列成正方形的栅格,每根燃料棒间距 13.3 mm。每个燃料组件内有 20 根控制棒导向管、一根中子通量测量管、204 根燃料棒。

秦山 30 万千瓦核电站的燃料组件长 3 500 mm,截面为 199.3 mm×199.3 mm,重约 470 kg。为展平功率分布,提高燃耗深度,堆芯采用三区装料和分区换料的装换料方式。首次装入堆芯的燃料组件其铀—235 富集度有三种,铀—235 富集度为 2.4%的 41 组,2.672%的 40 组,3%的 40 组。在第四次换料大修(1999 年 8 月 6 日装料)中开始使用 3.4%浓度的燃料。

在 121 组燃料组件中,其内插件有:

——控制棒组件(37 组)(见图 3-10　控制棒组件)

——可燃毒物组件(50)(仅首炉料)(见图 3-13　可燃毒物组件)

——中子源组件(2+2)

——阻力塞组件(30)(见图 3-14　阻力塞组件)

3.7.1　燃料棒

燃料棒是反应堆产生裂变反应并释放热量的重要部件(见图 3-9),它是由 UO_2 燃料芯块,Al_2O_3 隔热片,压紧弹簧装在锆-4 合金包壳管内,两端用锆-4 合金端塞封焊而成。燃料芯块是由低富集度的 UO_2 粉末,经压制烧结而成的陶瓷小块,其密度为理论密度的 95%±1.5%(10.4 g/cm^3)。芯块的直径为 ϕ8.43 mm,高为 10 mm,两端略向内凹成蝶形(占体积 2%),以补偿芯块中心在高温下的轴向膨胀和运行过程中产生的辐照肿胀。

为了减少端塞的热应力,燃料棒活性部分的两端,装有直径为 ϕ8.4 mm,高为 10 mm 的 Al_2O_3 隔热片。芯块与包壳间的径向冷态间隙为 0.085 mm,以保证在热态下包壳与芯块不会产生过盈。

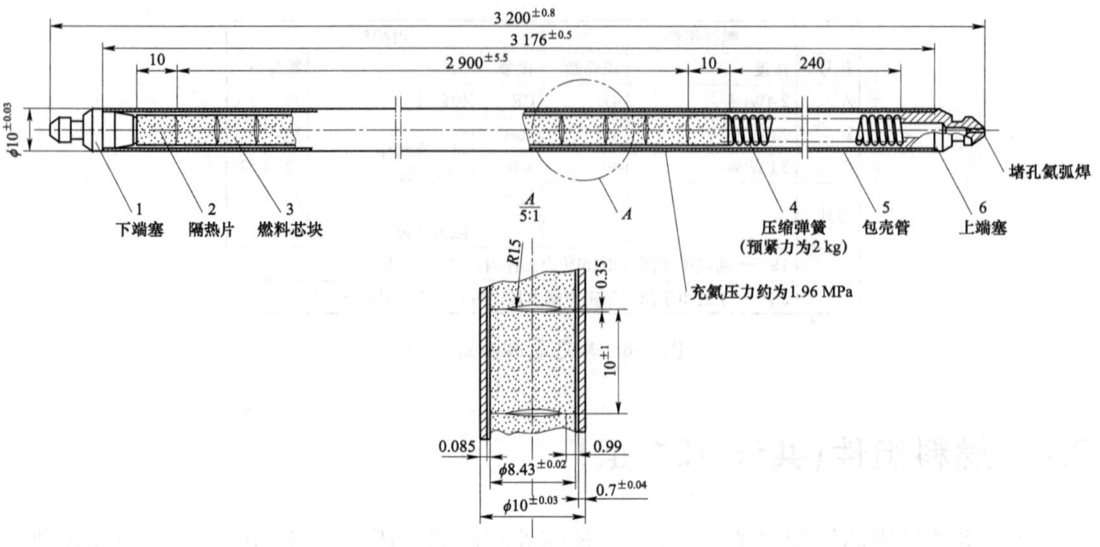

图 3-9 燃料棒

包壳管外径为ϕ10 mm，长为 3 176 mm，壁厚为 0.7 mm。为了改善锆合金的吸氢问题，包壳采用锆-4 合金。燃料棒上端留有 250 mm 的轴向空间，以容纳UO_2芯块释放的裂变气体和补偿热态下芯块的轴向膨胀。为了防止芯块在吊装和运输过程中移位和窜动，燃料棒上部装有一个不锈钢螺旋弹簧将芯块压紧，预紧力为 2 kg。

燃料棒上、下端塞与其包壳管用真空电子束焊接。上端塞顶部正中开有 1 mm 小孔，用以装管后向燃料棒充氦，然后堵孔密封焊。充氦的目的是改善气隙传热性能，提高包壳管的抗压塌能力，充氦压力为 1.96 MPa。

3.7.2 燃料组件骨架

组件骨架由八层定位格架，20 根(控制棒)导向管，一根(中子)通量测量管和上、下管座等部件联接成。用以确保组件的刚度和强度，承受整个组件的重量和控制棒快速落棒的冲击，使控制棒精确引导，保证组件在堆内可靠地工作和装换料及运输的安全。

(1) 定位格架

定位格架是燃料组件的重要部件，它是由冲压成型并带有刚性支承、弹性支承混合翼的条带与带导向翼的围板组装焊接而成的“蛋篓”形部件。

定位格架的每个栅元内设有两个由弹簧片组成的弹性支承点和四个对应的刚性支承点，依靠这六个支承点既保持燃料棒之间的间距，又对燃料棒起夹紧作用，以防止燃料棒在堆内因水力振动而发生磨蚀，同时又允许燃料棒自由地轴向热膨胀。

(2) 上管座

上管座为一箱形构件，它由上格板、四个角钢组成的围板、上框架及压紧弹簧等部件所组成。上框架为 199.3 mm×199.3 mm 的正方形(允许控制棒等相关组件进出)方框，方框的四个角上设有ϕ22 mm 的定位销孔，用来作为组件定位。上格板为正方形不锈钢板件，是上管座与控制棒导向管连接零件，格板上加工有一系列流水孔(两头半圆的长槽)，还设置 21 个ϕ12.9 mm 的孔与控制棒导向管连成一体。

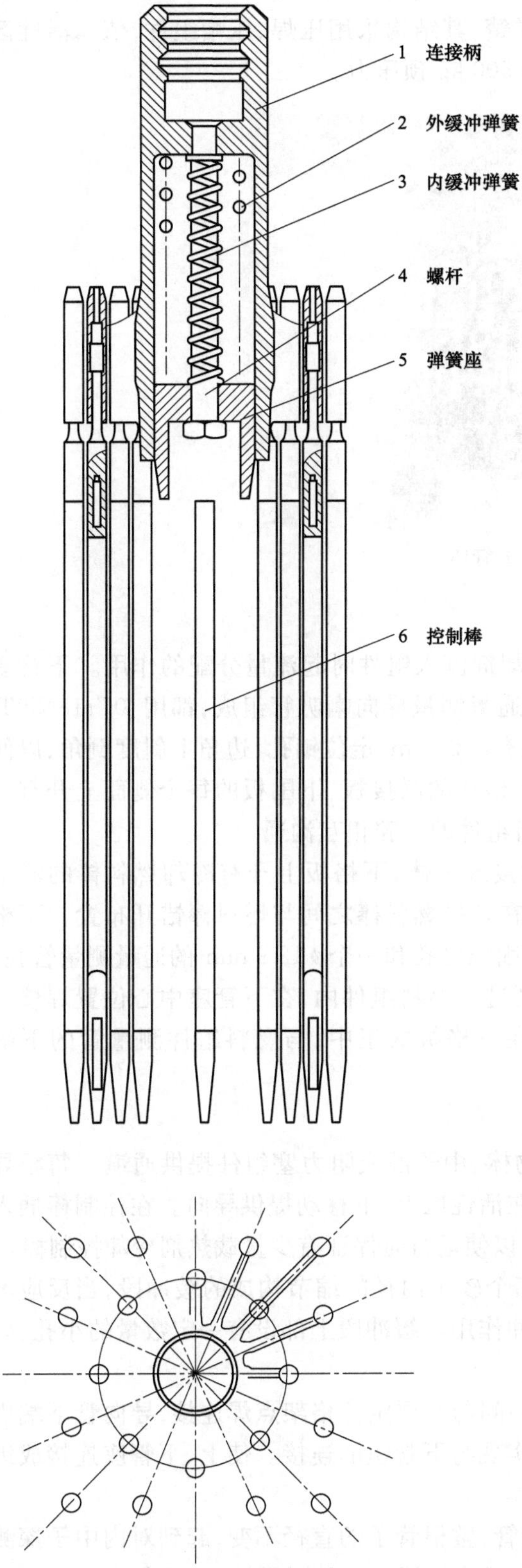

图 3-10　控制棒组件

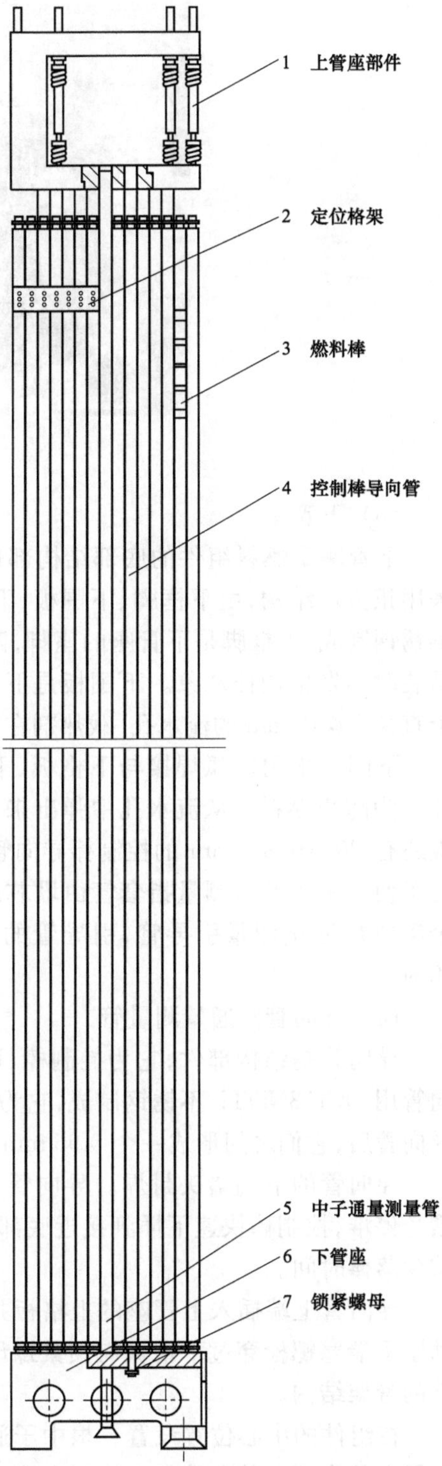

图 3-11　燃料组件

每个组件上管座设置有八只螺旋形压紧弹簧，其结构采用压焊、压帽组件，依靠活性区上部的压紧部件压紧弹性环使组件承受轴向约 500 kg 预压力。

图 3-12 上管座

(3) 下管座

下管座是燃料组件的底部结构部件，当冷却剂流入组件时起流量分配的作用。下管座采用正方形结构，由下框脚、下围板、下格板和通量测量导向喇叭管组成，都用 0Cr18Ni9Ti 不锈钢制成，下框脚是下管座的座脚，四个脚上有ϕ22 mm 定位销孔，边角上斜度倒角，以便吊装时不发生钩挂现象。下围板是下框脚与下格板的联接板，下围板的每个侧面上开有三个直径为ϕ40 mm 的流水孔，载热剂在相邻燃料组件的下腔相互沟通。

下围板采用氩弧焊接与下格板、下框角联接成一体，下格板上开有冷却燃料棒的流水孔。为防止燃料棒从流水孔中弹出来，流水孔在各排燃料棒之间与燃料棒错开布置。下格板还有 20 个ϕ8.5 mm 的控制棒导向管尾部紧固螺钉孔和一个ϕ12.9 mm 的通量测量管孔。为了便于中子通量测量指套管由堆芯底部顺利进入燃料组件内，在下管座中心位置焊接一个喇叭形通量测量引导管，引导管的上端焊在下格板的正中，与燃料组件测量管的下端相对。

(4) 导向管及通量测量管

导向管是结构部件，它为控制棒、可燃毒物棒、中子源或阻力塞组件提供通道。每根导向管用 0Cr18Ni9Ti 不锈钢制成，它为控制棒在活性区上、下移动提供导向。在控制棒插入导向管后，它们之间形成一个 0.95 mm 的环隙，以使运行时保证有少量载热剂冷却控制棒。

导向管的下端堵头封焊。导向管下部有四个较小内径的缩节构成的缓冲段，当反应堆紧急停堆，控制棒快速下插到接近底部时起缓冲作用。缓冲段上部设有一定数量的小孔，以减少落棒时间。

导向管上端插入上管座的上格板并焊接，中间与八层定位格架点焊连接，导向管下端借助于下端塞螺栓穿过下格板与锁紧螺母相配，实现与下管座的连接。使上、下管座连接成组件的骨架结构。

在组件的中心位置设置一根中子通量测量管，整根管子的直径不变，起到对内中子探测器导向的作用。其上端与上格板联接，中间与八层格架焊接，下端与下格板配合。

3.8　控制棒组件

控制棒组件用来控制反应堆功率,如控制核裂变的反应率,启动和停止反应堆,主要用于控制反应堆停堆和补偿反应性快变化。在事故工况下依靠它快速下插使反应堆在极短的时间内紧急停堆,以保证反应堆安全。

控制棒组件(也称一束控制棒)由一个带有径向翼的公用星形连接柄和20根控制棒组成(见图 3-10)。连接柄与控制棒驱动轴相联,在反应堆运行时,控制棒组件由驱动机构带动在活性区的导向筒以及燃料组件导向管的引导下进行上下运动或停留在某一位置。控制棒组件最大行程 2.8 米,当控制棒组件提升全行程时,控制棒的下端头部仍处于导向管之内。在紧急停堆时,控制棒连同驱动轴依靠自身重量迅速下插,约2秒钟控制棒落到缓冲段,通过导向管缓冲段后,控制棒组件就平稳地座落在燃料组件的上管座上。

控制棒由0Cr18Ni9Ti不锈钢包壳管,银铟镉(Ag-In-Cd,80%-15%-5%)合金吸收棒,内衬管及上下端塞组成。包壳管和上下端塞用氩弧焊连接,棒内充一个大气压氦气以降低银铟镉合金的温度。在银铟镉合金中,镉是强的热中子吸收材料和很弱的超热中子吸收材料,银和铟的热中子吸收截面属中等大小,但它们有很强的超热能共振吸收峰,而且在位置上是相互补充的,因此该合金具有高的超热中子吸收性和相当高的热中子吸收性能。

堆芯共有 37 束控制棒组件(每一束棒为 20 根,装在一组燃料组件中),依据其在运行中的地位或状态,它们被分成两大类共六组,一类是停堆棒(也称安全棒,用 A 表示),共有两组,每一组由八束控制棒组成,用 A1、A2 表示。另一类是控制棒(也称调节棒,用 T 表示),共有四组,用 T1、T2、T3、T4 表示,其中 T1 有 8 束控制棒,T2、T3 各有 4 束控制棒,T4 有 5 束控制棒。反应堆正常运行时,除 T4 棒组在堆芯的某一位置,用以调节反应堆功率外,其余棒组均在反应堆堆顶位置(不动作),以备紧急停堆之用。鉴于两类棒磨损程度不同,为延长控制棒组件的使用寿期,在换料时应将停堆棒和调节棒换位。

3.9　可燃毒物组件

压水堆核电站的反应性控制除采用控制棒控制外,还采用硼溶液化学控制,其优点是减少了机械控制棒的数目,加深了燃耗,降低了反应堆的功率不均匀系数,但是随着硼浓度的增加,反应堆会出现正的慢化剂温度系数,影响核电厂的自稳调节性能。

首次装料时,因全部装入新的燃料组件,有较大的剩余反应堆,为此在反应堆初次装料时,堆芯中设置一定数量的固体可燃毒物,以便补偿一部分过剩反应性,使反应堆中的硼浓度限制在 1 000 ppm 左右,以保持反应堆负的温度系数。随着反应堆运行中燃耗的加深,可燃毒物硼也不断消耗,直至核电厂换料时将可燃毒物全部卸去。利用固体可燃毒物的合理布置,进一步改善反应堆堆芯的功率分布。

可燃毒物组件(见图 3-13)共 50 组,根据组件中可燃毒物棒根数和位置,分为四种类型,带 16 根可燃毒物棒的 30 组,带 4 根可燃毒物棒 12 组,带 2 根可燃毒物棒的 8 组,共计 576 根可燃毒物棒。

可燃毒物的组件上装有 20 根棒,除可燃毒物棒外,剩下的都是阻力塞棒。可燃毒物棒由硼硅酸盐玻璃管、0Cr18Ni9Ti 不锈钢包壳管、内衬管及上下端塞组成，包壳管和端塞用氩弧密封焊接。可燃毒物组件座在燃料组件上管座的上格板上。当压紧部件装入堆内时，堆芯上板压在压紧杆上，使整个可燃毒物组件压紧。

堆芯首次装料时，可燃毒物组件可以在堆外预先插入燃料组件，然后将它们一起装入堆芯。装入的位置与方向应严格按物理设计布置。

首次换料时，将所有可燃毒物组件更换为阻力塞组件。更换用专用工具进行。

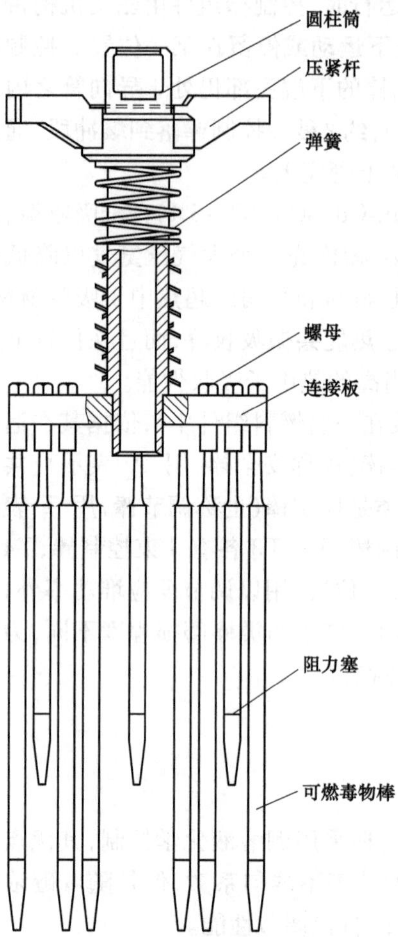

图 3-13　可燃毒物组件

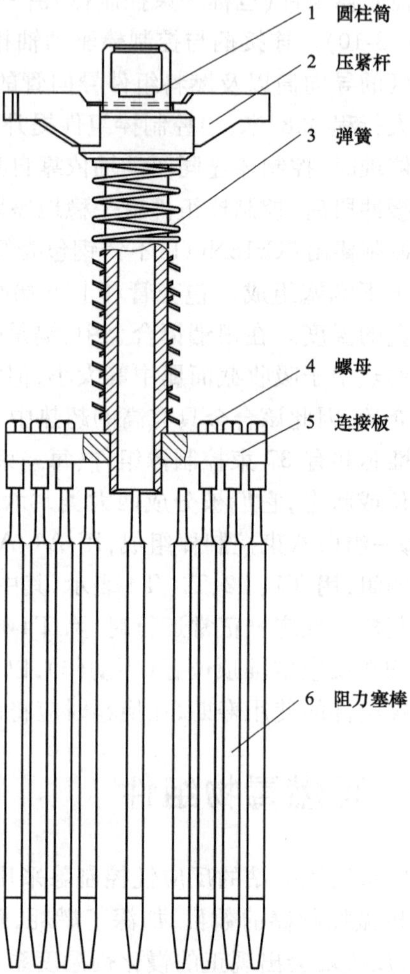

图 3-14　阻力塞组件

3.10　中子源组件

在反应堆启动过程中，堆内中子通量的变化范围甚大，从零功率到满功率是一个从个位数至 10^{13} 中子数/cm^2 s的核裂变范围。为确保起动安全。规范规定，每个源量程计数率不小于 0.5 CPS。由此反应堆内必须设置中子源。中子源组件的用途是提供一个初始中子水平，以保证中子探测器有效工作(克服测量盲区)，让反应堆启动时通量增长的全过程置于检测仪器的监督之下，保证反应堆安全启动。

中子源组件又分成初级中子源组件和次级中子源组件。首次装料时，同时装入初级和次级中子源棒。初级中子源组件共有 2 组，每组有一根钋-铍(Po-Be)中子源棒，3 根阻力塞棒，16 根可燃毒物棒。其连接板、圆柱筒、螺旋弹簧、压紧杆等部件与可燃毒物相同。首次停堆换料时，将初级中子源组件卸掉。再次启动时用次级中子源来代替初级中子源。

钋–铍中子源是利用钋-210($T_{1/2}$为 138 d)放出α粒子轰击轻元素铍而产生中子的。

次级中子源共有两组，每组由 4 根锑-铍(Sb-Be)中子源棒、16 根阻力塞棒及连接柄组成。为了在更换燃料组件时能用控制棒抽插机抽插次级中子源组件，次级中子源组件的柄的结构形式除增加两根压紧杆外，与控制棒组件连接柄相同。作为压紧部件的堆芯上板通过这两根压紧杆将次级中子源组件压紧在燃料组件上管座的上格板上。

次级中子源棒由锑棒、铍管、不锈钢外包壳管，内衬管及上、下端塞组成。包壳管和上下端塞之间用氩弧焊连接，管内充一个大气压的氦气。锑棒、铍管就密封在里面，锑棒在反应堆运行期间被中子活化，放出高能γ光子打在铍管上即产生中子。核反应为：

$$_{51}Sb^{123}+_{0}n^{1}\rightarrow{}_{51}Sb^{124}+_{0}n^{1}\rightarrow{}_{52}Te^{124}+\gamma+\beta$$

$$_{4}Be^{9}+\gamma\rightarrow 2\ _{2}He^{4}+_{0}n^{1}$$

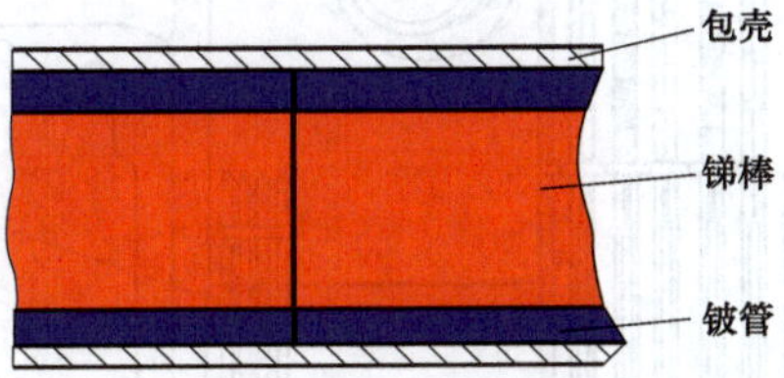

图 3-15　次级中子源组件剖面结构

3.11　阻力塞组件

阻力塞组件(见图 3-14)对燃料组件中不插控制棒、可燃毒物及中子源棒的导向管的旁通流量进行限制。

首次装料时，阻力塞共有 30 组，每组组件上装有 20 根阻力塞棒，阻力塞棒和正方形连接板依靠阻力塞棒上端的螺纹与螺帽连接并点焊锁死。其连接板、压紧杆、螺旋弹簧等均与可燃毒物组件相同。在首次换料后的堆芯装载中，除 37 组燃料组件中插有控制棒组件外，其余 84 组燃料组件中，均插入阻力塞组件，其中包括 2 组次级中子源组件。

在换料时，阻力塞棒组件需从原来的燃料组件中调换到另外的燃料组件中。调换操作是在水下远距离进行的，为避免可能产生的错位，阻力塞棒设计成上部有缩颈段、底部呈弹头形、外径为ϕ11.2 mm、长为 202 mm 的实心不锈钢棒。

阻力赛棒组件为永久性部件，可以长期使用，如有损坏可用备品进行更换。

3.12　堆内构件

1) 吊篮部件(见图 3-17　吊篮部件)

2）压紧部件

3）堆内测量支撑结构(上、下)

3.12.1 组成

反应堆堆内构件主要由以下三个部分组成:吊篮部件(包括整个堆芯吊篮),压紧部件和堆内测量支撑结构(见图 3-16 堆内构件)。

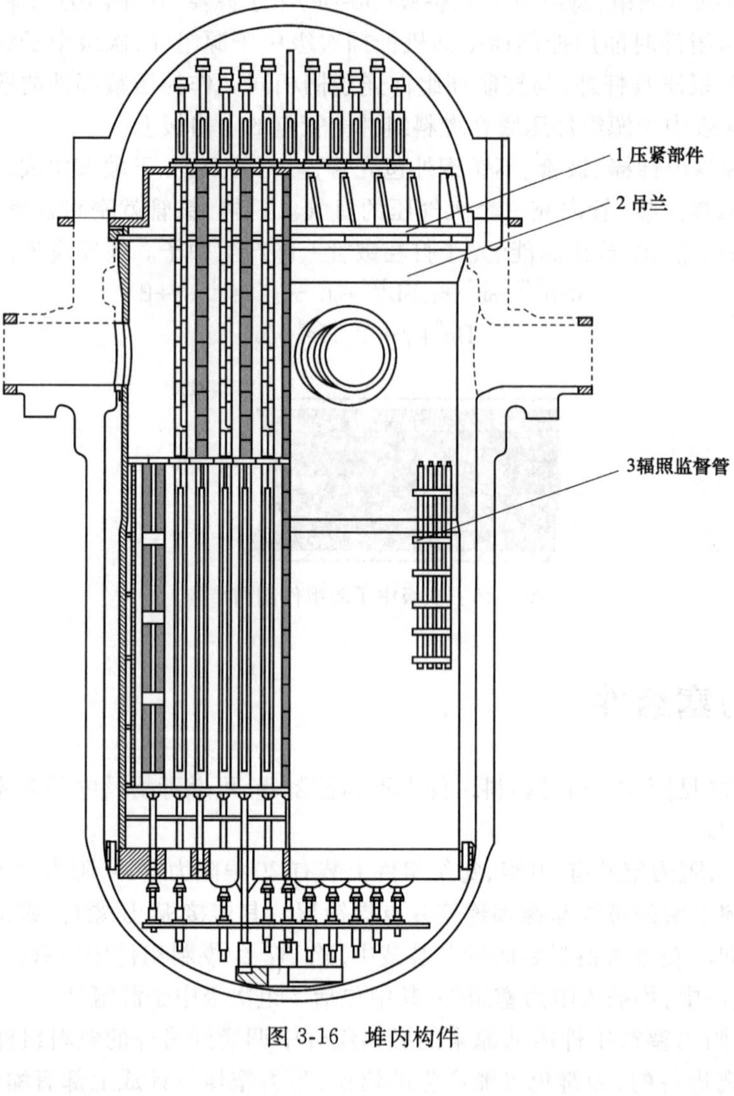

图 3-16 堆内构件

3.12.2 堆内构件的功用

1）支撑堆芯,保持燃料组件对中,限制燃料组件移动,保持燃料组件和控制棒驱动机构之间的对中,引导冷却剂流经燃料组件(为控制棒束提供精确的定位与可靠的导向,使控制棒在反应堆运行过程中顺利地提升或下插,在事故时实现快速落棒)。

2）引导冷却剂流入和流出堆芯部件,限制旁通流量与减少漏流。

3）为温度测量和中子通量测量提供支承和导向。

4）屏蔽中子辐照以减少反应堆压力容器的辐照损伤。

5）设置辐照监督管，监督反应堆压力容器材料性能变化情况。

3.13　吊篮部件

吊篮部件由吊篮组件、下栅格板组件，围板组件和防断组件组成(见图 3-17)。

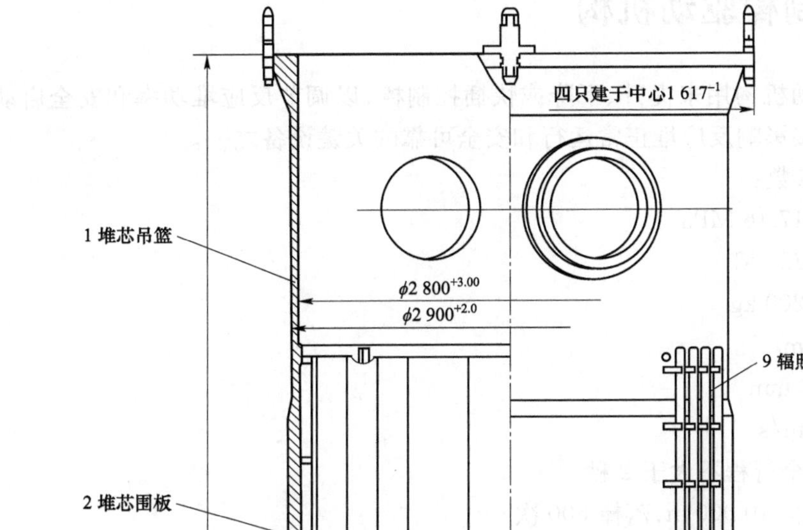

图 3-17　吊篮组件

吊篮组件由吊篮筒体和两个吊篮接管组成,吊篮筒体由法兰、接管段筒身、吊篮筒身焊接而成,它是一个薄壁筒体。

在压紧部件上,有37个控制棒导向筒,以引导控制棒束组件提升和下插;还设有42个温度测量热电偶的支承与导向装置。

吊篮部件下部有30个中子通量测量系统指套管的导向孔,以引导指套管在燃料组件中的抽插。下部安装有防断组件,当万一发生吊篮断裂时起到缓冲作用,防止压力容器完整性遭到破坏。

3.14 控制棒驱动机构

控制棒驱动机构用来提升、下降或快插控制棒,以调节反应堆功率和安全启动、停止反应堆。它是直接影响反应堆正常运行和安全可靠的关键设备之一。

设备主要参数:

设计压力:17.16 MPa

设计温度:350 ℃

提升能力:200 kg

步距:10 mm

行程:2 800 mm

速率:10 mm/s

快速落棒:全行程不大于2秒

寿命:总行程10 000 m,落棒500次

在正常启堆或停堆时,控制棒的移动按程序进行,T1与T2、T2与T3、T3与T4有重叠区,重叠区步数分别为90步、90步和70步。

3.15 冷却剂在压力容器内的流道

(RCP)→反应堆冷段进口管流入(主要)→堆芯吊篮和压力容器内壁之间的环形腔(下降段)→压力容器底部空腔(下腔室)→(防断支撑板)→吊篮底板→流量分配板→堆芯下板→堆芯活性区→上部支撑结构区(堆芯上板(上栅格板))→堆芯吊篮出口管→反应堆热段出口管→(SG)→(RCP)进口管流入(小股流)→压力容器顶盖的空腔→压力容器出口管

3.15.1 主冷却剂泵(主泵)(RCP)

反应堆冷却剂泵(Reactor Coolant Pump—RCP)也称主泵(见图3-18),是反应堆冷却剂系统的心脏。

在主系统充水时,利用主泵动态赶气。在开堆前,利用主泵循环升温,达到反应堆冷却剂平均温度280 ℃的开堆条件。在反应堆正常运行时,由反应堆热端流出的冷却剂经主管道流进蒸汽发生器,把热量传给二次侧给水,然后再由主泵送回反应堆冷端进行循环。断电事故时,主泵电机上的飞轮能够增加主泵惰转时间,提供一定的惰走流量,帮助堆芯冷却。

主泵是反应堆冷却剂系统的主要设备和压力边界的设备之一,数量2台,型号为

RER700，泵的设计、制造、材料、检验和试验按 ASME 第Ⅲ篇 NB 规范进行，抗震Ⅰ类。

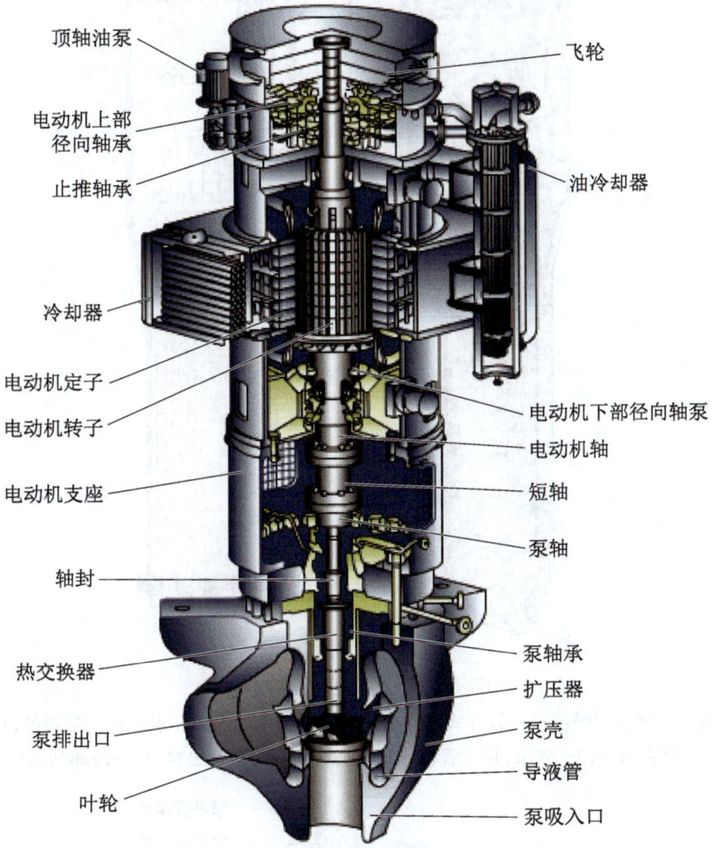

图 3-18　主泵结构

3.15.2　蒸汽发生器(SG)

蒸汽发生器(Steam Generator—SG)为压水堆电站一、二回路之间的热交换设备(见图 3-19)，在这里反应堆冷却剂的热量通过 U 形管被传给二回路给水，使二次侧给水变成蒸汽，这些蒸汽经安装在其上部的汽水分离器分离和干燥后离开蒸发器，去驱动汽轮机。

蒸汽发生器传热管作为主系统压力边界的一部分，有"安全屏障"的功能。

3.15.3　稳压器(PZR)

稳压器(Pressurizer—PZR，见图 3-20)的四个基本功能为：

1）启动过程中对主系统升压；

2）正常稳定运行时，维持主系统压力；

3）电厂瞬态过程中，限制主系统压力在允许范围内；

4）事故时，避免主系统超压。

稳压器中水和蒸汽的容积应能在反应堆冷却剂容积波动时，提供要求的压力响应。核电站满功率运行时，稳压器中蒸汽和水的容积各占一半。

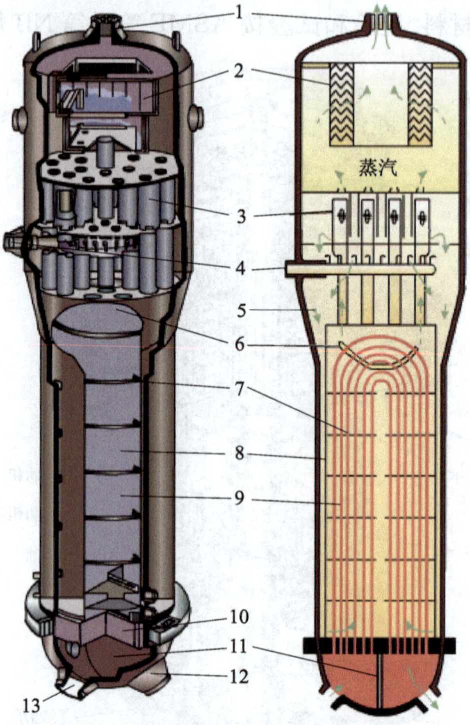

图 3-19 蒸汽发生器结构

1—蒸汽出口管嘴；2—蒸汽干燥器；3—旋叶式汽水分离器；4—给水管嘴；5—水流；6—防振条；7—管束支撑板；8—管束围板；9—管束；10—管板；11—隔板；12—冷却剂出口；13—冷却剂入口

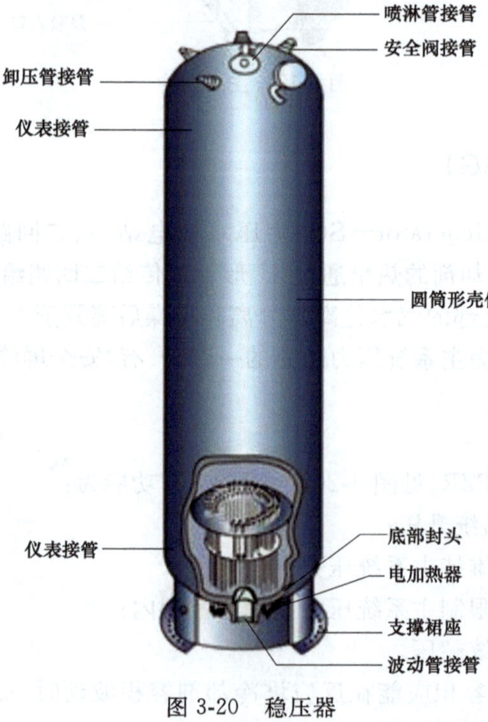

图 3-20 稳压器

稳压器应有足够的水容积，使在 10%额定负荷的阶跃增负荷时，电加热元件不致露出水面；在反应堆紧急停堆时，不会造成稳压器内的排空，而且压力的降低也不会达到安全注射系统的动作整定值。

稳压器应有足够的蒸汽容积，使在 10%额定负荷的阶跃降负荷时，其水位不致升高到高水位停堆整定值；在 100%额定负荷的甩负荷时，其水位不致升高到安全阀或卸压阀接管的高度。

在负荷阶跃变化的过程中所有反应堆冷却剂容积变化均由稳压器承担，而不考虑化学和容积控制系统对反应堆冷却剂容积变化的补偿。但在功率做线性变化时，稳压器则只承担反应堆冷却剂容积变化的70%，化学和容积控制系统还能承担40%，此时尚有10%的裕量。

3.15.4　稳压器卸压箱

在主系统压力升高时，接受由稳压器安全阀或卸压阀排放的高温高压蒸汽，使之冷却和凝结。此外也接受化容、停冷、安注等辅助系统安全阀排放的流体。

第四章　反应堆运行模式

4.1 运行模式

各电厂的技术规格书/运行技术规范对运行模式有明确的定义。将反应堆不同的标准运行工况和标准状态重新划分为六个“运行模式”。每个运行模式包括了多个标准运行工况和标准状态，它们有相近的热力学和堆物理的特性及相似的运行条件和运行目标。

(秦山 300 MWe 机组)运行模式是堆芯反应性、功率水平和反应堆冷却剂平均温度等在很宽范围的组合给出的状态和工况。表 4-1 给出所规定的运行模式。

表 4-1　秦山 300 MWe 机组规定的运行模式

运行模式	反应性有效增殖系数 k_{eff}	反应堆功率* (额定热功率)	冷却剂平均温度/℃	冷却剂压力 MPa/ (kgf/cm^2)☆
功率运行	～1.0	2%～100%	280～302***	15.2(～155)
热态零功率	～1.0	0～2%	280±2	15.2(～155)
热停堆	≤0.980	0	280±2	15.2(～155)
中间停堆 A 阶段	≤0.980	0	280～180	15.2～2.94((155～30)±2)
中间停堆 B 阶段	≤0.980	0	180～93	2.94±0.20(30±2)
冷停堆	≤0.980	0	≤93①	2.94±0.20(30±2)
停堆换料**	≤0.950	0	<50	0

注:① 不包括衰变热

反应堆压力容器顶盖的螺栓已松开或顶盖已移走,燃料仍在压力容器内。

运行初期为 280～295 ℃。

这里取 1 kgf/cm^2=0.098 066 MPa,以下同,此外,凡未加说明的压力。一律指表压。

从运行安全角度,冷却剂平均温度降到<93 ℃时,反应堆已可认为处于冷停堆状态;如果需要打开冷却剂压力边界,使冷却剂与环境大气接触,而进行某些操作的话,应使冷却剂温度降至<60 ℃。

(方家山 1 000 MWe 机组)将反应堆不同的标准运行工况和标准状态重新划分为六个“运行模式”。每个运行模式包括了多个标准运行工况和标准状态,它们有相近的热力学和堆物理的特性,以及相似的运行条件和运行目标。

这六个运行模式是:反应堆功率运行模式(RP)、蒸汽发生器冷却正常停堆模式(NS/SG)、RRA 冷却正常停堆模式(NS/RRA)、维修停堆模式(MCS)、换料停堆模式

(RCS)、反应堆完全卸料模式(RCD)。

4.2　运行模式与标准工况对应表

运行模式与标准工况对应表见表 4-2。

表 4-2　运行模式与标准运行工况对应表

运行模式	标准运行工况	一回路冷却剂装载量	一回路压力(MPa 绝对压力)(1)	一回路平均温度/℃(1)	一回路硼浓度/ppm	核功率
反应堆完全卸料模式(RCD)	所有核燃料在 KX 厂房		(2)	(2)		
换料停堆模式(RCS)	换料停堆工况	水闸门未就位：≥15 米 水闸门就位：≥19.3 米	大气压力	$10\leqslant T\leqslant 60$	2 100～2 300	0
维修停堆模式(MCS)	一回路充分打开维修冷停堆工况	≥LOW-LOI-RRA	大气压力	$10\leqslant T\leqslant 60$	2 100～2 300	0
	一回路微开维修冷停堆工况	≥LOW-LOI-RRA	大气压力	$10\leqslant T\leqslant 60$	2 100～2 300	0
	一回路卸压但封闭维修冷停堆工况	≥LOW-LOI-RRA	$P\leqslant 0.5$	$10\leqslant T\leqslant 60$	2 100～2 300	0
RRA 冷却正常停堆模式(NS/RRA)	正常冷停堆工况	一回路满水	$0.5\leqslant P\leqslant 3.0$	$10\leqslant T\leqslant 90$	CB～2 300 冷	0
	单相中间停堆工况	一回路满水	$2.4\leqslant P\leqslant 3.0$	$90\leqslant T\leqslant 180$	CB～2 300 冷	0
	双相中间停堆工况 RRA 运行条件(RRA 连接)	一回路满水，稳压器双相状态	$2.4\leqslant P\leqslant 3.0$	$120\leqslant T\leqslant 180$	CB～2 300	0
蒸汽发生器冷却正常停堆模式(NS/SG)	双相中间停堆工况 RRA 运行条件(RRA 隔离)	一回路满水，稳压器双相状态	$2.4\leqslant P\leqslant 3.0$	$160\leqslant T\leqslant 180$	CB～2 300 冷	0
	双相中间停堆工况蒸汽发生器冷却	一回路满水，稳压器双相状态	$2.4\leqslant P\leqslant P_{11}$ 或 $160\leqslant T\leqslant P_{12}$		CB～2 300 冷	0
	热停堆工况	一回路满水，稳压器双相状态	$P_{11}\leqslant P\leqslant 15.5$ 和 $P_{12}\leqslant T\leqslant 294.4$		CB～2 300 热	0
反应堆功率运行模式(RP)	反应堆临界阶段	一回路满水，稳压器双相状态	15.5 ± 0.1	$291.4\left(^{+3}_{-2}\right)$	逼近临界硼浓度	~0
	热备用	一回路满水，稳压器双相状态	15.5 ± 0.1	$291.4\left(^{+3}_{-2}\right)$	临界硼浓度	$<2\%P_n$
	功率运行工况	一回路满水，稳压器双相状态	15.5 ± 0.1	$291.4\leqslant T\leqslant 310$	临界硼浓度	$2\%P_n\leqslant P\leqslant 100\%P_n$

4.3 秦二厂 1、2 号机组标准运行状态表

秦二厂 1、2 号机组标准运行状态表见表 4-3。

表 4-3 秦二厂 1、2 号机组标准运行状态表

编号	标准运行状态的名称	中子学特性		反应堆冷却剂系统	
		次临界度	控制棒组位置	平均温度/℃	压力/MPa
1	换料冷停堆	≥5 000 pcm 和 CB≥2 100 ppm	全部插入	10≤T≤60	常压
2	维修冷停堆	≥5 000 pcm 和 CB≥2 100 ppm	全部插入	10≤T≤70	常压
3	正常冷停堆	≥1 000 pcm	S,B,C 提出(除了 16.4.3.1 节所示的限制条件之外)	10≤T≤90	0.1≤P≤3.0
4	单相中间停堆(RRA 投入)	≥1 000 pcm	S,B,C 提出	90<T≤180	2.4≤P≤3.0
5	双相中间停堆(RRA 投入)	≥1 000 pcm	S,B,C 提出	120≤T≤180	2.4≤P≤3.0
6	正常中间停堆(RRA 退出)	≥1 000 pcm	S,B,C 提出	160≤T≤290.8	3.0≤P≤15.5
7	热停堆 P_N=0	≥1 000 pcm 并且次临界值等于或大于图 16.4-2 所示的值(依硼浓度而变)	S,B 提出	290.8(+3,−2)	15.5±0.1
8	热备用 P_N≤2%P_n	0	S 提出,A,B,C,D 叠步棒位在插入限值以上	290.8(+3,−2)	15.5±0.1
9	功率运行 2%P_n<P_N≤P_n	0	S 提出,A,B,C,D 叠步棒位在插入限值以上	290.8≤T≤310	15.5±0.1

CB:硼浓度 P_n:额定功率

4.4 OTS(方家山)/30 万千瓦机组技术规格书模式对应表

OTS(方家山)/30 万千瓦机组技术规格书模式对应表见表 4-4。

表 4-4 OTS(方家山)/30 万千瓦机组技术规格书模式对应表

序号	方家山运行模式(秦二厂将照此修改)	秦一厂 320 MW 运行模式
1	反应堆功率运行模式(RP)	功率运行 热态零功率
2	蒸汽发生器冷却正常停堆模式(NS/SG)	热停堆 中间停堆 A 阶段

续表

序号	方家山运行模式(秦二厂将照此修改)	秦一厂 320 MW 运行模式
3	RRA 冷却正常停堆模式(NS/RRA)	中间停堆 B 阶段 冷停堆
4	维修停堆模式(MCS)	
5	换料停堆模式(RCS)	停堆换料
6	反应堆完全卸料模式(RCD)	

第五章　电厂的运行

电厂在任何情况下，一定处在某一种运行模式下，也就是说它的参数(主系统水装量、压力、平均温度、硼浓度、堆功率)一定在技术规格书规定的该模式。

5.1　核电厂功率运行(方家山)

反应堆功率运行模式(RP)
本运行模式包括具有如下特性的反应堆工况：
一回路满水，稳压器双相状态；
一回路冷却剂平均温度介于 291.4^{+3}_{-2}～310 ℃；
一回路系统压力调节至(15.5±0.1)MPa；
RRA 系统与一回路系统间处于隔离状态；
反应堆临界或处于逼近临界阶段；
慢化剂的温度系数必须是负数。
控制棒：停堆棒组完全提出，R 棒组在操作带内，N1，N2，G1，G2 棒组在其标定棒位上。

5.2　核电厂满功率运行(方家山)

100%功率运行时：
一回路满水，稳压器双相状态，水位的整定值是作为 T_{avg} 的函数按程序设定的(62.7%)；
一回路冷却剂平均温度 T_{avg}：310 ℃；
一回路系统压力：(15.5±0.1)MPa.a；
RRA(余排)系统与一回路系统间处于隔离状态；
反应堆临界(k_{eff}=1，ρ=0)；(ρ>0)?
慢化剂的温度系数必须是负数(α_m<0)。
控制棒：停堆棒组完全提出，R 棒组在操作带内，N1，N2，G1，G2 棒组在其标定棒位上。

5.3　日常运行、维修

核电站大约 90%时间是在 100%功率运行；
每次换料大修的时间约为 30～40 天(其中装、卸料的时间各需～3 天)，周期～14 个月；
此时各控制系统均在自动控制状态；
运行/RO 日常工作：监盘、巡检(报缺)、试验(设备切换)、水质控制、调硼；
安措隔离/恢复；

维修消缺/试验。

5.4 核电厂停止

机组停运→换料

核电厂停止是指核电厂从满功率到维修停堆模式运行的过程。

表 5-1 机组停运流程

1	100%降负荷到 20%P_n	反应堆功率运行模式(RP)
2	降负荷到汽机跳闸	
3	降功率到热备用状态	
4	从热备用到热停堆	蒸汽发生器冷却正常停堆模式(NS/SG)
5	硼化、降温和降压	
6	RRA 系统投入运行	RRA 冷却正常停堆模式(NS/RRA)
7	稳压器汽腔淹没	
8	一回路氧化	
9	由 RRA 冷却至冷停堆	
10	一回路排水	维修停堆模式(MCS)
11	压力容器开盖、堆水池充水及卸料	换料停堆模式(RCS) 反应堆完全卸料模式(RCD)

5.5 机组运行方式:堆跟机运行(100%～10%)

1) 降负荷到 20%P_n(RP 模式)

设定目标负荷(200 MW)和降负荷速率,自动降负荷。降负荷速率最大可设为 50 MW/min。

负荷降到 40%FP 时,用正常方式停运一台 APA 泵。

堆功率降到 40%以下时,P16 信号消失。降到 30%P_n 以下时,P8 信号消失。

负荷降低到 200 MW 时通知电网调度,机组将要解列。

过程中要注意 R 棒位及ΔI 控制,不要违反技术规范。

2) 降负荷到汽机跳闸(RP 模式)

堆功率降到 18%P_n 时,确认主给水大流量调节阀处于关闭状态,改由旁路小流量给水调节阀控制。

堆功率降到 15%P_n 时,将 GCT-c 切换到“压力模式”。要注意压力定值大小。

汽机负荷低于 10%时,P13 信号消失。堆功率低于 10%P_n 时,P10 信号消失,P7 信号也消失,而 C20 信号出现。C20 信号出现后,将 R 棒与 G 棒转手动控制。

继续降汽机负荷,在 50 MW 时手动使汽机跳闸,发电机解列,需检查汽机转速是否自然下降,并核对润滑油泵、顶轴油泵和盘车自动启动,最后汽机由盘车装置带动稳定在 8 r/min。如果电动盘车失败,则由辅助盘车液压点动,转速为 5 r/h。

汽机停机后,二回路接着进行辅助系统的停运操作

3) 降功率到热备用状态(RP 模式)

一回路硼化或插入 G 棒,降低核功率到 $2\%P_n$ 以下,使机组处于热备用状态。这时 SG 的供水可由 ARE(主给水)或 APD(启动给水)提供,由 GCT-c(蒸汽凝汽器排放)或 GCT-a(蒸汽大气排放)排出热量。

4) 从热备用到热停堆(NS/SG 模式,次临界)

手动将 R 棒插入到 5 步,再手动将 N2、N1、G2、G1 和 SD 插入到 5 步,一回路硼化到 NS/SG 模式热停堆硼浓度值(与氙毒有关),使机组处于 NS/SG 模式热停堆状态。接着机组可向 NS/RRA 模式冷停堆过渡,或者按照计划使机组向 RP 模式热备用过渡。

5) 硼化、降温和降压(NS/SG 模式)

若降温降压的目标工况是正常冷停堆,则将一回路硼化到正常冷停堆所对应的硼浓度。若目标工况是换料冷停堆或维修冷停堆,则目标硼浓度为 2 100,首先要使一回路硼化到正常冷停堆硼浓度值。

在要求的冷停堆硼浓度达到之后,接着开始一回路降温降压,降温速率由 GCT 控制在 28 ℃/h 之内

当一回路平均温度降低到 284 ℃时,P12 信号出现,要闭锁相应安注信号。一回路压力降到 13.8 MPa 时,P11 信号出现,要手动闭锁相应安注信号。

当一回路压力下降到大约 8.5 MPa 时,打开第二个下泄孔板,使下泄流量保持在正常值。

当一回路压力降到 7.0 MPa 时,关闭中压安注箱的隔离阀。当一回路压力降到 4.0 MPa 时,进行中压安注箱止回阀试验,并实施 B 类行政隔离。

6) RRA 系统投入运行(NS/RRA 模式,投运 RRA)

当 RCP 平均温度低于 180 ℃、压力低于 2.8 MPa 时,开始投入 RRA。一般选择 RRA 投运温度为 170 ℃,压力为 2.6 MPa。

RRA 系统投入运行过程主要包括:

RRA 系统准备(包括 RRI(设冷水)冷却水的准备);

RRA 系统升温、升压、均匀和化验硼浓度;

如果 RRA 的 CB 比 RCP 低,则要对一回路硼浓度进行调整;

连接 RRA 到 RCP。

RRA 与 RCP 连接后,一回路冷却由 RRA 完成,但必须保持 2 台 SG 可用。

为了防止一回路超压,要实施 C 类行政隔离。

对于大修,在 RRA 投运后,要调整硼溶液,使一回路硼浓度最终达到 2 100~2 300 ppm。

7) 稳压器汽腔淹没(消汽腔)(NS/RRA 模式)

减小下泄流量,手动控制 RCV046VP(上充流量调节阀)增加上充流量,使 PZR 水位上升。

PZR 水位升到 RCP012MN 指示满刻度时(汽腔尚未淹没)将 RCV013VP(下泄控制阀)切换到 RCP 压力控制,防止 RCP 超压。

当下泄流量突然增加时,表明稳压器汽腔已淹没。然后,逐渐开大喷淋阀,以便 PZR 温度均匀。

8) 一回路氧化(NS/RRA 模式)

当一回路冷却剂温度降到 170 ℃后,铟科镍栅格组件的金属会溶入冷却剂,这种产物(尤其 ^{59}Co)会增加大修期间一回路放射性水平。但如果在 90 ℃以下时将一回路快速氧化,可以阻止这一现象。所以在大修停机中,从 170 ℃开始以 28 ℃/h 最大冷却速度冷却一回路,在 80 ℃ 时通过 REA(反应堆硼和水补给系统)加药系统向一回路注入双氧水(强氧化剂),同时对 RCV002BA(容控箱)进行空气吹扫,使一回路冷却剂快速氧化。

9) RRA 冷却至冷停堆(NS/RRA 模式 → MCS 模式<0.5 MPa)

若目标工况是正常冷停堆,则可以在温度低于 90 ℃时结束冷却,可以保留一台冷却剂泵运行。

若目标工况是换料冷停(RCS)或维修冷停(MCS),则一回路温度低于 50 ℃时,取样验证硼浓度大于 2 100 后,停运最后一台冷却剂泵(<70 ℃)。在停运最后一台泵前要实施 D 类行政隔离。然后断开 RCP 泵和 PZR 加热器电源开关。

RCP 压力降到 0.8 MPa 时,隔离轴封回水管线。压力降到 0.4 MPa 时,停运上充泵。RCP 泵轴封水由 RCV002BA 继续供给。开通 RCV-RRA 净化回路,继续对 RCP 进行净化

10) 一回路排水(MCS 模式)

当 PT 9 DHP001 签署合格后,开始一回路排水,在排水前要确保 RCP082LN、083LN(就地水位计)及 081MN(液位测量)等 RCP 无压状态时水位计在线正确。排水是通过下泄转向 TEP(硼回收系统)来实现,在排水时要注意一回路排水与 TEP 接收的水体积一致,同时要注意一回路就地水位计与主控室记录仪或指示表读数一致。2010 年 7 月 7 日,R12 压力容器顶部跑水。堆芯水位计指示值降至 4.9 m,主系统停止排水。目视水位计 8.26 m,临时水位计 7.5 m。

在 RCP012 MN 读数为+2 m 及一回路放射性水平合格后,打开稳压器入孔。在开入孔后要确保 PTR(乏池)作为 RRA(余排)备用。然后排至 10.73 m(压力容器法兰面下)。

如果要排水至 LOI(RRA 投运时一回路可达到的最低水位)对一回路进行吹扫或装 SG 水室堵板,则在排水前要求 PT 9 DHP02 签署合格。在 LOI 状态运行时要求时间尽量短,并密切注意水位及 RRA 泵运行状态参数变化情况。

11) 压力容器开盖、堆水池充水及卸料(RCS)

一回路水位在 10.73 m 和 10.83 m 之间(大盖法兰以下),开始进行压力容器大盖开盖准备。大盖提升的同时向堆水池充水,大盖与水面保持一小距离。在堆水池水位高于 13 m 后,大盖可快速提升并移开。换料水池充到 19.5 m 后,将堆内上部构件移到构件池支架上。当 PT 9DHP03 签署合格后,可进行卸料操作。

卸料时堆水池、构件池、传输池和乏燃料池连通,池之间的闸门都打开,水位均为 19.5 m 左右。卸料是将燃料组件从堆芯抽出,用装料机在水下送到构件池小车上,小车与组件移动到传输池,再用燃料厂房吊车将组件放于乏燃料池格架上。堆芯完成卸料后,依次用 RRA 泵、PTR002PO、PTR005PO(乏池泵)及 RPE(核岛排气和疏水)管线对水池进行排水,其后有关部门就可进行该状态下的一回路大修工作。

5.6　核电厂启动

核电厂启动是指核电厂从维修停堆模式到满功率运行的过程,见表 5-2。

表 5-2　机组启动过程的主要步骤

1	装料及装料后反应堆水池排水	RCD、RCS、MCS
2	一回路充水排气	NS/RRA
3	对 RCP 进行净化、升温和加药	(停冷系统冷却正常停堆)
4	继续升温和稳压器建立汽腔	
5	隔离 RRA 系统	
6	继续对 RCP 进行升温升压,到达热停堆工况	NS/SG
7	反应堆达临界	
8	汽机冲转、并网及升负荷	RP

1）装料及装料后反应堆水池排水(RCS 模式)

根据计划,堆芯装料,水位维持在 19.5 m 左右。

装料结束,开始堆水池排水。

排水结束后,装上假封头(假盖),对池壁面进行去污。

然后装上压力容器封头。

安装上部连接件等。

2）一回路充水排气(MCS 模式→NS/RRA,＞0.5 MPa)

这一步主要任务是对一回路进行充水、静排气、升压和动排气(充水前一回路水面为 10.83 m,在压力容器法兰面下面)。

启动一台上充泵,向主系统(由上充管线)充水,并投入主泵轴封(由轴封注水管线)供水。

启动一台 ASG(电动辅助给水泵)向 SG 充水(零功率水位,窄量程-0.58 m)

向一回路充水方式/路径为:PTR001BA→(REA 硼酸泵→)上充泵→RCP。在充水过程中,打开 RCP 泵壳排气阀、压力容器顶部排气阀和稳压器顶部排气阀,发现有连续水从排气阀流出时关闭之。这过程为静态排气。在充水过程中注意中子通量变化及硼浓度变化,及时发现意外稀释。

点动主泵动态赶气(动排气):主泵最基本的启动条件之一,RCP 升压方式。静态排气结束后,通过调节 RCV013VP(下泄控制阀),RCP 压力升至 2.6 MPa。检查 RCP 泵启动条件满足后,启动一台 RCP 泵,约 20～30 s,停这台泵。(点动)。降压到 0.4 MPa.a,等待约 2 小时,让回路中气泡尽可能释放出后,打开排气阀(排气点同静排气点),直到有连续水流出现时关闭。

对另外两个环路进行上述同样的动排气。然后,再次升压至 2.6 MPa,依次启动三台主泵,等最后一台主泵运行 20～30 s 后,停运三台主泵,然后对回路降压排气。

进行主回路残余气体量计算,如果合格,充水排气结束(当一回路压力从 0.8 MPa 升到 2.6 MPa 过程中,RCV002BA(容控箱)水位下降小于 37.4 cm,则认为 RCP 系统中残气小于 15 m^3(标准大气压下)动排气可结束)。机组也就进入 NS/RRA 模式正常冷停堆工况。

根据机组情况,条件满足后,可将 SA、SB、SC 棒提到堆项,R、N2、N1、G2、G1 置于 5 步。解除 D 类行政隔离。如果堆芯已改变,则这二项到热停堆时 RGL(棒控棒位)试验完后再执行,但所有控制棒要提出到 5 步。

如果 RCP 温度大于 70 ℃,则必须有一台 RCP 泵在运行。

3) RCP 进行净化、升温和加药(NS/RRA 模式)

启动上充泵,调节上充流量使系统升压至 2.6 MPa 并维持。

启动三台 RCP 泵和所有 PZR 加热器对 RCP 进行加热。

全部打开稳压器喷淋使其与 RCP 形成循环。

升温速率由 RRA 调节阀(RRA024/025(热交换器出口流量调节阀)及 013VP(旁路阀))限制在 28 ℃/h 以下

利用 RCV 系统的净化单元对 RCP 进行净化(利用 RCV-RRA 净化回水管线)。

当一回路温度升高到 80 ℃时,开始注入氢氧化锂和联氨,并用氮气吹扫 RCV002BA,目的是减少一回路氧含量。用联氨除氧必须在一回路温度达 120 ℃之前完成。RCP 的氧含量合格后,将容控箱上部供气由氮气切换为氢气。氢氧化锂可以在完成了RCP稀释之后注入,以免浪费。

开始升温时,用 ASG 电动泵调整 SG 水位到零功率水位。

从这一阶段开始对二回路进行冲洗并投运辅助系统。

4) 继续升温和稳压器建立汽腔

一回路平均温度大于 120 ℃时,就可以开始建立 PZR 汽腔。

汽腔建立过程的主要操作是投入 PZR 加热器及关闭其喷淋阀,使 PZR 内水变为饱和状态并部分蒸发形成汽腔。PZR 升温速率要求≤56 ℃/h(为了避免汽泡形成时产生快速升压现象,应适当关小上充阀RCV046VP,使下泄阀RCV013VP有一个合适的开度(一般认为 30%开度较好),以便在形成汽腔时顺利地排出 RCP 的水,并维持 RCP 的压力基本不变)。

汽腔形成的判断方法是:下泄流量突然增大,与上充流量不匹配,接着 RCP012MN(稳压器冷态标定水位计)的指示表示值下降。

汽腔形成之后,将 RCV13VP 置于控制 RCV 下泄孔板下游压力方式。关小上充流量,加大下泄流,将 PZR 水位降到 17.6%(PZR 最低水位定值)。然后,将 RCV046VP 转为自动控制状态。解除 C 类行政隔离(推入相关阀门电源并按要求设置阀门状态)。这时一回路压力由 PZR 喷淋和电加热控制。

5) 隔离 RRA 系统(NS/SG 模式)

稳压器汽腔形成后,当 RCP 温度在 160～180 ℃之间(170 ℃),退出 RRA 系统的运行(隔离 RRA 的过程主要包括 RRA 系统的降温、隔离、降压和压力监测等操作。隔离后,开启 PTR021VB(换料水箱→ RRA),由 PTR(反应堆换料水池和乏燃料水池冷却和处理系统)保持 RRA 满水)。

6）RCP 升温升压，到达热停堆工况(NS/SG)

从 180 ℃开始，升温所产生的冷却剂比容变化十分明显，过剩的冷却剂通过 RCV030VP 排往 TEP 系统。

RRA 系统隔离后，可以用 GCTa 大气排放阀来控制 RCP 温度。

用 PZR 的压力手动控制器提升 RCP 压力，使 RCP 压力与温度同时增加。

在升温过程中，如果升温速率太大，RCP 水因比容增大而膨胀得太快，PZR 水位上升，这时应减小升温速率，即减缓 RCP 水的膨胀，使下泄管线能排走上充流量和主泵轴封注水，同时还能排掉 RCP 水膨胀的那部分体积，使 PZR 水位稳定。这时，也可以在允许范围内提高 RCP 压力，增加下泄流量。

当 RCP 压力升高到 7.0 MPa 时，解除 B 类行政隔离，打开中压安注箱的隔离阀。

当 RCP 压力升到 8.5 MPa 时，关闭一个下泄孔板隔离阀，在到达 15.4 MPa 之前，再关闭一个下泄孔板。维持一个下泄孔板正常运行。

当 RCP 压力升高到 14.3 MPa 时，要注意 P11 信号消失。

当温度大于 284 ℃时，注意 P12 信号消失。

注意：在 P11 或 P12 信号消失后，如果由于正常操作，一回路压力下降到 13.8 MPa 以下时 P11 又出现，或温度下降到 284 ℃以下 P12 信号又出现时，要注意闭锁 P11 及 P12，防止发生误安注。

如果一回路曾被打开，那么大约在 15.5 MPa 和 275 ℃时进行 RCP 密封性试验。用 PZR 的压力控制器手动提高一回路压力到 15.8 MPa(绝对)，由 GCT 排大气压力设为 6.1 MPa 来维持一回路温度稳定。维持一回路压力 15.8 MPa(表压)、温度 275 ℃两小时，测量一回路泄漏率。如泄漏率合格，降一回路压力到 15.5 MPa，然后继续一回路升温。否则检查原因，并使一回路降温降压进行修理。

控制稳压器升温速率，以使 PRZ 与 RCP 间的温差在 50～110 ℃。

RCP 压力到 15.4 MPa、温度为 291.4 ℃时，机组就处于热停堆状态。

如果进行过堆内组件的操作，则需在热停堆时进行落棒试验及 RGL 试验。合格后，将 SA、SB、SC 提到堆顶，其余棒在 5 步，并解除 D 类行政隔离(打开相关供水阀门)。

7）反应堆达临界(RP 模式)

根据物理组给出的参考临界硼浓度和临界棒位。

对主系统进行稀释至临界硼浓度。

提棒进行临界操作(提 G 棒达临界)。

比较参考临界棒位，不能相差太大。

外推临界，接近临界棒位及以后时不能连续提棒。

对紧急停堆后达临界，需签署 PT 9 DHP 011。对大修后达临界需签署 PT 9 DHP010 及 PT 9 DHP012。

对一般停堆后达临界，按 F-COR1 执行。首先根据停堆时间长短及准备达临界时间进行反应性平衡计算，确定达临界方案，确定临界时 R 棒及 G 棒位置，确定达临界过程中对一回路硼化或稀释的总量及速率。最后，根据达临界方案，先稀释或硼化，然后提 G 棒达临界。

对换料后首次临界及升功率，要按照机组物理启动质量和安全计划进行。

在提升控制棒进行临界操作时，当堆内中子通量出现稳定的正周期时，则表明已经达到临界。继续提升控制棒至中间量程读数为 $10^{-5}\%P_n$ 时，P6 信号出现，立即闭锁源量程紧急停堆。

当中间量程电流 10^{-8} A 时，插入控制棒使周期为无穷大，此时记录下临界参数(临界棒位、临界硼浓度)等，以便作为下一次达临界的依据。

首先要进行零功率物理试验，这主要有以下内容：操纵员在 OPT(技术服务处)工程师指导下采用稀释及提G棒使堆达到临界状态；OPT人员确定零功率水平，然后在零功率水平下进行 R 棒及其余控制棒价值刻度，确认燃料多普勒系数及慢化剂温度系数等。

以后在各功率平台进行堆芯通量图测量、热平衡测量等物理试验，并对 RPN(核仪表)系统参数进行修正。

继续提升功率至 $2\%P_n$ 稳定(RP 模式下热备用状态)。

SG 给水切换至 ARE(主给水流量控制系统)供水。

如果 ARE 的水质符合要求，可启动 APA(电动主给水泵)，将蒸汽发生器的供水由 APD(启动给水)切换到主给水系统(ARE)，水位由旁路给水调节阀控制。

这一切换必须在堆功率小于 $2\%P_n$ 时进行。APD 的供水总量有限，因此 APD 供水时堆功率不能大于 $2\%P_n$。

如果 GCT 排冷凝器可用，要及时将 GCT 从排大气转排冷凝器运行，并置 GCT 为压力控制模式。

由于影响蒸汽发生器水位的因素比较多，从现在开始要关注 SG 水位(特别在堆功率为25%之前)，减少影响 SG 水位的扰动(比如蒸汽用量、给水流量及一回路功率变化等)，防止发生因 SG 水位低低或高高而发生跳堆。

二回路启动和主蒸汽暖管：常规岛二回路的启动和一回路的启动是同时进行的。冷却水、循环水、油、盘车、凝结水等。

8) 手动提功率到 $10\%\sim12\%P_n$(RP 模式)

堆功率大于 $10\%P_n$ 时，C20 信号消失，P10 和 P7 信号出现，这时必须闭锁中间量程和功率量程的“中子通量高”引起的紧急停堆信号。

调节 GCT-c，逐渐降低蒸汽压力，使 $|T_{avg}-T_{ref}|<0.8$ ℃，然后将 R(温度调节棒)棒转为自动控制。再手动逐步调整 G 棒组的棒位(下插或上抽)，使其与二回路负荷对应的 G 棒位整定值一致。在此过程中注意 R 棒应保持在调节带内，R 棒高位则稀释，R 棒低位则硼化。然后将 G(功率补偿)棒转为自动控制。

打开 ARE 大流量调节阀的隔离阀，检查主给水大流量调节阀处于 SG 水位调节系统的控制之下，并且处于全关状态，SG 水位稳定。

控制棒投自动后，堆跟机运行。

9) 汽机冲转、并网及升负荷(RP 模式)

汽机冲转条件满足后，设定目标转速 1 500 r/min 使汽机升速，核对微机调节器自动选择升速速率。同步条件满足后，自动并网，也可以手动并网。

并网后，汽机负荷自动升到一个较小负荷。然后，操纵员设定目标负荷和升负荷速率，自动提升负荷。升负荷的速率有最大限值。如果堆芯被重新组合，则堆功率升速受 $3\%P_n/h$ 限制，这时可设定汽机升荷速率为 0.5 MW/min。

随着负荷的升高，GCT 排冷凝器阀应逐渐关闭。汽机负荷升到 10%时，注意 P13 信号出现。

负荷升到 15%P_n后，将 GCT 由压力模式切换到温度模式（只有 GCT 阀门全关时才可切换）。

负荷升到 18%P_n（蒸汽流量达 20%FP）后，主给水大流量调节阀（主阀）开始参与水位调节。

堆功率升到 30%P_n和 40%P_n时，注意分别出现 P8 和 P16 信号。

当汽机负荷升至 40%时，启动第二台 APA 泵运行，将第三台置于热备用状态。

提升负荷到 100%P_n的过程中，要注意保持 R 棒的位置处于调节带内，要注意ΔI的控制，使之在允许的区域中。

第六章　养成维修人员良好行为习惯

维修人员应该：养成良好的维修行为规范；有效地识别工作区域风险；确保自身安全不受伤害；确保设备安全不受损坏

➢ 你认可这样的说法吗?一切人身伤害事故，通常都是人员(当事人)违章/违规造成的(自己被伤害或是伤害了别人)。

➢ 你希望自己受到惩罚吗?人犯错误本身就是受到一种惩罚(犯错本身就是对人的惩罚，而这种惩罚都是自找的。惩罚你的无知/自以为是、不经心/麻痹大意、不用心/粗心大意、不守规矩/规程)!

➢ 你相信运行人员一定准确地做好了安措吗?你会将你的人身安全放心地交给运行人员吗?验电、安措的检查确认。

➢ 你相信违规走捷径一定不会出事吗?

2009 年 12 月 20 日，某电厂 204 大修调节棒更换工作期间。在进行 7 号调节棒更换时，要求拆除 7 号调节棒电气接头。现场拆除时发现，同一接线箱上有调节棒和停堆棒在内共 6 个电气接头，接头间空间狭小，需要先拆除 4 号停堆棒离合器接头才能拆除 7 号调节棒电气接头。维修人员在没有修改程序工作步骤的情况下，拆除了 4 号停堆棒离合器接头，导致 4 号停堆棒意外落入堆芯。

经验教训：

工作中，严格执行程序。发现程序无法执行时，应停止工作，和程序编写人(部门)核实/修改后，再继续实施。

编制程序时，需要考虑现场实际情况，必要时进行现场核实，确保程序的可执行性。

➢ 你相信在一些风险场合一定有人提醒你吗?

检修人员在 R 厂房外围进行检修工作受沾污

2014 年 1 月 10 日下午，检修人员执行工单 247024 对 2RPE011PO 进行检查工作，该潜水泵位于 W071 房间，R 厂房外面，不用经过冷更衣间。在工作进行一半时检修人员出去借工具，顺便电话询问主控该位置是否有剂量，答复没有。后自行前往 C2 门进行了检查发现全身沾污，在脱掉外衣后正常。随后其他两名工作人员和两名 QC 进行了检查，也是全身沾污，去除外衣后都正常。随后联系辐射防护人员进行环境测量，测量完成后防护人员外衣也都出现有沾污。经确认是天然氡子体污染。

➢ 你相信你不会找错地方、拆错/修错设备吗?走错间隔(没有识别、识别错误导致)的失误从来就没有停止过!

最鬼使神差的事件(运行)：误断所有主给水泵液力耦合器执行机构电源导致停堆 2013 年 01 月 24 日，3 号机组满功率运行，4 号机组大修。

20 时 20 分左右，为实施 APA(主给水泵)液力耦合器控制柜电源改造项目，隔离办发出隔离操作单。

20时27分，电气岗位现场操作员执行隔离操作时走错机组间隔，将本应实施在4号机组的操作错误地实施到了正在运行的 3 号机组，误断开所有主给水泵液力耦合器执行机构电源，导致正在运行的两台和备用的一台主给水泵因执行机构失电而出力不足，蒸汽发生器给水流量快速下降，最终于20时28分12秒触发2号蒸汽发生器的“蒸汽发生器水位低符合汽水失配”信号而自动停堆。

现场操纵员执行操作完毕后，乘坐联楼电梯返回6楼(主控室楼层)，刚走出电梯，就听说3号机突然停堆了，猛然意识到自己的操作发生了错误，然后迅速跑往3号主控，告知主控自己的操作错误了。

查明事件原因后，重新投入 3 号机组主给水泵液力耦合器执行机构电源，并启泵验证控制正常。反应堆于24日22时20分恢复临界，25日1时35分汽轮发电机组并网，6时升到满功率660 MWe。

为防止走错间隔，大修前一天在有关厂房都设置了“3号机组正在运行”“4号机组正在大修”提醒标示牌，并在进入房间门前后都有明显标识区分(见图 6-1～图 6-3)。

图 6-1 提醒标示牌(一)

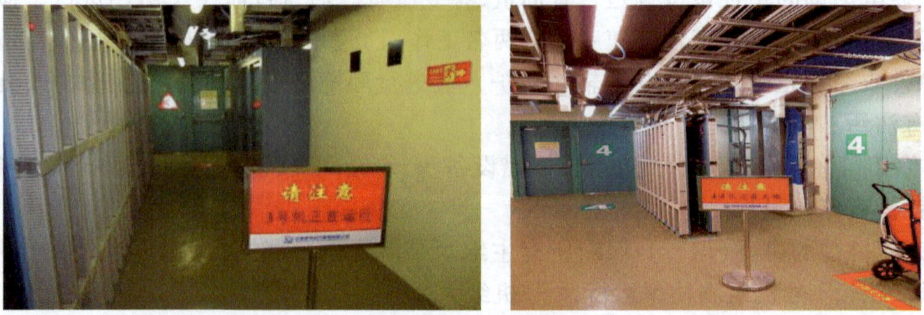

图 6-2 提醒标示牌(二)

图 6-3　3KCO051AR 内的主给水 A、C 泵液力耦合器执行机构电源开关

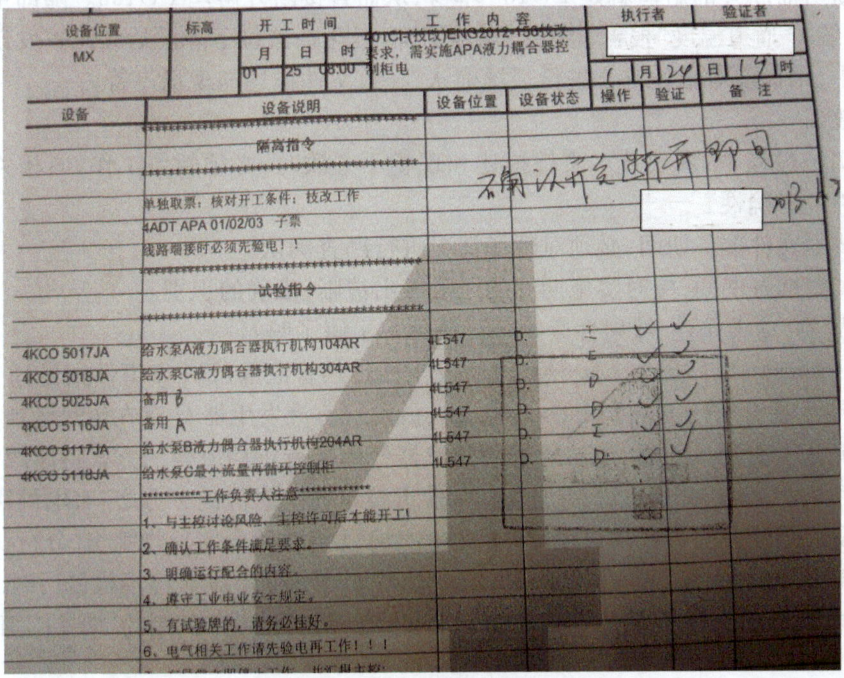

设备位置	标高	开工时间			工作内容	执行者	验证者
MX		月	日	时	4OTCI-(技改)ENG2012-156技改要求，需实施APA液力耦合器控制柜电		
		01	25	08:00		1 月 24 日 14 时	

设备	设备说明	设备位置	设备状态	操作	验证	备注
	隔离指令					
	单独取票；核对开工条件；技改工作					
	4ADT APA 01/02/03　子票					
	线路端接时必须先验电！！					
	试验指令					
4KCO 5017JA	给水泵A液力偶合器执行机构104AR	4L547	D.	I	✓	✓
4KCO 5018JA	给水泵C液力偶合器执行机构304AR	4L547	D.	E	✓	✓
4KCO 5025JA	备用 B	4L547	D.	D	✓	✓
4KCO 5116JA	备用 A	4L547	D.	D	✓	✓
4KCO 5117JA	给水泵B液力偶合器执行机构204AR	4L647	D.	D	✓	✓
4KCO 5118JA	给水泵C最小流量再循环控制柜	4L547	D.	D.	✓	✓

确认开关断开即可

工作负责人注意
1、与主控讨论风险，主控许可后才能开工！
2、确认工作条件满足要求。
3、明确运行配合的内容。
4、遵守工业电业安全规定。
5、有试验牌的，请务必挂好。
6、电气相关工作请先验电再工作！！！

图 6-4　3、4 号机组的隔离操作单

一点细节

电气现场人员(当事人)巡检完成后，和同事又完成了 6 张隔离操作单。回到值班室整理好、签完字并在作记录时，接到了 4 号机组的 4PT02630 隔离操作单。由于是一张试验票的操作单，只要求检查 4KCO 电源开关状态与操作单的要求相一致即可，因此就一个人拿着操作单坐中间联楼电梯来到 4 楼(此楼层房间号以 L5**标示)，错误的进入了 3 号机组的 L507 房间内的 KCO050、051AR 旁。检查设备处于合闸状态，于是打电话联系隔离经理，说“现场的开关都为合闸，票上要求断开，能断开吗?”隔离经理因知道 4APA 已全停且主隔离已实施，而且潜意识中认为现场操纵员是在 4 号机组，故在电话中回答说：“可以断开，APA 已全停，没关系的。”得到隔离经理的答复后，现场操纵员离开电话处，又返回到 3KCO050AR

旁,在未进行自唱票和核对设备 9 位代码的情况下按照操作单的顺序逐个断开开关。

经验反馈:

操作前,停一停

把注意力集中到手头的工作上

干之前,千万别忘了核对一下设备/标牌

对“异常”应保持充分的警惕,再确认

➢ 你相信对现场的风险(人身/设备)有足够的认知吗?

事件概述

2014 年 12 月 20 日,某电厂维修人员执行“气体质量流量计替代”变更,需要对 120 VAC 进行断电。当执行到“断开 5542-PL568C-FU133 的 L4 和 N4 之间的熔丝”步骤时,发现现场 L4 和 N4 之间没有熔丝,但维修人员并没有停下来联系变更工程师,确认文件描述的正确性,而自行判断所需断开的熔丝就是 FU133 本身,从而直接断开熔丝 FU133。随即主控室出现“慢化剂系统 C 通道温度”报警,慢化剂温度下降,慢化剂液位下降。后续调查发现变更文件准备过程中,未提前对熔丝符合进行现场确认,导致文件描述与现场不符。

经验教训

变更实施过程中,发现技术文件描述和现场不一致时,必须暂停工作,向相关技术工程师确认文件的正确性。

变更技术文件准备期间,必须对现场情况进行勘查确认。

变更实施准备期间,应对实施期间的风险做出清晰,准确的识别。

➢ 防异物、动火作业、放射性废物分类等你都了解了吗?

美国 Robinson 电站异物入侵导致蒸汽发生器传热管泄漏(INPO 事件报告)

2014 年 2 月 27 日,美国 Robinson 电站人员发现蒸汽发生器 C 存在传热管泄漏的迹象,化学取样确认了泄漏。此后,电站通过对凝汽器气体进行定期取样的方式持续跟踪泄漏率。2014 年 3 月 7 日,泄漏率上升到 35 加仑/天,接近技术规范限值的二分之一,电站决定停堆检修。检查发现蒸汽发生器 C 的一根传热管被略大于 1 英寸的金属异物割伤,分析认为该异物来自于 2013 年换料大修期间对给水系统某管道的切割作业。本次停堆检修历时 31 天。

➢ 核电站为何有那么多的规程和管理制度?规章制度=束缚、制约、管、卡、压?(行动指南、规矩)

从来就不乏案例(A2-2 子组落棒导致停堆)

在 20 年前,1995 年 2 月 17 日,机组 310 MWe 稳定运行。

下午 13 时 36 分 05 秒,仪控队自控一班两人执行周末巡检,在进行棒控机柜保持小电流检测过程中,发生 A2-2 子组 4 束棒从 280 步落棒到底,堆功率陡降至约 300 MWt 并继续下降,主系统 P、T_{avg} 快速下降。主控发“上部象限功率倾斜”“C-12 停棒”等报警。在 13 时 36 分 38 秒,稳压器压力降至 13.7 MPa,平均温度降至 273 ℃时,发电机功率下降不多。

值长令手动停堆,联锁停机,“SGA、B 液位低-低停堆”“ATWS 动作”报警。13 时 38 分 38 秒,主控手动断开发电机出口开关 2001B。

事件处理终止时,T_{avg} 为 272.9 ℃,主系统 P 为 13.7 MPa(13 MPa 停堆整定值)。

2 月 21 日,机组在 310 MWe 负荷下稳定运行(刚启堆,堆功率 885 MWt,T_{avg} 为 294 ℃,稳压器 P 为 15.2 MPa)。

8 时 40 分 30 秒，为查明 2 月 17 日落棒原因，该二人再次进行同样的(保持小电流定值)测量，引起 A2-2 子组 4 束棒再次落棒，堆功率徒降至 250 MWt 并继续下降，主系统压力、平均温度快速下降，发电机功率降至 280 MWe 左右。

8 时 44 分 10 秒，值长令手动降汽机功率无效，于 8 时 44 分 26 秒，令手动断开 2001B 开关。

8 时 44 分 31 秒，SGB 液位低-低引起反应堆停堆联锁停机。

事件原因(事件报告给出的)

1）棒控人员在未查明之前落棒原因的条件下，即再次进行小电流测试，是不够慎重的，也是核安全文化不强的表现。

2）棒控人员未填工作票，未填试验申请单，违反了电站的管理制度要求。再三重申管理制度要求："正常运行中，设备属运行管辖，检修需进行任何操作或测试，需填工作票，或试验申请单"。

事件原因

这是一项每日检修巡检时需要执行的对各子组的检测。

2 月 17 日导致 A2-2 子组落棒的原因当时没有查出来；

2 月 21 日机组停堆后刚启动，本应 2 月 22 日进行例行巡检测试；

2 月 21 日出现问题后，原因不清，随后停止了这项工作。

在随后的大修时，拆下该组插件进行检测，发现存在虚焊。经分析该虚焊会导致在进行小电流测量时断路而失电。

直接原因：设备的隐性缺陷在人因的激发下而显现。

纠正行动

事件发生后，对检修部的巡回检查和试验作出规定：

1）电站正常运行期间，仪控、继保等控制、保护柜房间的巡回检查，每次必须不少于两人，但不多于五人。每次巡回检查前、后应报告主控室。

2）巡回检查只记录有关仪表参数，目测指示灯与开关状态，判断系统正常与否。除利用柜上固有切换开关，以读出有关参数，而不影响控制、保护系统外，不进行其他任何系统(设备)的动手检查和测试。

3）如需对系统(设备)进行在线检查与测试，必须办理工作票手续。如需进行试验，应填写试验申请单，按质保程序批准后，经值长同意后方可实施。

4）主控楼 713、714、715、716 房间的仪表柜、继电器柜、电源柜等柜门应上锁，确因特殊原因而无法关门上锁，应有明显的标志及警告牌。

5）正常运行期间，主控制台屏上所有操作，由主控操纵员进行，其余人员不得操作。仪控、继保等柜上的操作，应预先征得主控人员的同意，然后由仪控、继保人员进行。

6）05 号棒控间(432)属重要设备间，其门装两把锁，分别由主控和仪控队管理，仪控人员需进入此房间巡检等工作，需征得主控同意后，取钥匙开门方可进入，离开房间应锁好门，报告主控，归还钥匙。

就本事件的主观经验反馈

由于设备的隐性缺陷加之每日需进行的该项工作，A2-2 子组落棒并导致停堆是必然的；

事故原因没有找到，以后仍要实施检测，再次发生同样的事件也是不可避免的；

但在不该进行检测的时间进行了测试，并进行得很随意，是问题所在。

每次事故/事件发生，都应对电厂的管理改善/规程有所贡献。

所以，从我们以往的经验/教训中学习！而不是到发生事故时才以一种艰难痛苦的方式学习到这一课。

维修过程管理与控制问题

在进行管道保温拆除、阀门解体检修等工作时，产生了大量的标识没有恢复、丢失等现象。

进行设备解体检修时，留在设备表面的标志、记号没有清除，造成设备表面污损。

阀门手轮丢失、损坏时有发生。

拆除设备时不轻抬轻放，不做必要的表面保护，造成设备表面油漆脱落。

事例：

二厂403大修(2015年1月23日)，仪控人员在试验中发现，4APA(电动主给水泵系统)111KT(一次测温元件)断裂，117KT弯曲，直接原因是拆脚手架不小心碰坏。很多事件虽是承包商所为，但体现的都是电站的管理问题

第七章　习　题

7.1　填空题

1. 核蒸汽供应系统(RCS)作用:将核裂变产生的热量通过_____传给二回路的_____。

答:SG;给水

2. 蒸汽和动力系统转换系统的作用:将蒸汽发生器 SG 传输的热量通过加热_____使之产生_____并驱动_____。

答:二次侧的给水;蒸汽;汽轮发电机组

3. 在外电源全部断电,由_____向厂内应急设备供电。

答:应急柴油发电机组

4. 核电站设置专设安全设施,其目的是在_____工况下,确保堆芯的_____和安全壳的_____,限制事故的发展和_____。

答:设计基准事故;冷却;完整性;减轻事故的后果

5. 仪表、控制与保护系统功用:通过监测电厂的各种_____和_____的仪表系统,向_____显示信息。

答:过程参数;环境参数;操纵人员

6. 将反应堆不同的_____和标准状态重新划分为_____"运行模式"。每个运行模式包括了多个标准运行工况和标准状态,它们有相近的_____和_____的特性,及相似的运行条件和运行目标。

答:标准运行工况;六个;热力学;堆物理

7. 维修人员应该:养成良好的_____;有效的_____;确保_____不受伤害;确保_____不受损坏。

答:维修行为规范;识别工作区域风险;自身安全;设备安全

7.2　简答题

1. 简述核电厂的运行特点?

答:反应堆临界、反应堆内储有大量放射性物质、相当可观的堆芯剩余释热、核电厂系统复杂、饱和蒸汽。

2. 核电厂有哪些系统?

答:核蒸汽供应系统、蒸汽和动力系统、电力系统、专设安全设施系统、仪表与控制系统、核燃料储存和操作系统、放射性废物管理及外围系统。

3. 简述反应堆本体构成?

答:压力容器、堆内构建、堆芯及控制棒驱动机构。

第二部分　维修人员防人因失误工具

第一章　概　述

1.1　目的

防人因失误工具是帮助人员在工作中减少人因失误的工作方式、行为方式或思维方式。使用防人因失误工具的前提是首先了解、接受这样的工作方式、行为方式或思维方式，然后再逐步改变个人的工作习惯、行为习惯、思维习惯甚至语言习惯等。

防人因失误工具的数量、定义等不同体系有着不同的规定，中核运行维修领域各处室没有统一的培训教材，为了统一维修人员在防人因失误工具使用方面的标准和期望，指导维修人员使用防人因失误工具，特编制了本教材使用。教材中结合人因工具选择了维修相关的典型人因事件案例，供学习者学习体会并进行经验反馈。

1.2　适用范围

中核核电运行管理有限公司中核核电运行管理有限公司使用十一项防人因失误工具，包括自检、三向交流、质疑的态度、不确定时暂停、遵守/使用规程、他检、监护、独立验证、工前会、工后会、2 分钟检查。教材结合维修人员的工作特点、行为方式、思维方式介绍了十一项工具的使用原因、使用场景、使用方法、一般规律、应避免的做法等。适用于具有一定人因管理基础知识的维修人员学习使用。

1.3　常用定义

1）人员行为：人员的所作所为，即为达到一个目的而采取的一系列动作。

2）人因失误：因人的固有特性和缺陷，所导致的和期望的或规范的行为标准有偏差的行为，由这样的行为所产生的失误。

人因失误的模式根据任务的性质可以分为三类

● 知识型失误

指人们通过分析、判断来解决问题过程中所犯的失误。这类失误通常是由于工作人员的知识欠缺、经验不足、成见或偏见等因素所致。如一名年轻员工处理现场没有遇见过的缺陷,造成设备的损坏。

● 规则型失误

指按规则进行操作时所犯的失误。通常是由于工作人员使用了本身有错误的规程或错误地使用了规程所致。如检修人员在现场执行预防性维修工作时,跳过了规程的步骤执行检修工作,导致了设备问题。

● 技能型失误

指在进行一些经常的、简单的、熟练的操作过程中所犯的错误。导致这类失误的原因通常是注意力不集中,或注意力仅集中于某一点而忽视其他方面,就是我们通常说的"一时疏忽"。如:一名检修人员在执行盘根流量调节时,操作了错误的设备,导致报警出现。

图 1-1 显示了基于三种类型的任务与对任务的熟悉程度、注意力集中程度之间的关系以及发生失误的概率情况。

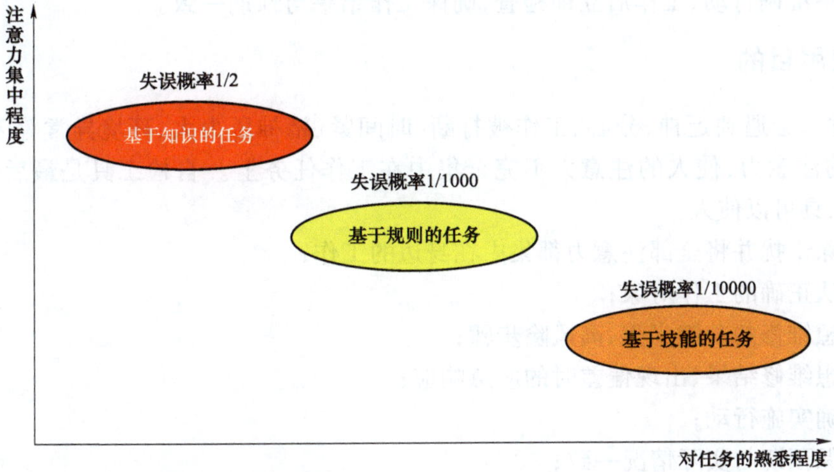

图 1-1 基于三种类型的任务与任务熟悉程度与注意力集中程度之间的关系

纠正这三种失误类型的常用方法有:

● 技能型:使用自检、三向交流、监护等防人因失误工具
● 规则型:使用自检、质疑的态度、遵守/使用规程、监护、他检等防人因失误工具
● 知识型:使用质疑的态度/不确定时暂停、工前会、工后会等防人因失误工具

3) 防人因失误工具:能预防人因失误的个体或集体的行为方式、工作方式或思维方式。

第二章　防人因失误工具

2.1　自检

2.1.1　工具定义

自检,又叫明星自检(STAR),是最基本的防人因失误工具之一。它是工作前和工作完成后随即进行的、有意识的一种工作实践。体现工作前谨慎思考、预想正确的行动和预计的后果、工作中准确行动、工作后立即检查,确保工作结果与预期一致。

2.1.2　使用目的

工作时人会遇到走神、分心、工作被打断、时间紧、精神压力大、环境异常等因素影响而分散我们的注意力,使人的注意力不完全集中在工作任务上。自检工具是最后一道屏障。使用自检工具可以使人:

1）排除干扰并将全部注意力都集中在身边的工作;
2）确认正确的工作对象;
3）预想维修的关键步骤、高风险步骤;
4）预想维修结果、出现偏差时的应急响应;
5）准确实施行动;
6）确保预期与实际情况一致;
7）检查是否达到了需要的指标与结果;
8）减少犯错可能性;
9）减少工作中的不恰当举动。

2.1.3　使用场合

执行每一项工作,都应该使用自检,特别是在关键步骤或者时间紧迫以及操作将改变设备实际状态时。在任何对电站系统、设备、部件上有影响的维修活动中,为确保正确的识别维修对象,都需要运用自检工具。重点包括以下工作:

1）对初次接触的工作或不熟悉的工作;
2）设备标签不清楚或工作环境不好;
3）双机组单元的不同机组的维修任务;
4）可能导致有严重后果的工作;
5）工作人员具有充分自信的常规熟练工作;
6）由于某种原因已被打断需要重新进行的工作;
7）工作疲劳、乏味的重复性工作;

8）赶进度赶时间的工作；

9）技术文件中包含跳步程序的工作；

10）口头传达工作指令时；

11）离岗后第一个工作日时；

12）身体/精神上有不适时；

13）系统或设备运行工况已发生改变的工作。

2.1.4　使用方法

1）停：就是在执行操作前，把手头其余的工作都处理完成或者交给其他同事，自己把注意力集中到即将执行的操作，避免由于同时执行多项任务而使注意力分散。具体要求和操作如下：

➢ 工作开始前，停止手头的其他一切工作；

➢ 将注意力集中到当前的工作对象。

2）思：是一个重要的行为。在真正动作设备前，执行人员要思考即将进行的操作会有什么样的风险，针对可能出现的风险做了什么样的应对准备；系统哪些参数会出现变化，这些变化的参数是否已经建立了趋势图进行监视，是否已经找到了对应的仪表；可能会出现什么报警，这些报警信息是否通知了主控室；如果设备没有按照预期动作，应该采取什么样的措施。具体要求和操作如下：

➢ 目前在执行什么工作，工作对象是什么，将要对其进行如何处理；

➢ 手中使用的规程或者参考资料或者工具等是否适用于当前的工作；

➢ 工作条件是否已经具备；

➢ 如此执行后的预期响应是什么，我的工作目标是什么，可能会出现什么异常状况，工作错误的可能后果是什么，应该如何避免或者应对。

3）行：在执行人员完成操作前的思考后，接下去就是进行动作设备的操作，在自检中，称之为“行”。“行”的第一个动作是找到需要操作或者确认的设备，操作人根据规程中的描述，找到待动作的设备，需要采用“手指口述”的方式，即用手指着操作对象，大声地说出工作对象的名称和编号以及操作内容。手指向设备，可以让执行人确认设备和规程中的描述是一致的，在后续的操作中，手指不要离开待操作对象，如果一旦离开，在再次操作前，要重新执行“手指口述”的过程。“口述”是将规程中的操作要求大声的说出来，“大声”的标准是在离执行人一米之外的人能够听到你的“口述”内容。“口述”的主要目的是可以让执行人更加专注于眼前的操作，通过说出操作内容，可以防止快速浏览而遗漏了规程中的重要信息，另外，也可以让周围有经验的人听到口述内容，了解正在执行的操作和可能会产生的影响。在“手指口述”过程中，执行人的手可以模拟操作设备的动作方向，比如揿下按钮的动作、开关阀门的方向、操作手柄的旋转方向等。

在“手指口述”的动作完成后，需要有一个两秒钟的停顿，在这个时间内，执行人可以快速地在脑子里过一下操作中的要点，比如风险、操作对象正确、预期的参数变化等。

最后一步是执行操作，动作设备。比如揿下泵启动按钮、关闭××阀门、短接××端子等。在执行完这些操作后，设备可能开始动作，在设备动作期间，需要一直关注相关参数的变化以及设备动作情况，比如电动阀从全关到全开需要一段时间，那么执行人员在关注参数

变化的同时,还要持续检查阀门的动作情况,直到阀门全开。具体要求和操作如下:

➢ 确认操作对象,手指口述,即:手指对象,大声地说出工作对象的名称(及编号)和操作内容;

➢ 停顿约两秒钟,确认内容正确;

➢ 执行操作。

4）审:是自检的最后一个动作,其主要目的是检查上一步骤“行”之后,设备、系统的响应是否和预期一致。比如一台泵启动后,泵的轴承温度变化趋势、压力、流量等参数变化是否满足预期。有一些检查项目在程序中间可能有描述,但是,作为执行人,应该首先凭借自己的经验和技能检查参数变化,在确定没有异常后,再按照规程的描述去检查要求的参数变化。因为有些参数变化会比较快,比如压力、流量等参数,如果没有及时的进行检查确认,可能不能及时发现一些异常,而导致设备损坏。对于一些操作过程中可能出现的报警,也要提前做好预期和检查,如仪控的跳线操作,在跳线完成后,继电器的动作情况检查确认和预期报警信息的确认都是“审”的内容。具体要求和操作如下:

➢ 确认系统、设备动作结束,状态稳定;

➢ 核实操作结果符合预期;

➢ 如果出现异常,及时进行汇报,按照预想方案进行响应。

2.1.5 使用的基本原则

维修人员无论执行何种维修工作,都应该使用自检,特别是在关键步骤或者时间紧迫以及操作将改变设备实际状态时。维修工作中采取自检工具时,使用“STAR”方法的每一步骤都应该可以被明显地识别出来,强调工具使用的正式性和有效性;自检是一种连续的动作序列,如果这一序列被打断,例如有人向你询问问题等,则要求重新开始执行。

2.1.6 使用的常见问题

1）工作前没有停顿使集中注意力就急于去维修设备;

2）实施工作前一心二用被精力分散或行动时与他人交谈、打电话;

3）实施工作前没有认真逐字核对需要维修的工作对象;

4）实施工作前没有预想操作要领、维修关键步骤、高风险步骤;

5）实施工作前没有预想相应的应急预案及应对措施;

6）视线被转移或视线落在维修设备以外的工作对象上;

7）不根据程序进行自检而是凭自己的记忆;

8）匆忙执行维修步骤、连续执行几个维修步骤;

9）维修工作被打断后不重新执行自检;

10）出现问题或疑问时继续行动;

11）身体、精神疲惫的状态下操作;

12）时间紧、系统工况等限制匆忙操作;

13）维修任务完成后没有检查维修结果是否与预期一致。

2.1.7 观察指导建议

1）实施工作前一心二用,被精力分散或行动时与他人交谈、打电话;

2）观察有实际操作的工作时，观察执行自检时是否有以下迹象：

停止

指向或接触设备、设备、部件等

大声读出标识标牌/口头说明设备/部件

口头陈述指导文件中说明

停顿片刻

采取行动

用语言描述出相符合的正确响应/结果

3）确保在工前会、班组会、安全会议中定期强调使用自检这一工具；

4）引用一些本电厂的具体例子(正反面)阐述如何使用自检这一工具来避免失误的。

2.1.8 人因事件案例

事件1：维修人员操作错误的隔离阀导致蒸汽发生器低液位报警

(1) 事件概述

2014年5月19日，某电站6号机组满功率运行。维修人员准备进行蒸汽发生器液位变送器 LT21A 的冲洗工作。一名维修人员将手放在该变送器的隔离阀上，准备操作该阀，与此同时他又与另一位维修人员进行了言语交流。交流期间，他的手移开了准备操作的隔离阀，当他的手返回并操作阀门时，错误地选择了另一个液位变送器的隔离阀，结果导致主控出现蒸汽发生器低液位单通道报警。

(2) 经验教训

1）维修人员工作时出现了操作中断，需要重新执行自检，确认操作对象和操作步骤、内容与规程相符。

2）维修人员执行操作时，应当在规程中做好步骤标识并保持操作的连续性，避免在操作中发生与操作无关的动作。

事件2：万用表操作错误导致1号机设冷水110断路器组件电源掉电

(1) 事件概述

2013年2月27日，某核电厂满功率运行。维修仪控人员检查处理1号机组除盐水分配系统补水调节阀B列阀门打不开缺陷。在继电器机架测量该阀门电磁阀是否带电需要使用万用表测量电磁阀电压，测量电压的过程中，万用表表笔插在电流插孔，造成电磁阀电源正负端短路，使该电磁阀供电电源(1号机设冷水110断路器组件电源控制用)掉电。掉电导致1号机组核岛冷冻水系统2号冷冻机组跳闸，1号机组除盐水分配系统补水调节阀B列阀门开启。

(2) 经验教训

1）使用万用表进行电压的测量是维修仪控人员经常进行的简单操作，现场工作不要忽略对于万用表测试档位的自检。

2）维修人员在进行故障处理时，注意力一般都集中在“技术”分析方面，对于一些经常的、简单的操作容易忽视。使用好自检工具能够起到最后一道屏障的作用，避免发生人因失误。

事件3:误操作上充泵入口阀导致人为产生第一组事件

(1) 事件概述

2017年11月22日14时34分,运行人员实施201大修主隔离2ADTRCV02,需关闭2号机组2号上充泵2RCV002PO入口阀2RCV037VP时,人因失误走错间隔,部分关闭了1号机组2号上充泵1RCV002PO入口隔离阀1RCV037VP,主控室操纵员发现1RCV002PO电流下降后手动停运该泵、关闭主泵轴封注入阀 1RCV061VP。随即启动 1RCV001PO,重新建立主泵轴封注入,恢复上充下泄至正常状态。误操作导致2号上充泵不可运行约7分钟,人为产生第一组I0(RCV1B列一台上充泵不可用),违反电站运行技术规范。

(2) 经验教训

1) 未遵守管理程序《防人因失误工具使用规范》

按照《防人因失误工具使用规范》7.1 的要求,在任何操作或者活动中使用自检工具,按照《防人因失误工具使用规范》7.2 的要求,重要阀门开启和关闭时必须使用监护工具,并且要求监护人的操作授权不得低于操作人,因而由Z负责操作、W负责监护。而此次事件涉及关闭1RCV037VP正是必须使用自检和监护工具的操作。

访谈中问及操作细节时发现,W、Z 二人在给 2 号主控副值长打电话前是用隔离操作单的禁止操作牌核对设备标牌,与常规操作要求中按操作步骤的具体内容核对设备标牌的要求不符;打完电话后还是用禁止操作牌核对设备标牌,由于打电话前已经确认、加上心里认为是个简单操作,监护人W唱票时说设备代码比较快,记不清当时是否强调机组号,操作人Z复诵设备代码,监护人W说明操作要求(关闭/上锁),操作人Z复诵操作要求后就开始解除行政隔离并关闭阀门,没有按照操作监护的要求实施完整的"唱票—复诵—确认"的过程,与自检时"确认操作对象,手指对象,念出工作对象的名称及编号"的要求不符;与监护中"操作人手指设备或者触摸要操作的设备,大声说出:要操作哪项设备(编码)、对其进行何种操作"和"监护人核对操作人的口颁指令及指向的设备与程序的规定一致后,回答'对,请执行'"的要求不符。

操作人和监护人未确认清楚设备标牌即开始操作,出现操作错误后未及时汇报主控,违反了《防人因失误工具使用规范》7.1 和 7.2 中使用自检和监护防人因失误工具和异常时及时汇报的管理要求。访谈中,操作人和监护人均认为此项隔离操作涉及的阀门在一个区域,均是阀门开启或关闭的简单操作,而自已对现场很熟悉、比较自信,因而放松警惕,没有有意识地去运用防人因失误工具。

访谈中问及发生操作错误后,未立即汇报主控室的原因时,反馈"按照管理要求应该是操作暂停并汇报,一方面感觉关得不多,应该没有什么影响,存在侥幸心理;另一方面认为走错间隔、操作错误的后果很严重(存在主泵失去轴封流量的停堆风险),不想被人知道"。问及2号主控副值长说1号机组上充泵跳了并询问是否操作1号机组阀门时,仍未说明真实情况的原因时,反馈"听到消息时,当时就慌了、大脑一片空白,下意识回答的"。

2) 工前会风险分析不到位

实施隔离操作前,学习值副值长与两名现场操作员召开了工前会,也提及走错间隔风险,但未明确在何种情况下会走错间隔(阀门位于通道两侧),也未强调走错间隔的防范措施(接近阀门区域时需辨明方向,操作前仔细核查设备标牌),风险分析泛泛而谈。未按照管理程序《工前会及工后会规范》使用工前会确认单。

事件 4:某核电厂 4 号机组装卸料机操作员操作不当导致装卸料机固定套筒与控制棒驱动杆刮擦

(1) 事件概述

某核电厂 Q2-OT407 大修期间,机组处于换料冷停堆状态,作为"4RCP001EI 反应堆压力容器上部堆内构件的吊出(卸料前)"的先决条件,需要将装卸料机移至堆芯侧(270°)极限位置。2019 年 9 月 5 日 19 时 13 分,装卸料机操作员错误选择了自动运行模式和目标位置,装卸料机自动移动至堆芯时,装卸料机固定套筒与 M8、L9 两组控制棒驱动杆刮擦,两组控制棒驱动杆倾斜。之后更换上述两组驱动杆,并检查装卸料机时发现固定套筒下端偏离轴线 65 mm,后经机械矫正和精确调整满足要求。该事件延误大修关键路径约 82 小时。

(2) 经验教训

1) 启动装卸料机前,装卸料机操作员观察装卸料机操作屏幕堆芯显示为空,观察堆芯较暗,认为堆芯安全,未识别出上部堆内构件在堆芯,错误选择了自动运行模式和目标位置,自检不到位。

2) 责任处室未识别出本次工作任务符合"监护"的使用条件,要求需使用"监护" 防人因失误工具。本次工作现场只有装卸料机操作员一人操作装卸料机,无操作监护人员。

3) 装卸料机移至换料水池 270° 方向极限位置的工作未召开工前会。

4) 堆本体维修主管对 20 米平台工作控制管控不严,20 米平台协调管理存在多头指挥。

5) 非装卸料期间,装卸料机操作规程不完善,没有规定此工况下装卸料机的运行路径、操作模式等具体可执行的步序。

6) 装卸料机操作软件不完善,装卸料机操作软件的工作逻辑未区分装卸料与非装卸料工况,在非装卸料期间(如:上部堆内构件、假顶盖以及压力容器顶盖在堆芯就位期间),固定套筒可以在软件设置的安全区域内自由移动,存在误碰设备的人因失误陷阱。

2.2 三向交流

2.2.1 工具定义

三向交流,是最基本的防人因失误工具之一。它是一种口头传递信息的方法,正确使用三向交流能有效保证信息传递的准确性。它包括如下步骤:

1) 发送者发出信息;

2) 接收者复诵得到的信息;

3) 发送者确认接收者得到正确的信息。

2.2.2 使用目的

口头交流是日常工作和生活中最常用的交流方式,和书面交流相比,口头交流的信息因理解不同、思维方式不同、文字、字母或数字发音相近、环境干扰或注意力不集中等因素导致信息传递失效的风险较高。例如,2005 年在卫生保健方面将近 70%的事件(参见卫生保健鉴定组织联合委员会记载)根本原因都起源于沟通。使用三向交流工具能够有效避免因信息传递失效而导致的人因失误。

2.2.3 使用场合

在任何场合都要采用三向交流工具,养成有效沟通的习惯。包括面对面沟通,尤其是通过无线电和内部通信系统(广播、电话等)的沟通。在下述情况下,使用三向交流尤其重要:

1) 操作或测试关键设备;

2) 在有压力/关键的状态下工作时;

3) 接收者需要采取下一步行动的(如要求对方审批文件);

4) 传递的信息是关于设备的状态变化的(如对接收者下令);

5) 传递的信息关系到电厂、人员的安全的(如汇报重要设备状态);

6) 传递的信息是关于电厂工况或者重要参数的(如向操纵员汇报报警信息);

7) 传递的信息代表职责转移的(如工作负责人变更)。

2.2.4 使用方法

1) 发送者发出信息。对于发送者,有如下要求:

➢ 发送者通过呼叫接收者的名字引起接收者的注意,并确认接收者已经做好接收信息的准备(比如通过眼神交流);

➢ 使用电话交流时,首先要互报姓名;

➢ 使用专业术语进行交流,避免使用俚语;

➢ 尽量避免过长信息,或者一次传递多条信息;

➢ 避免接收者忙碌或正在执行重要任务时传递信息。

2) 接收者确认信息。对于接收者,有如下要求:

➢ 做好信息接收的准备,如果不具备接收信息的条件,则要求信息发送者延迟发送信息;

➢ 接收信息,并理解信息的内容;

➢ 通过反问、重复等方式向发送者反馈接收到的信息;

➢ 对于不是面对面交流或信息较长,应该准备纸笔记录。

3) 发送者确认信息。

➢ 发送者接到接收者反馈的信息,核实信息正确后对接收者说“正确”“对的”等表示肯定的答复;

➢ 如果信息错误,则重新开始以上沟通流程。

2.2.5 使用的基本原则

三向交流是一种基本的防人因失误工具,在任何情况下均鼓励使用,交流中涉及到的设备必须包含完整的中文名称或完整的设备编码,对于有容易混淆的数字或者字母的,应该用另一种方法使双方都明确所表达的内容。

1) 在以下情形必须使用三向交流;

2) 由于电站输出线路均以数字编号,输出线路的名称描述时,使用“幺两三四五陆拐八九洞”来代替“一二三四五六七八九零”,在传递其他信息时,如果数字可能会导致混淆,也可参照执行;

3）26个英文字母中，字母B、D、E、G、J、M、N的发音易混淆。对这7个字母的发音按下表中文文字的发音读，其他19个英文字母仍按照该字母的英文发音来读。

字母	读音	字母	读音
A	A	■ N	恩 en
■ B	波 bo	O	O
C	C	P	P
■ D	德 de	Q	Q
■ E	额 e	R	R
F	F	S	S
■ G	哥 ge	T	T
H	H	U	U
I	I	V	V
■ J	勾 gou	W	W
K	K	X	X
L	L	Y	Y
■ M	大艾姆	Z	Z

2.2.6 使用的常见问题

1）信息交流前，没有通过使用对方姓名的方式提起接收者的注意力；

2）电话交流时，没有互报姓名；

3）在不恰当的时间进行交流，如接收者正在进行重要操作；

4）一次传递多条信息或者在同一个信息中包含多项内容或指令；

5）信息含糊不清或者没有使用专业术语，需要接收者揣摩发送者的意思；

6）接收者没有自己理解信息，只是机械的背诵得到的信息；

7）接收方不愿意要求澄清信息内容；

8）接收方在收到发送者第三步确认之前就采取了行动；

9）对于数字一字母代号等容易混淆的没有采用另一种方法，使双方都明确所表达的内容；

10）声音太小或者语速过快；

11）在需要记忆的内容超过两项时接收方没有将信息记录在纸。

2.2.7 观察指导建议

1）进行电话交流，在信息传递前，双方能互报部门和姓名，如果是面对面的交流，能够喊出对方的名字，以引起对方注意；

2）“三向交流”的三个步骤是否使用完全，容易辨别；

3）发送者是否以接收者的名字开始传达信息的第一步；

4）一次传递多条信息或者在同一个信息中包含多项内容或指令；

5）传递的信息过长，信息接收人能够用纸笔进行记录；

6）信息接收人根据自己的理解，复述接收到的信息；

7）在确认信息正确后，信息下达人能够做出肯定的答复，比如“是的”“正确”等；

8）如果反馈的信息不正确，则信息下达人是否重新发出信息，直至得到准确的反馈；

9）如果信息接收人没有进行信息的复诵，信息下达人能够要求对方进行复诵；

10）接收人坚持听到确认，然后才采取行动。

2.2.8 人因事件案例

事件1：安全壳喷淋泵异常启动

（1）事件概述

2014年6月20日，某核电厂2号机组安喷泵负载试车。某协作单位工程师通过就地对讲机向电气厂房7米的电气操作人员发布了2EAS001PO电机点动操作指令，电气操作人员在没有进行信息确认的情况下对尚处于对中调整状态的2号机组安喷泵2EAS002PO进行了点动操作，造成了2EAS002PO联轴器从电机端脱落，联轴器局部撞击损伤和凹坑，周边电缆托盘支架、管道部件各有1件损伤。

（2）经验教训

1）试车指挥人员与电气操作人员对操作指令未采用“三向交流”进行信息反馈与确认，导致2号机组安喷泵被错误点动；

2）对于重要设备的启停操作，仅靠三向交流是不够的，应按书面操作单进行通知并执行操作，可以有效进行自检，防止操作错误的设备；

3）应安排其他工作人员进行监护，确保操作设备时可有效进行他检，有效防止操作错误的设备。

事件2：阀门解体检修作业造成维修人员超过日剂量限值

（1）事件概述

2013年8月11日9时30分，中核运行某电厂两名维修人员检修2PTR122VB(除盐器至固体废物处理系统隔离阀)，完成场地布置后，电话询问辐射防护值班人员，可否开工。辐射防护值班人员误认为是刚刚完成现场检查的2PTR179VD(除盐器入口逆止阀)检修作业班组来电，辐射防护值班员告知其已做过现场测量可以开工。两名维修人员开始进行2PTR122VB阀门解体作业，但此时辐射工作许可证上的开工栏并没有获得辐射防护人员签字释放，作业班组也没有按防护票要求领取和穿着附加防护用品。阀门解体后20分钟左右突然从阀体喷出约0.5米高的水和树脂，持续约2～3 s，两名维修人员因在房间过道没有被喷到，也没有及时汇报，并在此环境下继续完成了后续的检修工作，完成阀门回装后离开控制区。由此造成两名维修人员当日剂量未经许可超过日剂量限值(500 μSv)，辐射防护人员经询问才知道两人刚刚进行了2PTR122VB的解体检修，并得知在作业期间个人电子剂量计也有报警提示，但没有及时停止检修作业且没有对报警及异常情况进行确认和汇报。经测量房间环境剂量率达3.9 mSv/h，阀门接触剂量率为20～30 mSv/h。

(2) 经验教训

1) 维修人员与辐射防护人员没有采用三向交流的方式对工作内容进行交流,造成信息理解上存在主观判断,对工作现场失去控制;

2) 工作人员没有严格遵守辐射防护规定办理辐射工作许可证;

3) 工作人员缺乏质疑的态度,在工作过程中发现异常情况后没有及时汇报,而是继续在现场开展工作。

2.3　质疑的态度

2.3.1　工具定义

质疑的态度是一种组织和个人的思维方式,其目的在于帮助工作人员对所执行的任务或所做的决策进行彻底的理解和建立足够的信心。它包括两部分:

1) "疑",对工作任务或决策涉及的各个方面找出可能的疑问或不确定因素;

2) "质",对于疑问和不确定因素,通过各种手段进行核实和澄清,并最终得到明确的结论。

2.3.2　使用目的

人容易习惯性地依靠自身经验去工作,而不愿意动脑筋思考实际可能出现的危害因素和后果,甚至对于似是而非的事情自我进行合理化。质疑的态度可以使大脑保持警惕,促使对不确定因素和危害的关注,从而增强对危险的认识,最大程度的减少失误的可能。

1) 鼓励独立的思考和判断,克服因为"群体思维"或者"相信权威"而导致的失误。比如,在执行规程时有疑问,但鉴于编写和审批者的权威而相信"规程应该是正确的";

2) 倡导考虑"最坏的情况"从而避免"侥幸心理"而导致的失误。比如,人们在开车经过岔路口时,即使看到减速信息,也不愿意相信刚好在这时会有人从路口穿出;

3) 提倡人们用直接的事实证据代替假设和想象,避免因为"先入为主"而导致的失误。比如,在某个房间实施焊接工作时,出现消防系统烟雾探测器报警,人们倾向于相信是焊接烟雾导致,而非到现场核实火情。

2.3.3　使用场合

质疑的态度被视为两个最重要和最强大的消除人因失误工具之一(另一个是"自检")。质疑态度使你的头脑保持清醒,并帮助根除和发现"潜在薄弱环节"以及人因失误陷阱影响。在任何时候,任何场合都应该保持质疑的工作态度,对以下情况保持质疑的态度尤为重要:

1) 涉及人身安全以及核安全的高风险操作;

2) 涉及重大后果的操作;

3) 对初次接触的工作或不熟悉的工作;

4) 需要赶进度赶时间的工作;

5) 系统或设备运行工况已发生改变的工作。

2.3.4 使用方法

质疑的态度要求我们在执行任务是保持一种“健康”的状态，既不能疑心过重怀疑一切，也不能相信一切从不质疑。

1）提出疑问：

➢ 决策前和执行任务前，收集和任务相关的信息；

➢ 识别处信息中有矛盾的（比如信息前后不一致）、感到迷惑的（比如觉得看不懂的）、存在担心的；

➢ 执行过程中，出现有警示信息时（比如有异常报警等），需要停下来。

2）澄清疑问：

➢ 以有效的、受控的信息作为依据；

➢ 使用最直接的证据（参数、现场核实等）而不是用假设作为判断条件；

➢ 当疑问得不到澄清时，向专业人员寻求帮助。

2.3.5 使用的基本原则

1）在执行任务做决策前，都应随时保持质疑的态度。

2）无论是团队还是个人，都不能想当然；

3）必须有可靠独立的渠道来证实疑问；

4）有问题立即停止工作，直到问题解决为止。

2.3.6 使用的常见问题

1）迷信权威，不敢质疑；

2）从众心理，不想质疑；

3）匆忙操作，没有留下时间做准备工作；

4）只接收支持自己假设的信息，而忽视不支持的信息；

5）对于别人提出的疑问，不屑一顾，打击质疑者；

6）问题没有解决，就重新开始工作；

7）用自己的假设来当作解决问题的依据；

8）认为简单的、常规的工作就没有风险；

9）拒绝接受相反的证据或观点；

10）对于缺少经验之人表示的担心不予理睬；

11）因为爱面子而拒绝向别人请教；

12）认为“技能”足以解决问题。

2.3.7 观察指导建议

1）该部门/全体人员/团队的部门文化是否鼓励提出疑问，数据是否公开、真实；

2）所提问题是否被压制或忽略；

3）同事对另一个所提问题反应如何；

4）经理/主管对工作者所提问题反应如何；

5）团队中是否有成员扮演提出健康质疑的反面角色；

6）对于有疑问的事情，自己求证或者安排人员进行现场求证；

7）从现场的事实、参数的变化来综合考虑并证明自己的观点；

8）避免使用"可能、大概、也许、应该"等带有不确定性的修饰词

9）充分考虑并接受来自不同层面的声音，不轻易否定对方的建议和观点。

2.3.8 人因事件案例

事件 1：凝汽器工作人员踏空受伤

（1）事件概述

2008 年 4 月 19 日，中核运行某机组停堆大修期间，凝汽器 2 A 内部脚手架及跳板搭设完成，承包商工作人员开始凝汽器水室工作。20 日早上，另一工作组为检查凝汽器水室下方的膨胀节拆除了两块已经搭设好的脚手架跳板，在现场脚手架上形成空洞，工作组负责人并没有对此空洞进行隔离和标识，凝汽器 2 A 入口管理人员也未将现场状况的变化及时告之其他工作人员。而前一天曾在凝汽器 2 A 工作的承包商人员没有对现场环境进行确认就进入了凝汽器 2 A，不慎踏空。幸而当事人反应迅速，倾斜身体，将右侧肩膀顶在水室壁上，没有坠落到下方，造成右侧肱骨轻微骨裂。

（2）经验教训

1）在大修期间对于涉及多家单位或工作组交叉作业的区域或项目，现场应该设立总协调员制度，统一协调工作进度和安全要求，确保协作单位遵守现场的工业安全防护措施程序，做好隔离和警戒措施。

2）现场工作人员要保持质疑的态度：对现场设备、环境等状态进行确认，不能擅自改动。

事件 2：重水分析仪管道变更改造工作过程中出现不明重水

（1）事件概述

2011 年 4 月 15 日，某电厂维修仪控人员实施重水升级塔重水分析仪管道变更安装作业。工作人员根据作业方案拆除取样管线的空气管后发现有水渗出，查看便携式测氚仪确认读数为本底值，主观认为是凝结水。后续发现水较多，决定回装堵头时，查看便携式测氚仪读数已有上升。后确认空气管内的水为重水升级塔试运行期间进入。当时系统运行不稳定，重水进入空气管内，因管线底部有一逆止阀且管线布置为倒 U 型，造成重水遗留在管线内。

（2）经验教训

1）工作中应该保持质疑的工作态度，初次接触的工作或不熟悉的工作（变更工作）保持质疑的态度尤为重要。

2）工作中避免"先入为主"，发现异常需要采取保守策略，进行核实确认后再继续工作。

事件 3：2APA102FI 更换滤网时人员烫伤

（1）事件概述

2017 年 8 月 6 日，某核电 2 号机组处于 RP 功率运行模式，计划进行工单号为 00651518-02"KIC 频发 2APA436KA：给水前置泵 A 出口滤网差压高高（更换永久滤网）"的工作，地点位于方家山 2 号机组汽轮机厂房−7.5 米，按照工作包要求，将对主给水泵 B 跨接管上的过滤器 2APA102FI 进行更换。同时还将进行的一项工作为 00664965-01"给水前置泵 A 自由端轴向

位移超限 1,2APA101MM 最高到 129UM”,需要对轴承进行重新定位。运行人员执行隔离并确认疏水完成后,许可开工,维修人员松开 2APA102FI 法兰,确认无水流出后,将过滤器 2APA102FI 打开并拆除了旧滤网。大约 20 分钟后,2APA102FI 滤网开口处突然有一股热水冒出,此时滤网坑内 2 名正在执行回装准备工作的人员躲闪不及,腿部受到不同程度的烫伤,随即被送往医院。经诊断,其中一人轻微烫伤,另一人需要继续住院治疗。

(2) 经验教训

1) 质疑的态度使用不足:本次隔离的准备和实施过程中,对安措中的疏水指令虽存有疑问,但采取了与历史信息比较(运工、隔离经理)、询问上一环节操作人员(机组长)来澄清疑问,但实际并没有得到有效澄清,人因工具使用失效。运工、隔离经理仅仅比较历史做法,就消除疑问,正好符合“以前这样做没有出问题≠今后这样做不会出问题”;机组长没有使用有效受控的依据,也没有使用直接证据,仅仅采纳了隔离经理的质疑后的结果,但由于隔离经理本身就没有得到有效质疑的结果,所以机组长也不可能得到好的结果。

2) 核安全文化意识不足:隔离经理及运工在准备安措的时候,存在疑问时未实际现场查看疏水排气点;且在不确定时也未采取保守措施,全部打开隔离边界内的疏水排气阀,工作中存在求简单思想,未严格执行隔离制度的要求,“人人都是最后一道安全屏障”的核安全文化意识不足。

2.4 不确定时暂停

2.4.1 工具定义

不确定时暂停是指当工作人员在实施任务的过程中,遇到有疑问或自己不能确信是正确的时候,停止工作,在不确定的事项得到明确的澄清后,再继续执行任务的行动。

2.4.2 使用目的

工作人员在执行任务时,如果处于疑惑或不确定的状态,出错可能性较正常状态大大增加。不确定时暂停工具可以帮助工作人员解决不确定性的问题,消除疑惑,加深对任务的理解,大大降低工作失误的可能性,减少人因失误的发生。

2.4.3 使用场合

只要在执行任务,就应该始终运用该工具,尤其是在以下情况下:

1) 遇到没有把握、不确定、有疑问的情况;

2) 超出预期范围或工作任务说明的条件;

3) 实际情况与规程描述或工作任务说明不符;

4) 关键参数超出限值;

5) 对他人的观点有疑惑;

6) 遇到意外的结果或者陌生的工作环境;

7) 没有出现预期响应;

8) 对规程存在疑惑。

2.4.4　使用方法

工具使用步骤如下：

1）停止工作；

2）把设备或者系统置于安全状态；

3）通知相关主管/管理人员；

4）解决问题，消除疑惑或不确定性后继续工作。

2.4.5　使用的基本原则

1）只要个人感觉疑惑或不确定时就应该暂停；

2）工作暂停一定要保证设备或者系统处于安全状态下；

3）在消除疑惑或不确定性之后才能继续工作。

2.4.6　使用的常见问题

1）忽略相反证据或观点；

2）不向专业人士请教；

3）强调主观观点而忽视客观事实；

4）过于乐观的态度，将任务视为正常或简单，坚信不会出问题；

5）不考虑不常遇到的问题；

6）认为拥有操作技能就能解决问题；

7）不能根据参数或状态认识到危险；

8）由于害怕被嘲笑或碍于面子而没有运用该工具；

9）没有明确的工作暂停/中止标准；

10）不了解或不完全了解工作的任务情况、安全风险、关键主要特征或参数。

2.4.7　观察指导建议

1）是否强调和鼓励运用该工具；

2）工作中是否因为时间的压力或者同行的压力而不运用该工具。

2.4.8　人因事件案例

事件 1：国内某核电厂 4 号机组蒸汽发生器主给水隔离阀误关闭导致反应堆停堆事件

（1）事件概述

2018 年 1 月 2 日，国内某核电 4 号机组处于反应堆功率运行模式，核功率 98.81%P_n，电功率 1 089 MW；3 号机组处于维修停堆模式。

3 号机组按计划执行 FQ3-RIS-T-001（安全注入和安全壳隔离阶段 A 的综合试验规程）试验，按规程要求按下 3RPA058TO 手动触发 A 列的安注信号。

18 时 48 分 27 秒，因 DCS 组态链接错误的原因，3 号机组安注信号误触发 4 号机组蒸汽发生器主给水隔离阀关闭信号，导致 4ARE052/054/056/058/060/062VL（至 001/002/003 号蒸汽发生器主给水管道/给水旁路管道下游隔离阀）全部关闭，3 台蒸汽发生器失去给水。

4号机组因核功率大于30%Pn叠加给水流量低于6%额定流量触发ATWT信号，导致反应堆停堆。

经排查确认，停堆原因是4号机组主给水流量调节系统(4ARE)6台电动隔离阀的非记忆安注保护信号错误链接至3号机组，在首次大修的3号机组执行大修期间定期试验《FQ3-RIS-T-001安全注入和安全壳隔离阶段A综合试验》时，该控制信号触发，导致4号机组ARE系统向三台蒸汽发生器供水的电动隔离阀意外关闭，造成蒸汽发生器二次侧给水丧失，从而触发停堆停机。

(2) 经验教训

1) 维修仪控工作人员没有将“不确定时暂停”防人因工具应用到位。3号机组中网关接口信号功能模块名称不带机组号，存在人因失误陷阱。此时应暂停工作，待向专业人员核实查证后方可继续操作。

2) 工作监护人员没有应用“不确定时暂停”这一防人因工具。工作监护人员过度依赖人的经验和能力，无法对变更的申请、审查、验证环节进行有效的管控，对现场DCS组态变更情况不够清楚，当遇到标识不清楚的模块时，想当然地认为该模块就是3号机组，没有去澄清这个问题，继续指挥人员工作，导致4号机组停堆停机。

事件2：土建施工过程中打破电缆导致6 kV故障

(1) 事件概述

2008年7月27日，某机组在308 MWe负荷下稳定运行。土建承包商在处理05号厂房生活水进水阀S05-1后管道漏水缺陷进行土建开挖。在挖出埋在地下的5号、6号堆变电缆时但土建施工人员和土建负责人没有引起足够的重视，没有停下工作对开挖发现电缆及时进行清理确认。风镐意外伤及5号堆变6 kV高压侧B相电缆，引起5号堆变单相接地，6 kV安全Ⅰ段和公用Ⅰ段的PT因谐振导致一次侧熔丝两相(A、C)熔断，1号应急柴油发电机组正常自动启动带载。

(2) 经验教训

1) 缺乏质疑的态度。土建施工人员挖出埋在地下的5号、6号堆变电缆，发现与工作不相关的物项时没有提出质疑。

2) 没有做到不确定时暂停。开挖现场发现与施工工作不相关的电缆等物项时，没有暂停工作进行汇报，重新进行风险评估后，再组织施工。

2.5 遵守/使用规程

2.5.1 工具定义

遵守/使用规程：指在任何活动中必须严格按照反映电厂设计基准的电厂适用规程来行动。该类文件包括程序、工作方案、图纸资料、工作单、操作票等。

2.5.2 使用目的

规程的使用可以保障人员安全和核安全。规程是在特定活动方面富有经验的个人思考所得出的结论，因此可以引导工作人员按照合适顺序、合适的方式有效完成工作，从而避开潜在人因失误陷阱,降低失误可能性。规程是防止人因失误的最基本的一道屏障。

1) 规程是由富有经验的个人和集体在没有时间压力的情况下编制并通过严格的审批且结合了使用者的经验和技能,可以减少由于人员知识经验和技能不足导致的人因失误,尤其是在时间紧迫时;

2) 规程使用的过程中可以将使用过程中的心得、发现的问题进行总结和纠正,使规程更加完善。

2.5.3 使用场合

只要有程序、政策、工作包、工作说明或工作单等,就要严格执行。任何人都不可以让你偏离规程。

当遇到下列情况之一时,立即停止执行程序:

1) 按照规程要求执行不下去时;

2) 继续执行该规程会导致人员、设备的伤害,放射性物质释放以及其他不安全状态的工况。

停止执行规程后,还要保证工作状态是安全的,并通知监督人员或上级,最后正式修订规程后才能继续下一步工作。

2.5.4 使用方法

规程执行过程中,我们应严格执行规程,规程的使用级别分为以下三种。

1) 连续使用:在执行规程的某个步骤前以及按既定顺序执行每个步骤前,阅读每个步骤,然后由执行人在执行完每个步骤后进行签字或确认。

2) 参考使用:执行行动时,做几步就参看下规程,以确认该行动执行得准确无误。把规程放在手边或放在工作地点附近。

3) 记忆使用:可以凭记忆执行行动,但在改变电厂状态前要浏览规程,以便操作员了解所有的行动。

4) 规程使用前

➢ 确认规程是最新的受控版本;

➢ 检查规程是否缺页(特别是最后一页);

➢ 确认规程的适用范围、先决条件和限制条件是否适合当前操作;

➢ 阅读、熟悉规程对于"关键步骤"标识出来,对不适用的步骤在步骤后面写上"N/A";理解规程中的各种警示、限制条件和提示信息(这一步骤建议在工前会前或工前会上完成);

➢ 如需连续执行多份规程,在规程的封面上写好使用顺序编号。

5) 规程执行过程中

➢ 除非规程中对某些特定步骤有明确说明,否则应该严格按照规程规定的顺序执行,不能跳步、漏步;

➢ 在步骤执行前,在该步骤相应位置画圆圈"O"

➢ 阅读并理解该步骤之后,执行操作,操作完成后,在该步骤圆圈上画杠"θ";

➢ 如果在规程执行过程中,出现的响应和规程描写不一致,则经过讨论评估,如果该步骤不影响后续步骤的执行,则在该步骤圆圈上画杠"θ",并在该步骤边上做好信息描述;如

果影响后续步骤的执行,则暂停当前操作将系统、设备置于安全状态并及时汇报;

➢ 如果在执行过程中发现规程错误或无法执行,或步骤不成功或信息未能得到确认,应该暂停当前工作,将系统、设备置于安全状态并及时汇报;

➢ 如果工作被中断,重新开始执行规程时,要重新确认前提条件是否仍然适用,并从规程的第一步开始执行;

➢ 对于需要在多个不同区域都需要执行同一规程时,不同区域工作人员各拿一份完整的规程。一般在工前会上,在规程上(一般是指执行步骤少的那份规程)需要执行的步骤用彩笔做好标识,工作时只执行彩笔标识的步骤,对于绝大部分都需要执行的那份规程不做标识,完整执行。

6) 规程执行完毕后

➢ 浏览已执行完毕的规程,确认已按要求完成规程的所有内容;

➢ 对已执行完毕的程序进行签字或盖章;

➢ 对于执行程序过程中发现的问题,填写状态报告;

➢ 将规程使用中遇到的问题在工后会中讨论。

2.5.5 使用的基本原则

所有使用规程的维修工作都应该做到:

1) 务必满足规程要求所需的资格、必备知识和技能;

2) 务必在工作前花时间熟悉、理解规程;

3) 务必按照步骤顺序进行操作;

4) 避免采取规程规定步骤以外的行动;

5) 有规程时尽量不要凭记忆操作;

6) 在规程上标识操作进度,特别是当同时执行多个规程时,以避免漏掉步骤;

7) 运用自检方法确认操作符合规程的要求;

8) 对规程保持质疑的态度;

9) 当规程错误或达不到预期目的时停止执行,采取行动把电站置于安全状态。这一规则适用于所有状态,包括瞬态响应。

2.5.6 使用的常见问题

1) 以为规程经过精心编写,内容完全正确,因而机械的执行规程;

2) 采用了不是最新的已发布版本的规程;

3) 使用规程前没有检查规程的完整性;

4) 使用的不是最适合当前工作的规程;

5) 工作前没有仔细阅读并理解规程;

6) 执行规程时不了解关键步骤中潜在的风险;

7) 使用的临时编写的规程没有经过编、校、批准;

8) 规程使用者无资质;

9) 对操作过于自信,认为不需要规程也能完成操作;

10) 当规程的操作步骤中包含多个操作时,没有仔细确认每个操作都已完成;

11）因为对规程很熟悉，在执行规程时直接跳过或大概的阅读一些认为对操作任务不重要的步骤；

12）同时执行多个规程；

13）对凭记忆直接采取行动的规程不了解；

14）执行规程时跳步、漏步；

15）未经适当授权就在步骤上采用“N/A”标记；

16）对执行过程中的风险警示信息没有引起足够的重视；

17）未得到预期响应或发现规程错误时，继续执行规程；

18）没有适用(可用)的文件；包括没有规程，规程的内容与现场设备情况不符；

19）技术性的不完善、不完整，如缺少必要的备件信息、工器具材料信息等；

20）不同规程间标准不一致，如维修规程与质量计划不一致；

21）维修规程的记录、修改不符合要求；

22）没有按照规程使用遵守的等级执行；

23）对于执行规程中发现的错误，没有发状态报告跟踪。

2.5.7 观察指导建议

1）遵守/使用规程规程应强调：如果按照规程无法得到预期结果，工作人员应报告主管并予以解决，然后继续执行规程；

2）在进行观察指导时，应熟悉指导文件的要求和步骤；

3）观察执行规程的工作人员是否采取了一定形式的标记跟踪；

4）观察规程执行人员是否熟悉该规程；

5）观察规程执行人员工作时是否精神集中并运用质疑态度工具；

6）观察规程执行人员在工作时是否运用了自检工具。

2.5.8 人因事件案例

事件1：偏离工单操作步骤拆除电气接头导致停堆棒落入堆芯

(1) 事件概述

2009年12月20日，某电厂204大修执行调节棒更换工作。在进行7号调节棒更换工作过程中，需要拆除驱动机构，工单操作步骤要求拆除7号调节棒电气接头。现场同一驱动机构接线柱有6个电气接头，包括4号停堆棒电气接头。因为接头之间位置比较紧密，7号调节棒电气接头无法单独拆除。维修人员发现工作步骤无法顺利执行的情况下，没有暂停工作进行汇报评估，没有进行工单的重新评估，自行拆除了4号停堆棒离合器接头，导致4号停堆棒落入堆芯。

(2) 经验教训

1）工作中严格执行规程。发现规程错误或无法执行，应该暂停当前工作，将系统、设备置于安全状态并及时汇报。

2）根据规程编写的流程和规程编写人(部门)核实/修改后，再继续实施。或采取授权临时修改的方式修改规程后继续执行规程。

3）编制规程文件时，需要考虑现场实际情况，必要时进行现场核实，确保规程的可执行性。

事件2:装载新燃料过程中燃料棒束卡在装载槽和新燃料料仓之间

(1) 事件概述

2017年6月16日13点00分,换料现场操作员在现场装载N09C通道新燃料时,第一对新燃料棒束装载完成后,按运行手册要求检查第二对新燃料棒束无异常后,将第二对新燃料棒束放入装载槽;按"CHECK"按钮指示灯无法点亮,汇报主控;主控确认现场在装载新燃料时CRT上出现LCL-N/F OR TROUGH LIDPROBLEM(装载槽槽盖关闭或燃料棒束在装载槽中异常)报警导致检查无法通过。后将两根棒束恢复至16102板箱中。现场发出工作申请,后续讨论决定仪控人员在新燃料装载逻辑上临时安装跳线,旁路开关不触发问题,准备继续新燃料装载。13点30分,继续装载新燃料,按运行手册要求再次检查第二对新燃料棒束无异常后,将第二对新燃料棒束放入装载槽内;按下"CHECK"指示灯点亮,后按下"LOAD"按钮,装载杆动作一段距离(第4根新燃料棒束BP3JMN一半在气闸阀)后停止。检查发现装载杆前进至一半位置后不动作,经确认第一根棒束卡在气闸阀下方,现场将气闸阀放置到打开自动位置,暂停工作汇报主控,暂停操作。后续联系维修和技术人员现场检查,并将卡住的燃料棒束取出。

(2) 经验教训

1) 遵守/使用规程应用不足:运行手册报警响应缺少具体操作指导和风险提示;缺少"将新燃料棒束从装载槽中移出"的异常工况操作规程;新燃料棒束操作注意事项中缺少"禁止对棒束元件径向施力"的规定;C型卡规的检查标准不明确。

2) 缺乏质疑的态度:对新燃料棒束直径检查的前后差异未能提出质疑。

事件3:恢复自动程序时输入错误指令导致重水泄漏

(1) 事件概述

2018年2月9日16时31分,2号机组A侧装卸料机在执行计算机程序JOBT2(新燃料装载程序)接收新燃料棒束过程中,计算机程序JOBT2因位置反馈指令FXMJ失效而发生中断。换料操纵员恢复程序时,将新燃料通道疏排站升起指令"CNDL"错误的输入为打开低压疏水阀指令"CNDO"并且没有及时发现;因新燃料通道疏排站未升起,导致在后续操作过程中,装卸料机内的重水未通过新燃料通道疏排站流回系统中,而是直接泄漏到厂房地面上。共收集重水137千克,反应堆厂房部分区域氚浓度升高。

(2) 经验教训

1) 未严格遵守程序:在处理指令FXMJ失效时,未根据OM要求,先进行X轴编码器复位,而是采取直接干预方式。

2) 自检不到位:应输入指令CNDL(升起新燃料通道疏排站),实际却输入了指令CNDO(打开低压疏水阀);未对指令执行结果(疏排站升起状态灯是否点亮)检查确认。

3) 未要求他检:程序中断后,恢复后续操作时,未按照管理程序规定要求另一名换料操纵员进行他检。

事件4:某核电厂2号机组NS/RRA模式下一回路压力超出一回路压力和温度运行许可图允许范围。

(1) 事件概述

2019年6月25日23时08分,某核电厂2号机组处于NS/RRA模式,当班值偏离原规程要求将GCT-a定值由0.7 MPa修改为0.8 MPa,采取了使用RRA冷却方式,主系统温度升至 173 ℃停止升温，操纵员调节 2RRA024/025VP 稳定主系统温度，由于控制冷却流量过快，导致一回路压力因水实体收缩而下降，最低降至 1.56 Mpa.a，超出了运行技术规范的 *P-T* 图允许范围。随后操纵员减小了 RRA 冷却流量，23 时 27 分一回路压力恢复到 *P-T* 图正常范围。

（2）经验教训

1）在汽腔建立前，操纵员和值长没有按规程用 GCT-a 冷却方式，采用调节 RRA024VP/025VP 来稳定主系统温度，同时将 GCT-a 定值由 0.7 MPa 修改为 0.8 MPa，偏离了规程要求。

2）规程改变后，没有按照制度要求进行修改记录，操纵员没有在文件记录修改，值长没有签字确认修改。

3）没有严格遵守操作规程，改变定值没有遵守制度要求。制度要求涉及逻辑变化及操作结果变化的修改需要走完整的审批流程。

4）操纵员清楚自检的使用要求，在本事件中选定操作对象时也正确，但在进行操作时未严格进行自唱票，当操作结果不符合操作预期时，没有停止和报告，自检"第四步：审查"失效。

5）没有严格执行监护：监护人员执行别的任务，当值没有发现该偏差。

6）运行规程不完善。规程对 RRA024VP/025VP 没有具体的操作步骤及风险提示，也没有对关键参数监视做出具体的要求。

事件 5：某核电厂 1 号机组汽机冲转过程中因调门突开手动停机后联锁自动停堆

（1）事件概述

2019 年 10 月 19 日，秦山核电厂 1 号机组大修期间进行汽机冲转，反应堆功率 69 MWt。操纵员在汽机打闸后重新冲转过程中，未及时设置汽机调门阀位限值。

在输入阀位限值时，DEH 系统给定转速高于汽机实际转速，DEH 系统控制四个调门突开，操纵员手动打闸停机，汽机停机信号与因调门突开触发的 P-13 信号联锁反应堆自动停堆。

（2）经验教训

1）主控室高风险活动的管控不到位。汽机挂闸冲转操作的风险识别不到位，没有有效识别关键步骤；当班值操纵人员发现调门阀位限值未设置后，未暂停操作并汇报，未进行风险分析评估，而直接进行了将调门阀位限值设置为 108.7%的操作。

2）操纵人员未严格执行规程，关键步骤漏步。当班操纵人员在执行《Q11-BTSS-TPOPNR-0001——汽轮机运行规程》之"5.2 汽机冲转至额定转速"操作时，为避免汽机转速落入临界转速区，尽快冲转至 3 000 rpm，在 DEH 系统按规程实施了挂闸冲转操作，遗漏了关键步骤"2.3.8"将 DEH 画面切换到"负荷控制"或"升速控制"或"总图"弹出"限制"操作盘，按"阀限"按钮，弹出一输入窗，输入"108.7%"再按"确认"，确认调阀仍全部关闭。违反了《OE-QS-310 防人因失误工具应用》中关于"遵守/使用规程"的规定。

事件 6：某核电厂 1 号机组误发动辅助给水泵 1ASG003PO 启动信号

（1）事件概述

2019 年 3 月 19 日，某核电厂 1 号机组处于换料大修 MCS（维修停堆模式）状态，三台主泵已停运。10 时 32 分维修仪控人员实施大修工作票"汽轮机冲动级压力信号通道（1GRE022MP/023MP/024MP）校准"工作。在进行到拆除 GRE 仪表（1GRE022MP/

023MP/024MP)接线的过程中,产生断线质量位信号,P7 信号(汽机功率大于 10%或反应堆功率大于 10%)被触发。由于主泵已经停运,P7“与”主泵转速低低信号,输出汽动辅助给水泵启动信号,1ASG003PO 的进汽阀开启。因当时机组处于维修冷停堆,蒸汽发生器二次侧无蒸汽产生,实际 1ASG003PO 并未启动。整个事件过程中,反应堆处于安全状态,三道屏障完整,没有放射性物质对外释放。

(2) 经验教训

1) 在未执行维修规程步骤 10.2.1.3 的情况下,拆除了 1GRE022MP/023MP/024MP 接线,导致输出 ASG 汽动泵非预期启动信号。工作负责人 A 错误理解为两步强制信号步骤都已经执行,将规程中的步骤 10.2.1.3 和 10.2.1.4 进行圈杠,继续执行下一步拆除 1GRE022MP/023MP/024MP 接线工作。

2) 班组人员 B 对工作负责人 A 的工作前工作交底没有包括关键步骤 10.2.1.3 和 10.2.1.4 需要在不同的房间由不同班组分别执行的内容。

3) 工作负责人 A 和工作配合人 C 均未严格使用三向交流防人因失误工具,交流中关键信息多次缺失,且工作负责人 A 没有严格遵守《OE-QS-3102 遵守和使用规程细则》,未核对工作配合人 C 执行的相关工作步骤。

4) 执行规程的标识不规范。工作配合人员 C 根据规程执行步骤 10.2.1.4 的强置操作,没有在规程的对应步骤进行标识,而是在自己的配合记录本上做好相关操作记录。

5) 经班组对口人员核实步骤 10.2.1.3 和步骤 10.2.1.4 需要 DCS 信号强置配合人员执行,工作负责人 A 没有组织配合人员 C 参加工前会。在 L709 房间联系到配合人员 C 后也没有重新召开工前会。

2.6 他检

2.6.1 工具定义

他检,指在执行某个具体行动之前和期间,一人作为执行人进行维修操作,一人作为检查人同步确认,从而达到防止执行人出项人因失误。他检关注“行动” 和操作对象的正确性,检查人根据操作人的解释做判断。

他检的主要目的在于确保操作人的“行动”和“操作对象”的正确性。

他检和监护的不同点在于:他检关注行动和操作对象,而监护不仅关注操作的执行过程,也包括对操作前的状态、配置和操作后的响应的确认。他检执行的正确性由操作人负责。

2.6.2 使用目的

它是指在一些特定的维修步骤执行前,执行人要求另一名维修人员对操作对象、操作内容正确性进行确认。其意义主要在于形成有效地第二道安全屏障,防止执行人在维修操作过程中出现失误。

2.6.3 使用场合

1) 操作任务中的关键步骤(如设备的隔离、投运);

2）复杂的、不熟悉的、容易犯错的维修工作；

3）第一次执行某项维修工作；

4）不经常执行的维修工作；

5）维修人员认为需要进行他检的维修工作。

2.6.4　使用方法

“他检”具体的执行方式和过程按照以下方式进行：

1）执行人执行规程至需要“他检”的操作步骤时，执行人先按照自检的方式，找到正确的设备和需要检查的仪表，并通知检查人；

2）检查人和执行人员进行信息沟通，比如执行人告诉检查人正在执行什么操作，会产生什么样的预期响应，前面的步骤已经全部执行完成，接下去要进行关键步骤的操作；

3）检查人从执行人手里拿过执行文件，按照自检的方式确认正确的操作对象；

4）检查人把执行文件交还给执行人，执行人再次按照自检的方式，确认操作对象和文件要求一致(因为在检查人执行自检时，执行人的手指离开了操作对象，所以在操作设备前，要再次自检)；

5）执行人手指着操作对象，并询问检查人，“现在能操作××设备吗？”检查人注意观察执行人手指的操作对象和模拟的动作，在确认和程序一致后，表示同意；

6）在检查人同意操作后，执行人按照执行文件要求，执行操作；

7）检查人在确认执行人操作完成后，检查人的“他检”动作完成；

8）执行人按照自检的方式进行设备动作和响应检查。

2.6.5　使用的基本原则

1）他检要求检查人的操作授权不低于操作人；

2）执行人必须行动缓慢，同行在他检时认为有问题可以进行适当的干预；

3）执行人行动太快，导致同行在他检时没有机会干预，他检就变成了见证；

4）工前会上应明确下来进行他检的过程和步骤；

5）若操作人表述正确但操作对象错误，则其执行的正确性由操作人和检查人共同承担，若操作人表述错误，则其执行的正确性由操作人承担。

2.6.6　使用的常见问题

1）检查人执行此项任务经验不足或者检查人比执行人资历低；

2）检查人不熟悉将要执行的工作内容；

3）检查人自己手头另有重要工作没有去做他检工作。

4）检查人未完成维修工作对象和维修操作步骤正确性的确认，执行人就已经开始行动；

5）检查人注意力不集中，没有实施检查或没有密切观察执行人的行为；

6）执行人和检查人在执行任务时无意间交换了角色；

7）检查人认为执行人会进行自检，因而没有严格地进行他检；

8）检查人认为执行人不会犯错误，忽视了他检工作。

9）执行人和检查人互相依赖，缺乏工作的责任心，认为他检不重要；

10）执行人要求正在执行高风险行动的人进行监护；

11）执行人速度过快，没等检查人准备好就开始行动了，检查人来不及干预；

12）执行人和检查人只关注工作对象而忽视了行动的正确性。

2.6.7 观察指导建议

观察实际行动时，观察执行他检时是否有以下迹象：

1）执行前，执行人一定要等待他检完成后才行动；

2）对于维修工作中一些关键/重要步骤，必须规定他检；

3）工前会上应明确下来维修工作中哪些环节需要进行他检；

4）工前会上应明确他检的时间步骤；

5）确保执行人和同行在进行下一步之前确认预期响应结果。

2.6.8 人因事件案例

事件1：执行海水冷却水泵盘根密封水调节工作时操作了错误的工作对象

（1）事件概述

2005年9月22日，某电厂1号机组满功率运行。维修人员调整3号海水冷却水泵的密封水流量。工作负责人来到现场后，另一名维修人员已站在2号泵旁边。工作负责人没有进行自检，认为这就是需要工作的对象，随即将2号泵密封水从310 L/h调整到440 L/h。主控操纵员检查发现错误后通知工作负责人，工作负责人随后恢复2号泵密封水流量，调整了3号泵的密封水流量

（2）经验教训

1）现场执行工作中需要排除干扰，进行独立自检后才能操作设备。

2）在一些特定的维修步骤执行前，执行人需要同组的其他成员进行他检，确保操作对象、操作内容正确执行。

2.7 监护

2.7.1 工具定义

监护是指在执行操作前、过程中及操作后，由两个人（一人是操作人，一人是监护人）在同一时间和地点进行独立的检查和确认，但在采取任何“行动”前，操作人和验证人应达成一致意见。

监护和他检的不同点在于：监护比他检更正式，监护人根据规程独立判断，不仅仅关注“行动”和“操作对象”，也包括对操作前的状态、配置和操作后的响应的确认。

2.7.2 使用目的

通过两个人独立对操作对象、操作过程和操作后的系统响应的双重确认，避免因配置不正确、操作失误或操作后确认不及时以及检查不到位而导致的事件或伤害，形成预防错误的第二道屏障，减少人因事件。

需要注意的是，监护往往与他检是结合使用的，特别是在执行重复性的操作时，在第一次操作时使用监护后，后续的重复操作可以使用他检。

2.7.3　使用场合

对涉及核安全、工业安全、辐射安全、环境安全以及电厂的稳定运行，可能立即产生不可逆影响的工作任务需要实施监护。

1）涉及反应性的操作；

2）重要设备退出运行或恢复运行；

3）重要设备的启动和停止；

4）重要电气设备的操作；

5）将液体和气体排放至环境。

2.7.4　使用方法

1）执行人和监护人作为工作组成员，都需要参加工前会。所以监护人不能在任务执行过程中换人，如果由于特殊原因需要更换，必须重新召开工前会。监护人授权不能低于操作人。

2）在执行文件上需要执行监护的关键步骤上做好“监护”的标识，如果这个任务是需要全程执行监护的，那么就不需要在执行文件中做标识，直接在操作任务单或者工前会确认单上说明。

3）操作人和监护人在操作任务单或者工前会确认单上签字。

4）执行人执行规程至需要监护的步骤时，执行人先按照“自检”的方式，找到正确的设备和需要检查的仪表，并通知监护人。

5）监护人从执行人拿过执行文件。

6）监护人对执行人监护步骤前已经执行过的步骤进行独立检查确认；如果碰到操作任务需要多个地点和执行人共同完成，比如是现场配合主控室或者维修配合运行人员这样的操作，那么监护人可以通过电话询问现场操作员或者维修人员的方式来进行确认，比如××程序第几步到第几步现场是否已经执行完成?如果现场操作员回答已经完成，那么监护人就完成了单独的确认。

7）监护人执行到需要监护的步骤，并按照“自检”的方式，找到正确的设备和需要检查的仪表。

8）监护人将执行文件交还给执行人，并告知执行人，独立检查和确认结果，如果没有疑义，通知执行人继续下面的操作。

9）执行人再次按照自检的方式，确认操作对象和文件要求一致(因为在检查人执行自检时，执行人的手指离开了操作对象，所以在操作设备前，要再次自检)。

10）执行人手指着操作对象，并询问监护人，“现在能操作××设备吗?”监护人注意观察执行人手指的操作对象和模拟的动作，在确认和程序一致后，表示同意。

11）在监护人同意操作后，执行人按照执行文件要求，执行操作。

12）执行人按照自检的要求，检查操作后的参数响应。

13）监护人按照自检的方式，独立检查操作后的参数响应。

14）执行人将执行文件交给监护人，监护人按照程序的描述，再次检查操作后的参数响应和程序要求一致。

15）监护人将执行文件交还给执行人。

16）执行人和监护人检查后，如果双方都没有发现异常，这个关键步骤的监护结束。

特殊规定：现场经常碰到由于执行人需要双手操作设备的情况，如电气操作、设备隔离操作等，执行人无法手持执行文件，这种情况下，可以由监护人手持执行文件，进行执行步骤唱票，执行人和监护人共同确认规程步骤的正确性后，再由执行人进行操作。

除特殊规定的情况外，其他监护方式按照以上(1～16)执行。

2.7.5　使用的基本原则

1）监护人的授权应当等同或高于操作者的授权；

2）执行人和监护人都必须对正确设备进行自检；

3）执行人和监护人意见达成一致后执行人才能行动；

4）监护人必须对执行人的行动全程观察，并对正确和错误的行动给予回应。

2.7.6　使用的常见问题

1）操作人和监护人没有独立的确认操作对象和操作内容；

2）监护人尚未做好监护准备，操作人就已经开始行动；

3）监护人没有密切观察操作人的行为；

4）由于位置等原因监护人不能发现具体设备已经发生改变；

5）操作人相信监护人能发现任何问题，因而在采取行动时注意力不够集中；

6）操作人和监护人在执行任务时无意间交换了角色；

7）监护人执行此项任务经验不足或者监护人比操作人资历低；

8）操作人执行速度过快以致监护人没有机会进行干预和预防错误发生。

2.7.7　观察指导建议

1）监护人和操作人的授权是否正确？是否对正确设备使用自检？

2）监护人和操作人实际工作中的角色是否正确？

3）监护人是否清晰工作规程？是否密切观察？

2.7.8　人因事件案例

事件1：机组因误断开所有主给水泵液力耦合器执行机构电源而自动停堆

(1) 事件概述

2013年01月24日，某电厂3号机组满功率运行，4号机组大修。20时20分左右，隔离办发出隔离操作单，该票工作内容为根据ENG2012-158技改要求，实施APA液力耦合器控制柜电源改造项目。

20时27分，电气岗位现场操作员执行隔离操作时走错机组间隔，将本应实施在4号机组的操作错误地实施到了正在运行的3号机组，误断开所有主给水泵液力耦合器执行机构电源，导致正在运行的两台和备用的一台主给水泵因执行机构失电而出力不足，蒸汽发生器给水流量快速下降,最终于20时28分12秒触发2号蒸汽发生器的“蒸汽发生器水位低符合汽水失配”信号而自动停堆。

(2) 经验反馈

1) 重要设备的启动和停止必须使用监护工具。

2) 有两台机组的生产单元,一台机组内有多套类似系统,系统内也可能有多台相同设备,在现场操作前,正确使用自检是预防人因失误的重要工具。

3) 明确必须遵守/使用规程,做好三向交流工作。

事件2:维修人员走错间隔导致反应堆自动停堆

(1) 事件概述

2003年8月16日,某电厂1号机组满功率运行。仪控维修人员根据预防性维修计划进行一号停堆系统D通道4个主系统低流量变送器标定工作。作为安措要求,D通道置于脱扣状态。工作人员到达现场,根据工前会的安排,工作负责人分配2名工作组人员分别进行电源的连接以及仪用压空的连接工作。工作负责人自己进入了流量变送器隔间,寻找工作所需标定的变送器,在看到标有主系统低流量变送器的标牌后,没有与工作文件的设备对象进行核对也没有人员监护的情况下,匆忙进行变送器的隔离操作,错误的关闭了E通道的变送器隔离阀,E通道脱扣。一号停堆系统三取二逻辑动作,反应堆自动停堆。

(2) 经验教训

1) 维修人员在操作设备时,都需要做好自检,自检时将注意力集中在将要执行的操作上,找到正确的工作对象。

2) 维修工作时正确使用监护,对于可能产生立即的、不可逆转的重大后果(本次事件的变送器隔离导致通道脱扣)的操作,通过使用监护进行双重确认,避免因自检不到位而导致事件或伤害。

3) 维修工前会需要对工作存在的风险进行识别,本项工作的工前会议上主要对工作分配和工器具准备进行了讨论和安排,没有就工作过程中存在的风险和注意事项进行讨论。

事件3:维修人员走错间隔误断重要设备电源

(1) 事件概述

2016年12月6日下午,项目调试部电气队工作负责人完成3PT22170(对3号消弧线圈控制屏进行接地次数清零)相关工作,准备恢复 3LBA6131JA(3GEV112AR、3LHA 选线屏开关)到初始状态“断开”时,误断相邻的抽屉开关 3LBA6111JA(3LGE001TB、6.6 kV 母线PT 柜),导致 4 个接触器 3LGE106JA/107JA/108JA/109JA 跳闸,3ATE002PO、3ATE003PO、3LKY001TB、3CTE001TR等重要设备失电,失去运行功能。

(2) 经验教训

1) 工前会防人因失误工具未正确使用

本事件中工作负责人在风险分析单上填写了“人员走错间隔”的风险,并在工前会上进行了简单交底,但未按照《HF-FQ-201 防人因失误工具使用管理》6.2.6 标准工前会的要求,对可能导致失误的情形和可能产生的后果进行详细的分析及采取有效预防措施。对“走错机组间隔”风险进行了识别并采取了“核对机组房间号”的风险防范措施,未识别出误操作盘柜其他间隔带来的风险。

2）明星自检防人因失误工具未正确使用

操作人员操作开关前缺少明星自检“STOP”和“THINK”的步骤，未识别出待操作抽屉位置较低可能带来的视线偏移、操作不便等人因失误陷阱、操作时也未严密注视将要操作的设备。

3）监护防人因失误工具未正确使用

《HF-FQ-201 防人因失误工具使用管理》6.2.2 中规定：监护人以及操作人均需“独立手指要操作的设备，大声说出：要操作哪项设备（编码）、对其进行何种操作。监护人核对操作人的口诵指令及指向的设备与程序的规定一致……”。本次监护工具使用过程中，操作人通过手指口述进行自检，监护人未执行手指操作设备确认并大声复诵操作指令。

事件 4：承包商误截凝泵 6 kV 电缆

（1）事件概述

某电厂大修期间，某承包商负责“1 号、2 号、3 号凝升泵及附属管线改造项目”的实施，包括凝升泵动力电缆更换工作（工单号任务号 00706505-17/18/19）。2018 年 3 月 31 日下午，工作组进行 2 号凝升泵 6 kV 动力电缆的抽取，在分段抽取 2 号凝升泵电缆的过程中错误截断了 3 号凝泵的 6 kV 电缆（未带电）。

（2）经验教训

这是一起典型的“走错间隔”人因失误事件。事件中 2 人负责在下电缆沟的洞口监护，工作负责人 1 人负责核实电缆，2 人负责将待切割电缆移出电缆桥架，1 人负责切割电缆。电缆剪切前，工作负责人张××只是站在电缆沟拐角位置手持头灯核对 2 号凝升泵电缆走向，而没有钻进 E 点狭窄处进行确认。核电厂中，在有众多电缆的电缆沟内选取某根电缆进行切割工作是一项高风险作业，不仅涉及工作人员的人身安全，同时还可能涉及电厂的核安全及电厂的安全稳定运行。这种高风险作业的操作必须进行监护，这里的监护是指监护人对操作人执行具体操作步骤的监护，包括操作前操作人和监护人独立确认操作的前提条件满足要求、执行操作的设备与规程一致、操作人操作时动作正确、操作后操作人与监护人独立确认设备响应正确等，与事件中所设监护角色定位不同。

2.8　独立验证

2.8.1　工具定义

独立验证是指将有合格授权工作人员分为两组，第一组实施操作，第二组实施验证。当第一组操作实施完毕后，第二组进行独立的验证。验证者的操作授权应该不低于操作者的操作授权（注：是操作授权而非岗位授权）。

独立验证和监护的不同点在于：独立验证用于没有立即后果的场合，独立验证关注的是状态和配置是否正确，要求操作人和验证人在时间、空间、思维上保持独立。而监护用于一旦操作失误或确认不到位将会产生立即的、重大后果（包括停堆、停机、功率波动、重要设备损坏、重水泄漏、安全系统降级或者人员伤害）的场合，监护不仅关注状态配置、还关注操作过程和系统响应。

2.8.2 使用目的

对于没有立即后果但是有潜在的不良影响的操作,防止操作人员在行为上和思维上的互相影响和暗示,导致人因失误,确保状态和配置的正确性。

2.8.3 使用场合

对于没有立即后果但是有潜在的不良影响的操作,防止操作人员在行为上和思维上的互相影响和暗示,导致人因失误,确保状态和配置的正确性。

对存在潜在的核安全、人身安全、机组运行安全以及设备损害风险但没有立即后果的活动采用独立验证。独立验证主要用于有较高失误可能性或者失误后果对于电站安全可靠运行影响较大的设备,也可以用于与电厂设备不直接相关的活动,如:程序文件的校核、审批。

独立验证适用于但不限于下列活动:

1) 维护后将设备重新投入运行;

2) 安装和取消临时修改内容(例如跨接线、软管等);

3) 隔离安措的确认;

4) 设备检修后的质量见证工作;

5) 计算结果的核算。

2.8.4 使用方法

1) 在工前会上对需要进行"独立验证"的关键步骤进行标识,因为要体现时间和空间上的独立性,验证组成员不需要参加工前会;

2) 执行组按照程序要求进行操作;

3) 执行组向下令人报告任务完成,要求独立验证或通知验证组进行操作后的状态独立验证,并把执行文件交给验证组;在这个过程中,不要有操作信息上的交流,以保证验证的独立性;

4) 验证组拿着执行文件,进行状态的验证;

5) 验证结果如果和执行文件一致,那么验证组在执行文件上签字后,把执行文件重新交给执行组;

6) 独立验证结束。

如果在独立验证过程中,验证组发现状态或者结果和文件要求不一致,那么验证组不能改变设备状态,而是要立即通知执行组,由执行组进行原偏差的原因调查和纠正,如果验证组直接进行纠正,由于执行组和验证组缺少信息上的交流,会带来不可预知的后果。

2.8.5 使用的基本原则

独立验证要求验证者和操作者必须在时间、空间和思维上保持独立。

验证者的操作授权应该不低于操作者的操作授权并承担和操作人、监护人相同的责任。

独立验证应该在需要验证的操作完成之后进行,用于具有潜在的重大后果和响应(包括停堆、停机、功率波动、重要设备损坏、重水泄漏、安全系统降级或者人员伤害),但是不会立即发生的操作中。

2.8.6 使用的常见问题

1）维修实施人向验证人介绍操作的对象和内容；

2）验证人和工作实施人在时间和空间上没有有效的分离，比如实施人和验证人同步开展工作；

3）工作实施人过分依赖验证人，自己没有认真实施维修，寄希望于如果有差错验证人肯定能发现；

4）验证人没有使用合适的验证文件或方法。

2.8.7 观察指导建议

1）确保执行人与验证人在空间和时间上保持隔离；

2）确保执行人与验证人没有一起走到设备位置；

3）确保执行人与验证人没有共同投入该工作。

2.8.8 人因事件案例

事件1：隔离票要求隔离的电源未正确隔离

（1）事件概述

2012年3月17日上午，电气人员持1号机组电气厂房冷冻水机组电气部分定期检查的工作包到隔离办取得工作许可证。到达工作现场后，检修人员按照工作指令的要求，对1号机组电气厂房冷冻水系统就地控制箱进行隔离验证，发现该电源抽屉处于合闸状态。工作指令单中已明确要求隔离电源，维修人员联系运行确认情况之后，运行人员修改了隔离票，重新实施，将1号机组电气厂房冷冻水系统就地控制箱断电隔离，重新颁发了许可证。

（2）经验教训

1）没有用自检或自检不够：核岛隔离经理遗忘主隔离的相关信息导致子票中冷冻机组控制电源未隔离。

2）独立验证不够有效：当班隔离经理、操纵员及值长多道审查屏障被突破，均未发现隔离指令的遗漏。

3）维修人员要对隔离安措等进行独立验证，确保人员和设备的安全。

事件2：变送器五阀组状态错误导致主给水泵无法启动

（1）事件概述

2012年1月5日，某电厂1号机组106大修期间，运行人员根据维修后试验规程，组织进行2号主给水泵维修后试验。在再循环模式下，2号主给水泵运行后一直无再循环流量，在随后的检查中发现2号主给水泵的出口流量和再循环流量变送器上的五阀组状态异常。变送器五阀组正确的投运要求为打开高低压侧隔离阀，关闭平衡阀和高低压侧排污阀，而此事件中，大修协作单位进行变松器检修工作后高低压侧隔离阀和平衡阀关闭，高低压侧排污阀打开。错误的阀门状态，直接造成变送器内无取压信号，再循环流量显示为0。

（2）经验教训

1）对检修后的设备状态应该进行自检，确保设备状态和配置的正确。

2）针对比较复杂的设备配置，需开展独立验证，确保系统设备状态正确。

2.9 工前会

2.9.1 工具定义

工前会是指在执行一项工作或任务前，相关工作人员之间进行的面对面的准备会。工前会由该工作的负责人主持，所有参与该工作的人员参加，就该工作有关事项展开讨论与交流，使所有参加工作的人员清楚地理解任务目标、工作范围、工作风险、安全要点、防护措施、应急预案的活动，保证有效完成工作或任务。

2.9.2 使用目的

1）工前会为参与活动的每个人都提供了参与讨论，彻底了解活动具体任务与潜在后果的机会。它为每个参与人都提供了以下机会：提问、充分理解其个人责任、确定个人行动如何与其他参与人员行动协调的方法以及了解自己的行为如何影响整个活动。

2）工前会还使大家有机会考虑执行活动期间可能出错的事项并针对发生意外情况应采取的预定措施达成一致意见。

3）经验表明，有效运用工前会将大大降低混乱、分工不清、执行任务期间没有充分思想准备、没有吸取以前经验以及没有发现和消除潜在陷阱导致的失误可能性。

4）明确职责分工，减少由于职责不清导致的失误。

2.9.3 使用场合

维修人员在系统或设备上从事的各种生产活动均要求在工作前召开工前会议，并填写相关的《工前会议记录表》。以下工作召开的工前会尤其值得关注。

1）复杂工作。

2）第一次进行的工作。

3）如果出错则后果严重的工作。

4）需要团队或个人之间大力协调的工作。

5）涉及关键时间因素或协调活动“流程”的工作。

6）制定的工前会时间应尽量接近活动的实际开始时间。如果工前会与开始工作之间相隔太久的时间，参与人员记忆将淡化。而且，工前会与执行工作之间间隔时间越长，可能影响活动本身的外部或周围条件发生变化的可能性就越大。

7）需要立即行动的紧急情况明显不需要在行动前进行工前会。但一旦情况允许，就应该尽快进行工前会，从而确保参与的每个人了解了相同的信息。

8）如果一项工作一个工作组不能完成而必须将工作交给下一个工作组来完成，且满足下列任一条件时应召开附加工前会议。

- 安全相关系统上的工作；
- 非日常工作；
- 工作人员发生变化；
- 使用的规程发生变化；

➢ 工作环境及机组状态变化导致危害水平变化。

2.9.4 使用方法

1）时间要求。工前会时间应尽量接近活动的实际开始时间。如果工前会与开始工作之间相隔太久的时间，一方面参与人员记忆将淡化，另一方面可能影响活动本身的外部或周围条件发生变化的可能性就越大。若时间推迟过长，应重新召开工前会。

2）地点要求。不被其他事情干扰的地方。

3）人员要求。主持人由工作负责人或者主管领导担任，其必须完全了解活动的每个方面。参与人员由直接参与活动的人员以及受到活动严重影响的人员组成。

4）会议形式。采用对话讨论的方式，保证每位参与人员能够参与讨论，提出疑问并得到解答。工前会主持人应该尽量采用的是开放式的问题以激励与会人员积极思考和发言。

5）会议内容要求。工前会的详细和正规程度取决于活动复杂性和重要程度，但每次工前会都必须要求做到"SAFER"（总结—预测—预计—评估—审查），SAFER模型的具体内容如下：

➢ Summarize（总结关键步骤）：关键步骤是指规程的某一个步骤、一系列步骤或者某一项行动，一旦被执行，将产生立即的后果或者响应。

➢ Anticipate（预计失误环节）：预计失误最容易发生的环节，包括工作本身以及由于规程、环境、身体状况、心理压力、组织分工、信息传递等容易导致人因失误的因素。

➢ Foresee（预见失误后果）：评估执行错误将产生的后果，以加深工作人员对风险的理解和关键步骤正确执行重要性的认识。

➢ Evaluate（评估预防措施）：制定预防失误的措施以及失误发生后应该采取的缓解方法，对于每一个关键步骤明确应该使用的防人因失误工具（如：自检、他检、监护、三向交流、遵守/使用规程等）。

➢ Review（回顾运行经验）：回顾内外部运行经验。

6）使用工前会确认单以及相关的表格，并及时做好记录和签字。

7）确认单中的各确认项旨在为主持人提供全面的提醒注意事项，以确保能召开高质量的工前会。和本次任务相关，并已经在会上讨论过的确认项，在确认框□内打钩√；不适用于本次任务的提醒项，在确认框□内打叉×。

8）工前会结束要以明确的结束语结束。

9）应该根据工作的频度、复杂程度、潜在后果等对工作的风险高低进行识别，根据风险大小决定工前会召开的详细程度。

2.9.5 使用的基本原则

1）有效工前会要求进行预先思考与准备。

2）工前会地点与时间应尽量减少分心。选择在安静的区域或会议室。

3）若要获得良好效果，工前会内容必须十分详细以充分审查活动，但不得过分啰嗦以致失去听众。要具有互动性和吸引力。其重点是参与人员的主要责任。

4）对于参与工前会的人员，通过要求参与人总结其责任以及向参与人提出与活动可能的失误以及相关失误陷阱有关的问题，使工前会达到最大效果。参与工前会的人员必须重视公开讨论的重要性并应运用质疑态度防人因失误工具。应解决每个问题。应考虑并重视所有输入信息。

2.9.6　使用的常见问题

1）召开工前会前没有做准备,边开工前会边熟悉工作内容；

2）没有选择合适的召开工前会的场所,不能使人员专注于工前会(比如工前会的场所非常嘈杂)；

3）没有要求所有工作相关的人员参加工前会,或者对不同的人分别开工前会；

4）工作的重要人员变更后,或者开完工前会后很长时间才开始操作,没有重新组织工前会；

5）工前会的过程仅仅是阅读规程的过程,没有使用 SAFER 法则分析；

6）没有针对特定的失误陷阱进行讨论,只有笼统的描述；

7）重要信息传递没有使用三向交流进行确认；

8）对于防人因失误工具的使用泛泛而谈,没有提出具体的措施和要求；

9）讨论和本次工前会内容不相关的话题；

10）不是对话式会议,一人唱独角戏,没有其他人员的参与讨论；

11）主持人工作量大,同一时间要开几个会议；

12）没有控制工前会的节奏,导致工前会的时间非常长。

2.9.7　观察指导建议

1）观察相关人员的参与情况。工前会不是演讲,它一般由负责该工作的人主持,良好的汇报指参与者之间反复交流信息。

2）观察是否鼓励提问并解决问题。所提问题是否受到压制或被敷衍。

3）工前会执行流程是否合理,会议结束时是否所有责任和措施都明确。

4）工前会地点和时间是否合理。

5）强调运用防人因失误工具了吗?是特别强调(与工作具体元素有关)还是就很随意和一般的强调(例如不要忘记“自检”、质疑的态度)。

6）确保参与指定活动的所有成员都参加工前会。如果有一个或更多的人不可能参加,务必在开始工作前听取这些人的汇报。

7）工前会执行合理流程并针对该项活动使得汇报结束时所有责任和措施都明确正确填写检查表。

2.9.8　人因事件案例

事件 1:中压配电盘清扫触电事件

(1) 事件概述

2014 年 10 月 4 日,电力检修人员持票对某电厂 2 号机 6.6 kV 中压配电盘进行检修。9 时 30 分现场作业人员召开工前会,工作负责人向工作班组成员交代现场设备、隔离边界、工作风险及检修注意事项,说明 2LGA101 仓带电,并用“红白” 警示带做好警示隔离,现场 QC 人员现场也再次进行明确和检查。9 时 50 分 2LGA 工作人员顾某在现场见到运行人员,在未联系隔离办的情况下，请其对包括 2LGA101 进线开关在内的所有开关进行解锁。运行人员告知工作人员 2LGA101 仓有电，工作人员表示他们清楚该仓带电部位及风险，运行人员解锁后离开（未对 2LGA101 仓内活门挡板实施上锁）；11 时 40 分工作负责人陈某将 2LGA101 进线断路器拉出并按工作指令执行断路器本体检查；在此期间，黄某超越隔离边界和工作指令（该活门挡板属于隔离边界且工作指令中也未对 2LGA101 进线仓进行清扫检查），惯性进入 2LGA101 仓打开活门挡板进行清洁，导致触电受伤。

（2）经验反馈

1）工前会上只是交代现场设备、隔离边界、工作风险及检修注意事项，工作人员未认真阅读并理解工作指令，对工作边界和工作内容不是很清楚；

2）工前会上只是强调注意事项，未就出现意外情况进行预测并做好应急响应；

3）工前会未对工作的注意事项，工作风险进行充分的沟通、交流和讨论，识别未知的潜在风险，让每个工作人员了解怎样工作的安全性；

4）工前会上应进行同类设备检修重大事件的经验反馈，对维修工作起到警示作用；

5）工作前应进行自检，确认工作边界和工作内容；

6）对带电作业的工作在执行过程中应有监护，防止越界作业。

事件 2：某核电厂“12.03”淹溺事故

（1）事件概述

2018 年 12 月 3 日上午，某核电项目部 2PX 前池淤积探测及清理作业项目的工作负责人吴某某和班组成员王某某（潜水员，男，57 岁）、王某某（备用潜水员）等 14 人，根据 202 大修当天工作安排，到 2PX 泵房进行前池淤积探测及清理作业。9 时 50 分，吴某某组织作业人员召开工前会。10 时 26 分，潜水员王某某乘坐潜水吊笼进入 2 号机组前池区域开展下潜作业。10 时 32 分，系挂在潜水员王某某身上的安全绳突然向 1PX 前池方向加速移动，同时地面上的摄像机视频信号中断，安全绳突然绷直无法拉动，通气管供气功能正常，与水下潜水员失去联系。现场立即逐级报告并组织施救。10 时 42 分，安全绳断裂。11 时 32 分，遇险潜水员王某某被救捞出水，现场立即实施急救，并随后送昌江县人民医院抢救。12 时 42 分，王某某经医院抢救无效死亡。

事故发生后，该核电项目按要求分别向上级单位或部门及政府监管部门进行了口头和书面报告。此次事故导致王某某 1 人死亡，直接经济损失约 86 万元。

（2）经验反馈

1）工前会实施不到位

➢ 在作业前的工前会上，某核电公司安全监督人员明确提出了 2 号机的前池闸板（2CFI006BU）没有落下，2 号机 A 列的闸门（2CFI001/003BU）也没有落下，B 列的闸门（2CFI002/004BU）已落下，在此条件下作业可能存在水下暗流，并提醒要格外注意水下作业环境，但工作负责人、作业班组未进一步确认并采取安全措施。

2）经验反馈学习不足

➢ 中国核电在 11 月 1 日经验反馈视频会上通报了台山 10.26 潜水人员被困的事件，并在 11 月 7 日对各厂提出排查行动建议。但此次大修期间，该公司未进行有效的排查并落实相关安全管控措施。

2.10　工后会

2.10.1　工具定义

工后会是在一项任务执行完后，工作人员之间进行的面对面的总结会，以清楚地总结出工作执行过程中的良好实践、经验教训、有待改进的方面以及其他需关注的事项。

2.10.2　使用目的

总结经验教训，让下次同样工作做得更好，总结维修执行过程中的不足，提出改进措施。工后会能提炼经验教训和良好实践，对低水平事件的鉴别和记录，对作业技校的提升有着重要意义。

2.10.3　使用场合

在工作中遇到如下情况时，需要召开工后会。

1）出现了没有考虑到的异常情况；
2）工作中发生异常的工作；
3）非常规的操作（三个月及以上才执行一次的工作）；
4）复杂的操作（需要三个及以上工作组紧密配合执行的工作）；
5）工作的参与者认为需要召开工后会的操作。

2.10.4　使用方法

在工作完成后应该立即召开工后会，由工作负责人主持，主要参与者都应该参加工后会，工后会采取开放讨论的方式。可以是简单的几句话来对任务做简单的总结的简短工后会，也可以是对任务进行详细讨论的正式的工后会。工后会是以总结经验、改进工作绩效为目的，不要追究责任，工后会的内容可以包含如下方面：

1）有没有值得共享的良好实践；
2）规程和工器具是否需要优化；
3）组织和实施过程是否需要改进；
4）是否需要对相关知识和技能进行培训；
5）对需要改进的方面明确责任人和反馈渠道，并确认付诸实施；
6）工后总结由工作负责人组织并做好记录，原件放在文件包中；
7）工后总结记录单中每一项都必须打“√”确认，不要遗漏；
8）其他事项根据讨论情况记录，经讨论没有涉及的请填写“无”；
9）工后总结结束后，全体工作人员签字确认。

2.10.5　使用的基本原则

在工作完成后应该立即召开工后会，由工作负责人主持，主要参与者都应该参加工后会，工后会采取开放讨论的方式。可以是简单的几句话来对任务做简单的总结的简短工后会,也可以是对任务进行详细讨论的正式的工后会。工后会是以总结经验、改进工作绩效为目的,不要追究责任,工后会的内容可以包含如下方面:

1) 工后会选择在不被其他事情干扰的地方;

2) 工后会以总结经验\改进工作绩效为目的,不能追究责任;

3) 工后会形成的纠正行动计划满足 SMART 原则;

4) 工后会形成记录,遗留问题填写状态报告跟踪;

5) 工后会形式应采用对话讨论的形式;

6) 会议务必形成记录存档,方便借鉴。

2.10.6 使用的常见问题

1) 不是对话式会议,如只有一人唱独角戏,没有其他人员的参与讨论;

2) 没有识别出组织和实施过程中的良好实践或者存在的问题;

3) 讨论问题时分散注意力;

4) 讨论的信息不具体,太一般化;

5) 参加会议人员没有准备或者没有参加会议;

6) 对于工作中发现的有待改进方面没有有效的方式实施跟踪。

2.10.7 观察指导建议

1) 是否与工作相关的所有人员都参与会议;

2) 会议形式是否是对话式讨论会;

3) 会议内容是否形成记录;

4) 对于有待改进方面是否制定纠正行动并实施跟踪。

2.10.8 人因事件案例

事件 1:汽机冲动级压力信号迁移过程中导致主给水隔离

(1) 事件概述

2014 年 10 月 26 日上午,某电厂 1 号机组 10%功率运行。维修仪控人员开紧急工作票,使用《启动到带 100%负荷调节系统功能试验》规程,执行启动到带 100%负荷调节系统功能试验。27 日,工作票终结后,维修仪控人员想起试验中的“对汽机冲动级压力信号迁移”一项工作未完成(漏做),由于即将开始进行并网后的试验,如果此时不完成信号迁移,则会造成后期试验数据不准确。27 日下午,仪控人员在没有重新开工作票,没有重新制定安措,未告知运行人员的情况下,对冲动级压力做信号迁移及变送器的标定工作。在加模拟压力信号对变送器量程做标定时,因信号至满量程,导致主辅给水调节阀全开,三台蒸汽发生器水位快速上升,触发主给水隔离。

(2) 经验反馈

1) 工作结束后没有及时召开工后会,对工作内容进行确认,造成工作内容的遗漏;

2) 违反工作票规程,在没有开工作票也未告知运行人员的情况下对现场设备开展工作。

2.11　2 分钟检查

2.11.1　工具定义

指工作人员在即将开工前，对现场环境、作业规程、可能潜在的风险进行内心演练和预想，不实际操作的方式。

2.11.2　使用目的

1）2 分钟检查工作区域环境帮助员工建立危机意识，促进质疑的态度，提高工作环境感知的准确性。

2）识别工作环境的改变，确认非正常的现场状态，是防人因工作是否成功的基本要素。

3）对工作环境相关信息的准确理解和判断有助于工作人员做出合适的决定和采取正确的行动。

4）通过识别人因陷阱和危险，可以提高“不确定时暂停”防人因失误工具的正确使用。

2.11.3　使用场合

1）即将开始工作前；

2）工前会前的现场勘查；

3）即将实施关键步骤前。

2.11.4　使用方法

（1）在即将开始工作前查看工作现场及周边的情况，着重对以下状况加以识别和讨论：

1）有无工业安全、辐射水平、环境风险。

2）有无停机停堆敏感设备。

3）是否是正确的机组、通道和设备。

4）有哪些关键参数及指示？以及它们的预期反应。

5）有哪些失误陷阱（特别是关键步骤）。

6）当前状况是否和规程和工前会上预期的一致。

（2）口述推演即将要实施的工作，明确关键步骤、风险、应急预案和沟通方式等重要信息；

（3）开始工作前排除危险，确认防范措施及应急措施到位。

2.11.5　使用的基本原则

（1）在同一项任务实施过程中，可以根据需要多次使用 2 分钟检查工具；

（2）口述任务时充分讨论了以上关键的安全信息；

（3）团队工作的口述推演应由参与工作的所有团队成员共同完成，单人操作前的口述推演可以由操作人员本人独自完成。

2.11.6 使用的常见问题

1）工作人员没有足够时间审查规程和工作文件；
2）在任务执行前没有检查工作人员的授权资格；
3）参与者没有做好工作准备；
4）没有总结关键步骤；
5）防人因工具的应用只进行泛泛而谈；
6）没有针对工作任务使用经验反馈；
7）匆忙，没有花时间去查看工作现场的周围状况；
8）没有定期停下来，再次检查工作现场的情况。

2.11.7 观察指导建议

1）通报工作风险给工作地点附近的其他工作人员。
2）360°的2分钟现场检查。
3）执行2分钟检查的动作应该“清晰可见”，如探索现场、停顿思考。

2.11.8 人因事件案例

事件1：土建施工过程中打破电缆

（1）事件概述

2008年7月27日，某机组在308 MWe负荷下稳定运行。土建承包商在处理05号厂房生活水进水阀S05-1后管道漏水缺陷进行土建开挖时，风镐意外伤及5号堆变6 kV高压侧B相电缆，引起5号堆变单相接地，6 kV安全I段和公用I段的PT因谐振导致一次侧熔丝两相(A、C)熔断，1号应急柴油发电机组正常自动启动带载。后更换PT熔丝和5号堆变高压侧破损电缆，恢复5号堆变正常运行。

（2）经验反馈

1）工作开始前没有对现场进行2分钟检查，发现电缆设备可能被误伤；
2）没有质疑工作现场风险。

事件2：执行T3试验时导致停堆

（1）事件概述

2017年6月27日15时02分44秒，某电厂1号机组满功率运行期间，在进行PT/MI/X/RPR/XXX/023《RPB专设安全信号T3定期试验(双月检)》时，三台主给水泵同时跳闸。15时02分58秒，ATWT(未能紧急停堆的预期瞬态)保护信号动作导致机组停堆。

经查明，主给水隔离T3试验结束后，按规程要求拆除端子642BN-87、89上的短接线。先拆除87号端子上的短接线，由于人员无意识的触碰，短接线有可能误碰80号端子，48 VDC电源从89号端子引到80号端子，导致APA泵跳闸继电器得电动作，触发三台APA泵同时跳闸。

（2）经验反馈

1）工作开始前没有对现场进行2分钟检查，未发现短接线所处端子排上存在主给水泵跳闸回路接线端子，有误碰导致停堆的重大风险；

2）工前会准备不充分,未能识别误碰主给水泵跳闸回路接线端子会导致停堆的重大风险,并采取相应的措施;

3）遵守/使用规程不足:按规程要求只有在测量数据不符合时才要求短接端子,而在实测数据结果正常的情况下进行短接操作会带来额外的风险。

第三章　防人因失误工具应用

3.1　规程标识

规程标识是指在执行规程或其他文件中的步骤已经执行或不适用时的一种可识别的标识方法。

规程标识的目的是对执行步骤进行定位和记录，可以有效避免漏步或重复执行。尤其是在规程有判断、分支或跳转时，正确标识能够避免发生漏步或没按正确的循序执行而影响机组的安全。如设备的解体组装、系统的调试等工作，正确进行规程的标识可以有效防止人因失误。

3.2　标识方法

规程标识（先圈后杠∅）中画圈表示定位、阅读和理解规程、采取行动三个过程，最后画杠表示该步骤执行完成，执行的过程是连续的。使用方法分解如下：

1）在将要执行的步骤前画圈表明：将要执行操作，或将要进行判断，或将有信息提示；

2）阅读和理解规程执行相应的行动，包含：执行操作；进行判断；理解信息；

3）在圆圈上画杠，表明操作已执行完成或者已经做出判断或者已经理解信息。

3.3　使用要求

1）任何根据书面规程或规程进行操作，都应使用规程标识；

2）规程标识同样适用于规程中非操作步骤部分的“注意事项、先决条件等内容；

3）规程中有循环执行的操作步骤时，每次重复执行，均应在原先的标识旁边另起一列进行标识；

4）对于操作步骤里的判断、选择或同类型的操作，如在规程中有“合格”“不合格”“是”“否”等判断栏或使用了复选框的步骤，要在复选框和判断栏中使用打钩“√”的方式标识。

5）规程的签字、修改。

3.4　注意事项、先决条件的执行标识

规程中先决条件、注意事项、风险分析等标识要求与操作步骤的标识一样，在执行规程过程中认真执行和标识。

1）如示例一所示：维修规程《1、2 号机组 130 T 乏燃料容器吊车机电全面检查》，在执行的过程中，执行到 2.2 注意事项的时候，先在内容上画圈定位，再阅读并理解“注意”的信息，

最后在圈上画杠表示已经理解信息。

2.2 注意事项：

- 吊车的检查使用试验票，由工作负责人控制吊车电源开关、并悬挂明显的标示牌；
- 工作前先检查确认设备标示牌，如遗失或有误立即联系运行人员，确认无误后再开工；
- 严格遵守电气作业规程；
- 工作前，正确穿戴个人防护用品，验证隔离边界；
- 吊车操作严格按照《起重机械安全规程》相关规定进行，严禁无证驾驶；
- 注意防异物管理、防止误碰误动设备、有毒有害气体/液体等防护；
- 规程所需注意的其他事项见工作指令单中的风险分析。

图 3-1 示例一注意事项的执行标识

2）示例二维修规程《Velan 核级手动闸阀常规检查规程》，在执行的过程中，执行到 5.0 先决条件的时候，先在内容上画圈定位，再阅读并理解“注意”的信息，最后在圈上画杠表示已经理解信息。

5.0 先决条件

5.1 工作人员熟悉现场作业环境。

5.2 工作人员熟悉现场作业辐射剂量情况。

5.3 现场照明充足，如不足，可用行灯改善。

5.4 系统温度已冷却至 40 ℃或以下。

5.5 工作人员熟悉本规程和待检修阀门的图纸。

图 3-2 示例二先觉条件的执行标识

3.5 循环操作的标识

部分规程中的步骤在执行时可能需要循环执行时，每次重复执行，均应在原先的标识旁边另起一列进行标识。对于不正确的相应打叉，反复执行里面可以进行数字的标识。如示例三所示，在第一次的执行过程中安全阀的压力整定不满足要求，第二次执行时，在旁边另起一列标识，并依此类推。当第三次执行时满足要求，在步骤前的圈上画杠表示执行完毕。

- 按原始记录旋上提升螺母。
- 装上阀帽和提升杆、销子，用固定螺钉将阀帽固定。

6.5 安全阀压力整定

- 将安全阀在安全阀校验平台上就位。
- 将确定所有设备已经连接好，打开进水阀升压。
- 逐渐提升压力，直到阀门“啪”的打开。

图 3-3 示例三循环操作的标识

读职此时的压力并记录在试验报告中。

比较安全阀起跳压力与设计值(1 MPa)是否一致。若在其偏差范围内(正负 0.03 MPa)，则安全阀压力整定合格，否则应按下述步骤进行。

按解体步骤拆下阀帽。

根据测得的整定压力值向上或向下拧调节螺杆。

—如果测得的压力值偏小；拧紧(顺时针)调节螺杆；

—如果测得的压力值偏大；拧松(逆时针)调节螺杆。

调整好调节螺杆后，装上阀帽，并重新对整定压力进行校验；如此反复，直到测得的整定压力满足要求为止。

图 3-3 示例三循环操作的标识(续)

3.6 判断、选择类操作步骤的执行标识

对于操作步骤里的判断、选择或同类型的操作，如在规程中有“合格”“不合格”“是”“否”等判断栏或使用了复选框的步骤，要在复选框和判断栏中使用打钩“√”的方式标识。

1) 如示例四所示：对于将要执行的记录试验结果，仍在序号上使用“先圈后杠”的方式进行规程执行标识，但在“合格判定”栏中，使用打钩“√”的方式标识。

2) 如示例五，《方家山 1、2 号机组 A 式离心机定期维护规程》在每个操作步骤前画圈表示准备执行该步，并在“无”栏中，使用打钩“√”的方式标识。

试验名称	安全壳空所辐射监测系统 PIG 功能试验		细则编号	TST-M-018
序号	试验内容	参考值	试验值	结果评价
1	微尘通道当前测量值 Bq/m³	随工况确定	0.08	合格☑ 不合格□

图 3-4 示例四判断、选择类操作步骤的执行标识

5.2 工作收尾、清理现场

□ 1) 设备标牌回装或检查确认。

□ 2) 保温恢复：☑ 无，□ 通知配合部门可以立即恢复，□ 暂不恢复，通知配合部门拆除时机。

□ 3) 脚手架拆除：☑ 无，□ 通知配合部门可以立即拆除，□ 暂不拆，通知配合部门拆除时机。

□ 4) 打扫现场，清理因检修引起或设备运行无关的物品，工完料尽场地清。

图 3-5 示例五判断、选择类操作步骤的执行标识

3.7 规程的修改、签字

对于文件的修改应该获得相应的授权，对内容进行杠改，同时签名和日期。规程使用过程中需要签名的地方应该在该步骤完成后及时签字同时应签注日期，以证明时效性，同时有利于事后的追溯。对于部分要求时效性强的文件，如质量计划，建议签到具体的时间。

零点		斜率		标准溶液(pH)	仪表读数(pH)
实际值	正常值	实际值	正常值	6.86	~~6.89~~ 6.89
-38.2mV	≤50mV	2902mV	70.8mV	9.18	9.20 刘伟 2015.4.28
N/A	N/A	N/A	N/A	N/A	N/A
允许误差：±0.05pH			实际最大误差：0.03pH		
结论：☑合格		□不合格			

图 3-6　示例六规程修改的标识

	测量仪表标定有效。			
3	安措确认可靠。	安措可靠。	[illegible] 2012.12.12	
4	阀板密封面检查：要求密封面无沟槽、划痕、凹坑等缺陷。	阀板密封面检查：腐蚀严重。	[illegible] 2012.12.14	H [illegible] 2012.12.14 15:20
5	阀座密封面检查：要求密封圈无沟槽、划痕、凹坑等缺陷。	阀座密封面检查：不合格。发 [illegible]-04294	[illegible] 2012.12.14	H [illegible] 2012.12.14 15:20
6	阀杆检查：要求表面光洁，无弯曲变形。	阀杆检查：合格。	[illegible] 2012.12.14	W [illegible] 2012.12.14 15:20
7	回装前检查：要求阀体和可视附件管道内干净无异物。	阀内无异物。	[illegible] 2012.12.16	H [illegible] 2012.12.16 15:25

图 3-7　示例七质量计划签字的标识

3.8　其他说明

对于规程中不适用的步骤需要用 N/A 标识并在旁边签名，对于部分章节或多个步骤不适用可以用一个 N/A 进行标识，并进行签名。通常在工前会上完成确认。对操作过程中不成功的步骤，在圆圈上画×标识(⊗)。

⌀——步骤执行完成，并达到预期结果

N/A——不适用

⊗——不成功

如示例八，《RRS 铂探测器在线标定》规程，在执行 15%FP 以上工况的标定时，对于不适用的 9.2 堆功率小于 15%FP 的步骤可以整体 N/A，然后签名和工作日期。

9.2　堆功率小于 15%FP 工况的标定

N/A，机组满 100%功率，9.2 节步骤不执行。

刘春营 2015/05/28

9.2.1　A 通道探测器回路的在线标定

9.2.1.1　询问 MCR 操纵员需要标定的放大器位号及当前的反应堆功率并记录在 11.1 记录表中，根据 11.1 记录表中的放大器输出电压期望值计算公式计算目标电压值并记录。　□

9.2.1.2　询问操纵员，确认当前被标定的铂探测器回路的 WIBA 端子是否需要断开。　□

图 3-8　示例八规程不适用步骤的标识

3.9 监护的使用

对涉及核安全、工业安全、辐射安全、环境安全以及电厂的稳定运行，可能立即产生不可逆影响的工作任务需要实施监护。以下维修工作要求使用监护。

1）安全系统或安全相关系统设备退出运行或恢复运行操作；

2）关键重要设备的退出运行或恢复运行；

3）继电保护、仪控专业保护逻辑的退出、变更、投运操作；

4）电源(熔丝)的停运和投入操作；

5）设备气(汽)源的停运和投入操作；

6）改变计算机、控制器等参数设置的操作；

7）高压电气设备的操作；

8）验证是否符合工艺技术标准的关键环节，如：测量设备零部件的装配间隙，转动机械对轮中心的最终检查等工作；

9）安全阀压力整定；

10）过程仪表系统模拟通道试验；

11）反应堆保护系统停堆、专设系统试验；

12）核功率测量系统试验；

13）棒控棒位系统试验；

14）其他程序文件规定或工前会确定需要监护的操作。

3.10 观察指导

现场观察指导是管理人员通过观察指导工作活动来了解工作人员的知识、技能和态度，工作环境、人文环境的不足以及管理期望与执行有效性不足的途径，通过观察指导来发现工作过程中存在的隐患和不足，观察指导人在现场及向员工传递、解释管理期望，同时让观察指导人熟悉应采用的观察指导卡期望与标准，以指导现场维修活动，从而减少或避免人因失误。

1）观察指导人选择被观察的活动，确定观察对象及维修现场组织过程中的活动；

2）通知工作负责人及约定时间；

3）携带预约对象相关的观察指导卡；

4）简单了解被观察工作的背景及工作环境；

5）管理者根据观察指导卡的管理期望与标准开始现场观察指导活动；

6）观察指导人负责将现场观察指导结果录入经验反馈系统观察指导数据库；

7）经验反馈处对现场观察数据进行趋势分析，归纳总结存在的问题；

8）对存在共性的问题，经验反馈处判断决定是否提交公司办组织纠正行动。

1. 观察指导内容

工作人员方面需要观察的主要内容：

1）对风险的预见情况

2）工作人员间的沟通交流情况

3）工作态度

4）工作人员的资格与培训情况

5）工作监管情况

6）安全文化方面的情况

7）工作人员的舒适程度和时间压力情况

环境方面需要观察主要内容：

1）操作设备周围的设备和环境情况

2）工作区域的卫生状况

3）所需的安全设施是否齐备和得到正确使用

4）所观察工作和这个区域内的其他工作有没有相互影响

工作过程方面需要观察主要内容：

1）工作准备中有没有应用运行经验

2）跨专业的工作间的协调协作情况

3）对潜在问题的发现能力

4）工作时间的安排情况

2. 观察指导注意事项

1）应避免影响工作人员实施工作。

2）抱着真诚指导和帮助的心态，注意礼节规范，让工作人员感觉到管理层的关注以及真诚的帮助。

3）客观记录所观察到的事实。

4）现场观察指导记录表上不应出现工作人员的姓名。

5）指导应尽量即时进行；指导要切合实际，先正面鼓励，指出好的地方，简要明确地说明不足的地方和标准的做法；尽量当众表扬，单独批评。

6）发现有危险即将发生时应及时阻止和打断工作，打断工作时应平和，不要惊扰工作人员，并向工作人员解释为什么打断工作，后果是什么，应该怎样做。

7）当看到严重明显的错误时也可以打断工作，前提是打断后的纠正能够将工作导向正确的方向。如果不是存在即将有严重后果的情况，尽量在工作完成后，向工作人员反馈发现的错误。

8）每次现场观察指导活动原则上不超过二个小时。

3.11 附录

附录 1:典型维修人因事件

序号	事件名称	事件内容	机组状态	工作类型	部门	专业	操作	防人因失误工具
1	未建立安措情况下，恢复220 kV 门塔下引线和拆除检修接地线	2012年5月11日,某电厂在220 kV线路陪停期间,电气高压组成员执行完 220 kV 门塔电气一次设备、220 kV 电缆、两台机组 220 kV GIS 线路侧接地刀和隔离刀的检修工作后等候继保人员完成 220 kV GIS 传动试验。高压班班长安排一成员现场确认 220 kV GIS 线路侧快速接地刀处于合闸状态,在运行人员未建立安措、工作票未许可的情况下,违规安排电气高压人员在现场执行恢复 220 kV 门塔下引线和拆除检修接地线工作。	小修	预防性维修	维修	电气	拆除接地线	遵守/使用规程质疑的态度
2	电机解体工作时误拆设备	2009年11月23日早班,某电厂2号主控要求现场手动启动格栅除污机进行除污,在准备启动该格栅除污机时,发现 2 号机组安全厂用水系统格栅除污机电机已被人拆走。经查明,该电机为承包商工作人员在进行 1 号机组安全厂用水系统格栅除污机电机解体工作时误拆。	日常	解体检修	维修	电气	解体检修	自检监护
3	电动隔离阀阀门电动头隔离状态错误	2011年5月21日下午14时,电气专业进行汽水分离再热器"B"二级再热器至凝汽器扫气电动隔离阀定期清洁检查工作。工作负责人和 QC 人员在常规岛厂房 0 米层核查该电动隔离阀的隔离情况时,发现该阀的电源开关间隔内挂有禁止操作牌,要求状态:断开、上锁,但是柜内开关并未断开,仍然在合闸状态。工作负责人随后通知主控室,运行人员对汽水分离再热器"B"二级再热器至凝汽器扫气电动隔离阀重新隔离。	日常	预防性维修	运行	电气	清洁检查	自检监护
4	隔离票要求隔离的电源未正确隔离	2012年3月17日上午,电气人员持1号机组电气厂房冷冻水机组电气部分定期检查的工作包到隔离办取得工作许可证。到达工作现场后,检修人员按照工作指令的要求,对 1 号机组电气厂房冷冻水系统就地控制箱进行隔离验证,发现该电源抽屉处于合闸状态。工作指令单中已明确要求隔离电源,维修人员联系运行确认情况之后,运行人员修改了隔离票,重新实施,将 1 号机组电气厂房冷冻水系统就地控制箱断电隔离,重新颁发了许可证。维修人员对隔离的验证避免了意外的发生。	日常	预防性维修	维修	电气	验电(隔离验证)	自检 独立验证

续表

序号	事件名称	事件内容	机组状态	工作类型	部门	专业	操作	防人因失误工具
5	隔离票要求隔离的电源未正确隔离	2012 年 3 月 17 日上午，电气人员持 1 号机组电气厂房冷冻水机组电气部分定期检查的工作包到隔离办取得工作许可证。到达工作现场后，检修人员按照工作指令的要求，对 1 号机组电气厂房冷冻水系统就地控制箱进行隔离验证，发现该电源抽屉处于合闸状态。工作指令单中已明确要求隔离电源，维修人员联系运行确认情况之后，运行人员修改了隔离票，重新实施，将 1 号机组电气厂房冷冻水系统就地控制箱断电隔离，重新颁发了许可证。	日常	预防性维修	维修	电气	验电（隔离验证）	自检 独立验证
6	低压盘柜清扫后抽屉插错间隔	9 月 2 日，根据 2 号机组 A7 阶段二次检查计划，某电厂维修处电气科组织安排了 2 号机组电气盘柜清扫及检查工作。低压组借用外部三家承包商电气人员，9 月 2 日、3 日完成 D 系列盘柜清扫。在 D 系列检查清扫工作完成后，运行人员在给设备恢复送电时，查出有六个抽屉开关插错间隔，有可能误导运行人员实施隔离措施时隔离错误，作业人员存在触电风险；开关容量与负荷不匹配，有可能导致在运行操作时负荷无法启动甚至烧毁。	大修	预防性维修	维修	电气	清扫盘柜	
7	安全壳喷淋泵异常启动	2014 年 6 月 20 日，某核电厂 2 号机组安喷泵负载试车。某协作单位工程师通过就地对讲机向电气厂房 7 米的电气操作人员发布了 2EAS001PO 电机点动操作指令，电气操作人员在没有进行信息确认的情况下对尚处于对中调整状态的 2 号机组安喷泵 2EAS002PO 进行了点动操作，造成了 2EAS002PO 联轴器从电机端脱落，联轴器局部撞击损伤和凹坑，周边电缆托盘支架、管道部件各有 1 件损伤。	日常	试验	维修承包商	电气	电机点动	三向交流 他检 遵守/使用规程
8	未遵守规程，导致接线错误	2009 年 1 月 4 日，某电厂在 1 号机组的变压器区域进行“52GT 油泵动力双路电源改造”变更工作。在 51120-PL5511 盘内端接时，将“黄、绿、红”三色芯线动力电缆 ZC533 和“黄、红”双色芯线控制电缆 ZD254，两根电缆同时进引入盘柜，理顺芯线过程中，电缆 ZC533、ZD254 的芯线有交叉，导致在端接时将动力电缆 ZC533 的“黄、红”芯线误用作控制电缆 ZD254 的“黄、红”芯线，而将控制电缆 ZD254 的“黄、红”芯线同样误用作动力电缆 ZC533 的“黄、红”芯线；从而导致接线错误。QC 人员在检查见证时，也没有发现接线的错误。	日常	变更改造	维修	电气	接线	遵守/使用规程 自检

续表

序号	事件名称	事件内容	机组状态	工作类型	部门	专业	操作	防人因失误工具
9	防雨罩在吊运过程中从高空坠落	2007年11月6日，某电厂大修期间，协作单位在执行2号机组汽机厂房屋顶防雨罩改造项目过程中，在吊装时，擅自更改吊装方式，用吊带代替吊耳进行吊装。在吊运新防雨罩的过程中，捆扎防雨罩的2根吊带被防雨罩锋利的边缘割断，导致防雨罩从高空坠落并严重损坏报废。直接经济损失约3万元，工作延期20天。	大修	变更改造	维修	电气	吊装	遵守/使用规程质疑的态度
10	偏离工单要求操作，导致1号停堆系统4号停堆棒掉入堆芯	2009年12月20日，某电厂204大修期间，电气维修人员进行调节棒更换工作。在进行7号调节棒更换工作过程中，需要拆除驱动机构。 工单要求拆除7号调节棒电气接头。现场同一驱动机构接线柱有6个电气接头，包括4号停堆棒电气接头，因为接头之间位置比较紧密，7号调节棒电气接头无法单独拆除。维修人员发现工作步骤无法顺利执行的情况下，没有暂停工作进行汇报评估，没有进行程序的修改情况下，自行拆除了4号停堆棒离合器接头，导致4号停堆棒意外落入堆芯。	大修	变更改造	维修	电气	拆除电气接头	遵守/使用规程
11	脚手架搭设影响A侧屏蔽门开启	2011年12月12日，某电厂大修期间，换料现场操作员在准备开A侧大屏蔽门时，检查发现在屏蔽门移动的路径上，有4～5名脚手架工在R1-108房间后面屏蔽门轨道边的位置搭设脚手架，按照脚手架管理程序的要求R107/108属于1类脚手架搭建区域，在该区域搭建脚手架前必须提交脚手架搭设申请，且需要运行相关处室会签，但工作负责人由于工作疏忽未按要求请燃料操作人员进行会签。如果全开屏蔽门，将撞坏屏蔽门电机。	大修	预防性维修	维修	电气	搭设脚手架	三向交流遵守/使用规程
12	接线错误导致循泵倒转	2005年3月1日，某机组大修工作中发现2号循泵电缆故障，需要重做电缆头，并进行预防性试验。电机班对2号循泵电缆头进行重做时，工作人员将接线座与电缆线分别做了记号，然后将电缆拆下，重做电缆头。在重做电缆头时，需将电缆剪短，工作人员没注意将电缆头上的记号剪掉了。在耐压试验合格后，准备接线，因为电缆记号已经减掉，于是按线座颜色标记与电缆线的颜色相同对接(上次检修时颜色是对应的)。3月24接主控指令 启动2号循泵，16时20分发现2号循泵倒转，令立即停泵。事后调查确认在上次电机线圈更换时，接线座的颜色有了变动。	大修	预防性维修	维修	电气	接线	质疑的态度遵守/使用规程

续表

序号	事件名称	事件内容	机组状态	工作类型	部门	专业	操作	防人因失误工具
13	接线错误导致装置误报警	2005 年 8 月 10 日,电气队高压班执行消缺工单启备变冷却风机 38 ℃不能自停故障。工作组在进行故障处理的过程中先后发现温度计故障、继电器接点粘连、接触器 5FC 线圈损坏等多个故障点并依次进行了处理。在进行接触器更换的过程中,工作人员因为时间比较紧张,而且认为接线少,没有按要求进行线号的记录,直接完成了接线的拆除和恢复。监护人员虽有提醒也没有坚持记录线号,造成接触器辅助触点上的线误接入了另外一副辅助触点。触点接错造成了主控误阀报警。	日常	故障维修	维修	电气	接线	遵守/使用规程 自检
14	中压配电盘清扫触电事件	2014 年 10 月 4 日,电力检修人员持票对某电厂 2 号机 6.6 kV 中压配电盘进行检修。9 时 30 分现场作业人员召开工前会,工作负责人向工作班组成员交代现场设备、隔离边界、工作风险及检修注意事项,说明 2LGA101 仓带电,并用“红白”警示带做好警示隔离,现场 QC 人员现场也再次进行明确和检查。9 时 50 分 2LGA 工作人员顾某在现场见到运行人员,在未联系隔离办的情况下,请其对包括 2LGA101 进线开关在内的所有开关进行解锁。运行人员告知工作人员 2LGA101 仓有电,工作人员表示他们清楚该仓带电部位及风险,运行人员解锁后离开(未对 2LGA101 仓内活门挡板实施上锁);11 时 40 分工作负责人陈某将 2LGA101 进线断路器拉出并按工作指令执行断路器本体检查;在此期间,黄某超越隔离边界和工作指令(该活门挡板属于隔离边界且工作指令中也未对 2LGA101 进线仓进行清扫检查),惯性进入 2LGA101 仓打开活门挡板进行清洁,导致触电受伤。	调试	调试	维修	电气	清扫配电盘	工前会 自检
15	在运行的 SST 变压器上方搭设脚手架	2009 年 5 月 8 日,某电厂工作人员实施 2 号机组共箱母线绝缘子更换工作,该工作需要搭设脚手架,其中部分在 SST 变压器上方的脚手架,必须待变压器停运后,方可搭设。在搭设完该工作其他部分脚手架后,工作监护人员要求脚手架工作人员在 SST 变压器上方继续搭设脚手架,脚手架工作人员对安全提出了疑问,询问在 SST 变压器搭设脚手架是否安全,工作监护人员认为没有问题,指挥脚手架工作人员继续搭设。后来电气维修人员巡检至 SST 变压器区域,制止了脚手架搭设工作,避免了现场重大安全事件的发生。	日常	预防性维修	维修	电气	搭设脚手架	不确定时暂停

续表

序号	事件名称	事件内容	机组状态	工作类型	部门	专业	操作	防人因失误工具
16	误拆海水泵冷却水进水弯头	2011年11月7日上午某电厂维修承包商工作负责人到就地办理3号海水泵后轴水箱冷却水阀G49-135阀前有沙眼的工作票，由于工作负责人同时有其他重要维修工作，没有立即与运行人员到现场确认设备具体位置。11月9日下午工作负责人向监管人员反馈准备实施此项工作，监管人员给工作负责人口头大致说了一下位置，工作负责人在3号海水泵周围找到了类似的缺陷，并对该管道进行了拆除。下午3时质保监督人员现场发现3号海水泵进水冷却水总阀G49-133前有大量工业水外泄，查看工作包确认未包含拆除G49-133的工作，而G49-133前弯头已被维修人员拆除，立即协同维修人员向运行人员汇报。	日常	故障维修	维修承包商	机械	设备拆除	工前会自检
17	A列鼓网2SEC301TF左侧轴承箱加油	2015年2月24日，某电厂某承包商人员给A列鼓网2SEC301TF左侧轴承箱加油，加油前维修人员要求通知现场见证。维修人员接到电话到达现场时，发现承包商人员正在给CRF鼓网轴承箱加油，立即制止了现场工作，并要求工作负责人出示工作票。工作负责人从较远的地方拿来工作票，核对后确认走错了地方，修错了设备，并改正了错误。由于SEC鼓网和CRF鼓网油品型号一致，该工作无需安措，因此事件未造成后果。	日常	变更改造	维修承包商	机械	轴承箱加油	自检 遵守/使用规程
18	错误切割柴油机间水喷雾系统雨淋阀下游管道	2012年8月20日，某电厂机械检修人员在辅助柴油发电机房开始进行柴油机间水喷雾系统雨淋阀下游管线焊缝检修活动，需要切割雨淋阀下游的缺陷焊缝。工作负责人根据工作文件包中M58/59/60、M61/62焊缝位置进行切割，造成柴油机间水喷雾系统雨淋阀的下游管道的5道焊缝被切割开来，导致柴油发电机房间、压缩机间和辅助设备间等房间的喷淋功能丧失。工作负责人发现切割对象错误后，紧急联系运行部门，运行部门对管线进行消防隔离。	日常	故障维修	维修	机械	切割管线	质疑的态度独立验证
19	1号机组反应堆冷却剂1号泵电机更换工作坠物伤人	2013年4月29日上午10时左右，某核电厂主泵检修人员进行1号机组反应堆冷却剂1号泵电机更换工作。检修分两个小组进行，一组在11.5 m平台拆除电机飞轮罩壳，另一组在8 m配合起重起吊主泵专用工具。一名新工人拿着棘轮扳手在拆除电机飞轮罩壳螺栓。当该人员拆到电机油冷器附近时，有一个吊装口妨碍拆卸，人需要踩到电机外壳上的小平台。移动过程中该人员不小心将手中的扳手松脱，通过吊装口落在8 m平台起重人员的头部，造成人员眉骨部位出血。	日常	预防性维修	维修	机械	拆除螺旋	遵守/使用规程

续表

序号	事件名称	事件内容	机组状态	工作类型	部门	专业	操作	防人因失误工具
20	排水管断裂落入反应堆压力容器	6月22日，某电厂由运行处进行阀门性能试验向反应堆压力容器内注水，工作人员采用临时泵向外排水。0时15分左右，排水管突然断裂，连同接头一起落入压力容器。检查落入压力容器内的排水管为胶皮管，长度为16米，直径为10厘米，从管道钢接头处断裂。系统阀门性能试验停止，落入的排水管及接头可能会损伤压力容器内表面。 事件分析：排水管频繁使用已疲劳，使用前没有进行全面检查，同时，工作前的风险分析不到位，没有意识到排水管受力后可能会断裂，因而没有采取必要的防范措施。	日常	试验	运行	机械	采用临时泵向外排水	工前会质疑的态度
21	主热传输系统上充泵油回路跑油	2003年3月11日15时，运行人员进行3号SDG程序带载的模拟试验。根据程序，将3号SDG程序带载设备的断路器置于传动试验状态。在将3331-P1的HS置于“ON”后，就地报告3331-P1的油回路跑油，主控立即停泵。 经确认检修人员在拆除上充泵入口过滤器3331-STR1/STR2时，由于上充泵油回路阻碍工作，机械维修人员向系统工程师及机械维修科领导作了汇报，在得到他们的认可后，私自拆开油回路后进行工作，这一行为未经主控许可也没有办理任何手续。由于还需要等到系统吹扫干净后再回装该过滤器，因此未恢复油回路，造成主热传输系统上充泵的油回路严重跑油。	大修	预防性维修	维修	机械	拆除设备	遵守/使用规程质疑的态度
22	执行海水冷却水泵盘根密封水调节工作时操作了错误的工作对象	2005年9月22日，某电厂1号机组满功率运行。维修人员执行调整3号海水冷却水泵的密封水流量工作。工作负责人来到现场后，发现另一名维修人员已站在2号冷却水泵旁边。工作负责人没有进行自检，认为这就是需要工作的对象3号海水冷却水泵，随即将2号泵密封水从310 L/h调整到440 L/h。在联系主控人员检查发现错误后运行人员通知工作负责人，工作负责人随后恢复2号泵密封水流量，调整了3号泵的密封水流量。	日常	预防性维修	维修	机械	盘根密封水调节	自检他检

续表

序号	事件名称	事件内容	机组状态	工作类型	部门	专业	操作	防人因失误工具
23	阀门解体检修作业过程现场喷树脂	2013年8月11日9时30分，中核运行某电厂两名维修人员检修2PTR122VB(除盐器至固体废物处理系统隔离阀)，完成场地布置后，电话询问辐射防护值班人员，可否开工。辐射防护值班人员误认为是刚完成现场检查的2PTR179VD(除盐器入口逆止阀)检修作业班组来电，辐射防护值班员告知其已做过现场测量可以开工。两名维修人员开始进行2PTR122VB阀门解体作业，但此时辐射工作许可证上的开工栏并没有获得辐射防护人员签字释放，作业班组也没有按防护票要求领取和穿着附加防护用品。阀门解体后20分钟左右突然从阀体喷出约0.5米高的水和树脂，持续约2～3 s，两名维修人员因在房间过道没有被喷到，也没有及时汇报，并在此环境下继续完成了后续的检修工作。由此造成两名维修人员当日剂量未经许可超过日剂量限值(500 μSv)，辐射防护人员经询问才知道两人刚刚进行了2PTR122VB的解体检修，并得知在作业期间个人电子剂量计也有报警提示，但没有及时停止检修作业且没有对报警及异常情况进行确认和汇报。经测量房间环境剂量率达3.9 mSv/h，阀门接触剂量率为20～30 mSv/h。	日常	解体检修	维修	机械	解体阀门	三向交流遵守/使用规程质疑的态度
24	变更工作评估不到位，导致现场工作无法实施	2012年9月11日，某电厂1号机组开展“优化重水净化系统活性炭和树脂装填管道的现场布置”变更实施工作，维修人员在拆除相关隔离点上的阀门法兰时发现，如果拆除阀门上游法兰，阀门隔离作用将失效，会导致系统丧失压力边界，树脂床内重水有跑水风险，并将破坏现有安措。因此，维修人员立即停止工作，要求重新进行工作方案的评估。经与变更工程师沟通确认后，暂停该项变更工作，将系统置于安全状态。	日常	变更改造	维修	机械	拆除阀门	质疑的态度不确定时暂停
25	无票对机械密封进行调整导致电机溅水	2005年1月14日上午，某电厂3号凝升泵靠背轮侧机械密封甩水。早会时，通知机械检修、BOP人员检查泵能否继续运行。检修人员在经过现场初步分析之后，结合在该泵检修中积累的维修经验，初步判断是由于该泵的轴向窜动较大，导致机械密封圈松动或者产生卡涩所致。这个判断使当事人想到在泵运行的情况下通过调整机械密封的压盖螺栓，可能会消队机械密封漏的缺陷。在未办理工作票的情况下，对机械密封进行调整，在处理过程中，一开始有所好转，但接下来由于压力大，导致了压盖处的“O”形圈脱槽，泄漏增大，部分水溅至电机上，立即将3号凝升泵切至2号运行，3号凝升泵断电。	日常	故障维修	维修	机械	机械密封调整	遵守/使用规程工前会

续表

序号	事件名称	事件内容	机组状态	工作类型	部门	专业	操作	防人因失误工具
26	凝汽器工作人员踏空受伤	2008年4月19日，中核运行某机组停堆大修期间，凝汽器2A内部脚手架及跳板搭设完成，承包商工作人员开始凝汽器水室工作。20日早上，另一工作组为检查凝汽器水室下方的膨胀节，拆除了两块已经搭设好的脚手架跳板，在现场脚手架上形成空洞，工作组负责人并没有对此空洞进行隔离和标识，凝汽器2A入口管理人员也未将现场状况的变化及时告之其他工作人员。而前一天曾在凝汽器2A工作的承包商人员没有对现场环境进行确认就进入了凝汽器2A，不慎踏空。幸而当事人反应迅速，倾斜身体，将右侧肩膀顶在水室壁上，没有坠落到下方，造成右侧肱骨轻微骨裂。	大修	预防性维修	维修	机械	拆除脚手架跳板	质疑的态度
27	未按程序执行排气泄压步骤就拆除减震箱工作，造成人员设备伤害	2008年5月4日，某电厂换料维修人员执行工单，拆除2号重水泵出口高压减震箱2-3526-TK4工作。减震箱中气囊有9.6 MPa的气压，维修规程中规定首先需要对减震箱气囊进行排气泄压的步骤，然后执行后续的拆除工作。工作人员因为上午拆除的2-3526-TK2减震箱气囊没有压力，主观判断2-3526-TK4也应该没有压力。跳过对减震箱气囊进行卸压的步骤，直接进行气囊的拆除工作，导致减震箱拆除过程中气囊爆裂，造成其相应的管道弯曲变形，当事人眼睛受到气体冲击，眼睛轻微发红。	大修	预防性维修	维修	燃料	拆除带压设备	遵守/使用规程
28	桥架检修平台倾翻，人员受伤	2012年1月3日，中核运行某机组换料机桥架齿轮箱检修工作组要将桥架检修平台从R1-103轨道拆卸，移至R1-109过道并吊至R1-201再转出。整个转运工作将在两个不同的地点进行，但只有一名工作负责人。工前会中，并没有进行工作组角色分配和职责分工，也未识别转运过程中检修平台倾倒的风险，且起重人员并没有参加工前会。转运过程中，工作负责人在R1-109区域，R1-201区域由另一名工作人员临时指挥，该名工作人员在未经讨论和评估的情况下临时修改了转运方案，要求吊装人员将专用工具箱和两个齿轮箱放在检修平台上并吊装至R1-201平台。滚珠螺母齿轮箱吊至R1-201平台后，准备放置在检修平台后部，一名工作人员上检修平台拆除后部护栏，协助起重人员将齿轮箱放置在检修平台上。工作人员在齿轮箱放置好后准备重新安装检修平台后部护栏，但移动过程中检修平台重心偏移，发生倾倒，造成检修平台边的工作人员被砸伤。	大修	解体检修	维修	燃料	吊装	工前会 质疑的态度

续表

序号	事件名称	事件内容	机组状态	工作类型	部门	专业	操作	防人因失误工具
29	土建施工过程中打破电缆	2008年7月27日，某机组在308 MWe负荷下稳定运行。土建承包商在处理05号厂房生活水进水阀S05-1后管道漏水缺陷进行土建开挖时，风镐意外伤及5号堆变6 kV高压侧B相电缆，引起5号堆变单相接地，6 kV安全I段和公用I段的PT因谐振导致一次侧熔丝两相(A、C)熔断，1号应急柴油发电机组正常自动启动带载。后更换PT熔丝和5号堆变高压侧破损电缆，恢复5号堆变正常运行。	日常	故障维修	维修	土建	土建开挖	质疑的态度不确定时暂停
30	变更工作中错割轨道延出部分	2010年10月15日，某电厂二号机组进行新增“辅助给水泵轨道梁安装”变更工作。协作单位施工技术人员在现场工作时，没有向变更工程师确认的情况下，根据自己对图纸的理解误将辅助给水泵轨道梁悬挑部分的轨道割除(截短了800 mm)。悬出的轨道实际情况是延伸导轨，割断后将会导致吊车无法正常使用。	日常	变更改造	维修	土建	安装轨道梁	遵守/使用规程质疑的态度
31	工单评估存在偏差	2013年01月28日下午3时40分左右，协作单位技术工程师按要求对1号机组的两个工单进行评估，并被要求当天签发工作票。该工程师确认两个工单与自己206大修曾经评估过的两个工单工作任务相同，即刻找到了206大修期间相应的工单，将2号机组已完成的工作内容进行简单复制，复制完成后，既没有根据实际情况进行修改(机组已经发生变化)，也没有对复制后内容进行复核(两工单内容搞反了)，并生成工作票。工作票签发后被运行人员发现并退回要求整改。	日常	变更改造	维修	土建	评估工单	自检 独立验证
32	土建施工挖断地下三根电缆	2007年7月20日，在04号厂房东大门材料工具房施工现场发现54号阴极保护站所属地下金属埋设物区域性阴极保护系统的三根电缆被该项目施工单位挖断，导致地下金属埋设物区域性阴极保护系统在该区域中断阴极保护。事件主要原因如下。 1. 电缆埋设位置、深度与图纸不符，布线混乱，电缆在地下曲折打弯；局部电缆段被浇注在原先临时仓库地面的混凝土中，在破除混凝土时，直接造成电缆断裂； 2. 原有电缆的保护套管已基本腐蚀殆尽，不能满足对电缆的保护功能，局部电缆段的铜芯已外露； 3. 由于电缆很细，外套的钢管又已腐蚀，在现场物探时，未能发现电缆； 4. 由于《04号厂房东大门材料工具房》项目工期十分紧张，施工承包商在开挖过程中未能完全按照专项施工方案进行现场开挖。	大修	试验	维修	土建	土建开挖	质疑的态度

续表

序号	事件名称	事件内容	机组状态	工作类型	部门	专业	操作	防人因失误工具
33	维修人员误按“手动安注”按钮，导致安注动作	1995年1月20日2时某电厂RCS反应堆冷却剂系统升温升压至热态额定工况，即一回路平均温度T_{avg}=280 ℃，压力P=15.2 MPa。有关安全系统均可运行。8时在进行主蒸汽隔离阀MSIV速关试验。其隔离信号由专设安全保护系统的试验按钮提供，试验中B2通道出现“手动安注”“安全注射”“安全壳通风隔离”信号。8时05分试验结束，仪控人员为消除上述信号进行安注复位。在操作过程中，误按“手动安注”按钮，导致安注动作。事件发生后，运行人员及时进行处理，恢复专设安全系统至正常运行状态。	大修	故障维修	维修	仪控	复位按钮	工前会自检监护
34	汽机冲动级压力信号迁移过程中导致主给水隔离	2014年10月26日上午，某电厂1号机组10%功率运行。维修仪控人员开紧急工作票，使用《启动到带100%负荷调节系统功能试验》规程，执行启动到带100%负荷调节系统功能试验。27日工作票终结后，维修仪控人员想起试验中的“对汽机冲动级压力信号迁移”一项工作未完成(漏做)，由于即将开始进行并网后的试验，如果此时不完成信号迁移，则会造成后期试验数据不准确。27日下午，仪控人员在没有重新开工作票，没有重新制定安措，未告知运行人员的情况下，对冲动级压力做信号迁移及变送器的标定工作。在加模拟压力信号对变送器量程做标定时，因信号至满量程，导致主辅给水调节阀全开，三台蒸汽发生器水位快速上升，触发主给水隔离。	日常	试验	维修	仪控		遵守/使用规程工后会
35	主给水泵转速故障引起水汽差压扰动	2015年1月8日，某电厂主控突发主给水泵A转速控制系统故障报1APA115KA，现场A泵液力耦合器控制柜内控制系统自动切到手动控制。主控室A泵无法根据给水蒸汽母管压差自动调节，此时水气差压仅靠B泵单泵调节，导致水气压差控制出现震荡并影响到蒸发器水位控制。操纵员随即将B泵手操器置于手动，水气差压基本维持住。维修人员立即到现场查看A泵液力耦合器控制柜情况，并误认为A泵手操器已切到手动，在未与主控人员沟通确认和许可的情况下，直接将现场故障信号复位，导致A泵液力耦合器控制柜内控制系统投回自动控制，再次引起水汽差压扰动。	日常	故障维修	维修	仪控	报警复位	遵守/使用规程三向交流

续表

序号	事件名称	事件内容	机组状态	工作类型	部门	专业	操作	防人因失误工具
36	维修人员操作错误的隔离阀导致蒸汽发生器低液位报警	2014年5月19日,某电站6号机组满功率运行。维修人员准备进行蒸汽发生器液位变送器LT21A的冲洗工作。一名维修人员将手放在该变送器的隔离阀上,准备操作该阀,与此同时他又与另一位维修人员进行了言语交流。交流期间,他的手移开了准备操作的隔离阀,当他的手返回并操作阀门时,错误地选择了另一个液位变送器的隔离阀,结果导致主控出现蒸汽发生器低液位单通道报警。	日常	预防性维修	维修	仪控	变送器冲洗	自检遵守/使用规程
37	万用表操作错误导致1号机设冷水110断路器组件电源掉电	2013年2月27日,某核电厂满功率运行。维修仪控人员检查处理1号机组除盐水分配系统补水调节阀B列阀门打不开缺陷。在继电器机架测量该阀门电磁阀是否带电需要使用万用表测量电磁阀电压,测量电压的过程中,万用表表笔插在电流插孔,造成电磁阀电源正负端短路,使该电磁阀供电电源(1号机设冷水110断路器组件电源控制用)掉电。掉电导致1号机组核岛冷冻水系统2号冷冻机组跳闸,1号机组除盐水分配系统补水调节阀B列阀门开启。	日常	故障维修	维修	仪控	万用表测量信号	自检
38	1号机组安全厂用水系统A列鼓形旋转滤网力矩报警装置安装不到位	2014年4月19日,某核电厂111大修期间,运行人员组织某承包商检修工作负责人、机械和仪控等维修专业人员对1号机组安全厂用水系统A列鼓形旋转滤网进行干试。试验过程中仪控人员在检查过力矩报警装置时,发现过力矩报警装置与过力矩开关有触碰现象。经检查,发现过力矩报警装置舌片尾部未完全进入凹槽。	大修	试验	维修	仪控	安装开关	遵守/使用规程
39	限值系统误投入	2006年8月31日上午10时28分,某核电厂仪控室按照调试程序在二号机组组织进行接口试验。试验小组由一位组长和两位成员组成,持A类作业通知书进行试验。 试验开始后,按步骤需要将系统编号为:2CLE11的机柜的部分模件投入运行。一位作业人员在接受试验小组长的口头指令时,将2CLE11机柜误听成2CME11机柜,在另一位作业人员陪同监护下前往电子设备间执行该操作。两位作业人员到达电子设备间后,没有进行交流,陪同监护作业人员直接前往机柜2CLE11机柜将部分模件投入运行,同时接收指令的作业人员则前往2CME11机柜将部分模件投入运行,由于两机柜相距较远中间相隔两排机柜,两人均没看见对方的操作。操作结束后,接收指令的作业人员电话联系系统工程师确认模件已经投入运行,此时因工艺状态满足部分限值系统功能触发条件,从而导致2CME11机柜中两个动作信号非计划发出。相关阀门误动作。	日常	试验	维修	仪控	投用设备	遵守/使用规程自检三向交流

续表

序号	事件名称	事件内容	机组状态	工作类型	部门	专业	操作	防人因失误工具
40	核燃料装卸转运和贮存系统改造现场管理	某核电厂 110 大修期间,QA 人员对装卸料机改造现场进行巡检时,发现现场无人工作,工器具(万用表、扳手等)散乱摆放在控制柜平台上,工作过程中产生的胶带等异物没有及时清理,未做到"工完料尽场地清",部分工器具上没有系绳。由于构件池中脚手架及装卸料机防护已经拆除,核岛工作需要戴手套等因素,存在工器具掉落砸坏构件池钢覆面、异物掉入构件池和装卸料机伸缩套筒的风险。	大修	变更改造	维修	仪控	场地布置	遵守/使用规程
41	维修人员走错间隔导致一号机组反应堆自动停堆	2003 年 8 月 16 日,某电厂 1 号机组满功率运行。仪控维修人员根据预防性维修计划进行一号停堆系统 D 通道 4 个主系统低流量变送器标定工作。作为安措要求,D 通道置于脱扣状态。工作人员到达现场,根据工前会的安排,工作负责人分配 2 名工作组人员分别进行电源的连接以及仪用压空的连接工作。工作负责人自己进入了流量变送器隔间,寻找工作所需标定的变送器,在看到标有主系统低流量变送器的标牌后,没有与工作文件的设备对象进行核对也没有人员监护的情况下,匆忙进行变送器的隔离操作,错误的关闭了 E 通道的变送器隔离阀,E 通道脱扣。一号停堆系统三取二逻辑动作,反应堆自动停堆。	日常	预防性维修	维修	仪控	标定变送器	自检监护 遵守/使用规程
42	重水分析仪管道变更改造工作过程中出现不明重水	2011 年 4 月 15 日,某电厂维修仪控人员实施重水升级塔重水分析仪管道变更安装作业。工作人员根据作业方案拆除取样管线的空气管后发现有水渗出,查看便携式测氚仪确认读数为本底值,主观认为是凝结水。后续发现水较多,决定回装堵头时,查看便携式测氚仪读数已有上升。后确认空气管内的水为重水升级塔试运行期间进入。当时系统运行不稳定,重水进入空气管内,因管线底部有一逆止阀且管线布置为倒 U 型,造成重水遗留在管线内。	日常	变更改造	维修	仪控	安装仪表管道	质疑的态度
43	变送器五阀组状态错误导致主给水泵无法启动	2012 年 1 月 5 日,某电厂 1 号机组 106 大修期间,运行人员根据维修后试验程序,组织进行 2 号主给水泵维修后试验。在再循环模式下,2 号主给水泵运行后一直无再循环流量,在随后的检查中发现 2 号主给水泵的出口流量和再循环流量变送器上的五阀组状态异常。变送器五阀组正确的投运要求为打开高低压侧隔离阀,关闭平衡阀和高低压侧排污阀,而此事件中,大修协作单位进行变松器检修工作后高低压侧隔离阀和平衡阀关闭,高低压侧排污阀打开。错误的阀门状态,直接造成变送器内无取压信号,再循环流量显示为 0。	大修	预防性维修	维修	仪控	投用变送器	自检、独立验证

续表

序号	事件名称	事件内容	机组状态	工作类型	部门	专业	操作	防人因失误工具
44	接线错误导致循环冷却水泵电机绕组温度异常	2012年12月18日，某电厂206大修期间对1号循环冷却水泵电机进行了更换。电机启动后发现绕组温度B/C相指示异常。现场经过检查发现新旧电机绕组温度内部接线端子排列顺序不同，维修人员在接线过程中没有进行核实，导致电机绕组温度接线错误。	大修	预防性维修	维修	仪控	更换电机	自检质疑的态度
45	变更工作断开熔丝，导致慢化剂温控器意外失电	2014年12月20日，某电厂维修人员执行"气体质量流量计替代"变更，需要对120 VAC进行断电。当执行到"断开5542-PL568C-FU133的L4和N4之间的熔丝"步骤时，发现现场L4和N4之间没有熔丝，但维修人员并没有停下来联系变更工程师，确认文件描述的正确性，而自行判断所需断开的熔丝就是FU133本身，从而直接断开熔丝FU133。随即主控室出现"慢化剂系统C通道温度"报警，慢化剂温度下降，慢化剂液位下降。后续调查发现变更文件准备过程中，未提前对熔丝符合进行现场确认，导致文件描述与现场不符。	日常	变更改造	维修	仪控	断电	遵守/使用规程质疑的态度
46	误断电源空气开关，造成安全壳通风隔离	2007年7月20日上午10点左右接到主控通知，要求紧急处理缺陷电站计算机中辐射监测系统R07取样流量为零故障。办理工作票手续后工作负责人和另一名工作人员进行了简单交流后开始进行故障处理。在处理过程中决定通过就地数据处理箱进行断电后上电复位的方式来试图排除故障。工作负责人在核查图纸时发电源分别由RB-05B柜中的断路器Q3和就地RB-211柜中的断路器Q2控制，对工作人员进行了口头的交流，并没有编写检修方案和指令。工作人员在断电过程中误断了RB-05B柜中编号为Q2的断路器，造成该机柜中的"PIG"监测系统仪表失电，触发了"PIG"监测系统高报，即安全壳空气放射性高引起第一次安全壳通风隔离。	日常	故障维修	维修	仪控	断电	工前会遵守/使用规程
47	搭建脚手架误碰厂变A中性点导致反应堆自动停堆	2007年11月28日，承包商工作人员在某电厂二号厂变区域搭建脚手架期间，搭脚手架工作人员在对跳板进行绑扎时，由于较长的捆绑铁丝另一端误碰厂变A中性点电压互感器前端裸露金属部分接地，触发发电机定子100%接地保护动作，导致发电机—主变跳闸、反应堆自动停堆、机组失去主厂外电。	日常	预防性维修	维修承包商	支持	脚手架跳板绑扎	遵守/使用规程工前会

第四章　习　题

4.1　填空题(每空2分,共20分)

1. 中核运行十一大防人因失误工具中基本工具:_____、三向交流、质疑的工作态度、_____、遵守/使用规程、2分钟检查。

答:自检;不确定时暂停

2. 中核运行十一大防人因失误工具中选用工具:_____、监护、_____、工前会、工后会。

答:他检;独立验证

3. “明星自检”包括:_____。

答:停(stop)、思(think)、行(action)、审(review)

4. 三向交流,是最基本的防人因工具之一。它是一种_____信息的方法,正确使用三向交流能有效保证信息_____。

答:口头传递;传递的准确性

5. 独立验证是指将有合格授权工作人员分为两组,第一组_____,第二组_____。

答:实施操作;实施验证

6. 在使用“遵守/使用规程”工具时,规程使用前的顺序是_____。

答:确认-确定-理解-签字

4.2　选择题(多选题)(每题6分,共30分,错选或漏选均不得分)

1. 质疑的工作态度执行过程中需要避免什么?(ABCD)

A. 疑心过重,怀疑一切　　B. 迷信权威,不敢质疑

C. 从众心理,不想质疑　　D. 匆忙操作,没有留下时间做准备工作

2. 以下为中核运行十一大防人因失误工具中基本工具的有哪些?(ABD)

A. 三向交流　　B. 质疑的工作态度

C. 监护　　D. 遵守/使用规程

3. 在工作中遇到如下情况时,应该召开工后会?(ABCD)

A. 出现了没有考虑到的异常情况

B. 非常规的操作(三个月及以上才执行一次的工作)

C. 复杂的操作(需要三个及以上工作组紧密配合执行的工作)

D. 工作的参与者认为需要召开工后会的操作

4. 三向交流,是最基本的防人因工具之一。它是一种口头传递信息的方法,正确使用三向交流能有效保证信息传递的准确性。它包括如下步骤:(ABC)

A. 发送者发出信息　　B. 接收者重复得到的信息

C. 发送者确认接收者得到正确的信息　　D. 质疑的工作态度

5. 公司工前会可分为以下哪些?(AB)

A. 简单工前会　　B. 标准工前会　　C. 详细工前会　　D. 复杂工前会

4.3 问答题

1. 请回答中核运行十一大防人因失误工具。(20 分)

答:公司防人因失误工具包括以下 11 个。

基本工具:包括自检、三向交流、质疑的态度、不确定时暂停、遵守/使用规程、2 分钟检查;

选用工具:包括他检、监护、独立验证、工前会和工后会。

2. 什么时候需要做到不确定时暂停?(15 分)

答:在执行规程时遇到不确定的情况或错误时;

遇到参数或情况与工作任务要求不一致时;

有任何疑惑和不理解时。

3. 他检和监护的不同点在于?(15 分)

答:他检关注行动和操作对象,而监护不仅关注操作的执行过程,也包括对操作前的状态、配置和操作后的响应的确认。

第三部分　防异物管理

第一章　防异物经验反馈

1.1　内部经验反馈

2001 年 RCW(再循环冷却水)系统中清理出的异物,见图 1-1。

图 1-1　2001 年 RCW(再循环冷却水)系统中清理出的异物

4 号 RSW(重要海水冷却水)泵入口阀 7131-V4640 无法关闭,见图 1-2。

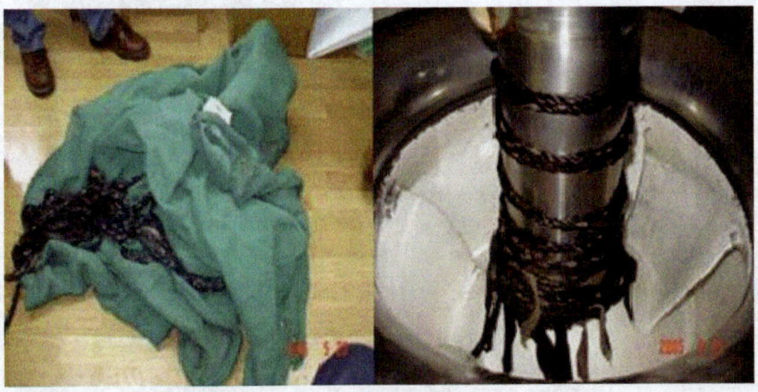

图 1-2　4 号 RSW(重要海水冷却水)泵入口阀 7131-V4640 无法关闭

蒸汽发生器(SG)一次侧传热管端部变形(图 1-3),其中两根不得不进行切削。

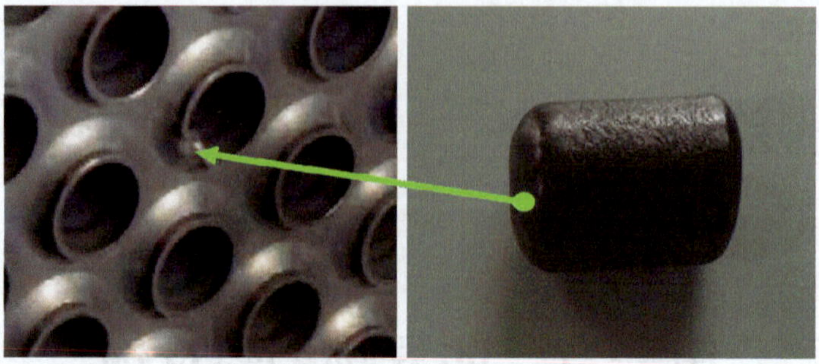

图 1-3 蒸汽发生器(SG)一次侧传热管端部变形

OT106 1号 SG/3 号 SG 二次侧中异物,见图 1-4。

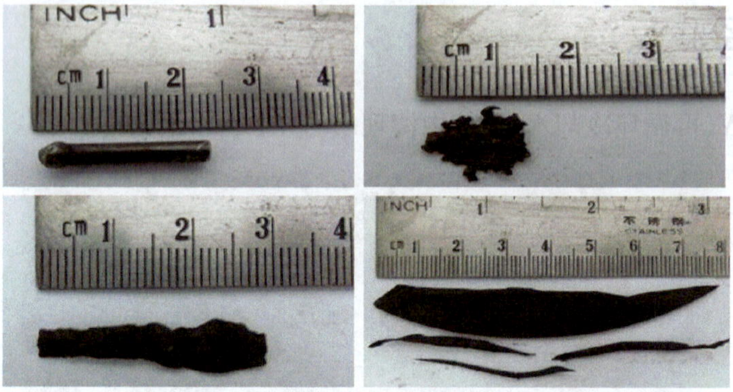

图 1-4 OT106 1号 SG/3 号 SG 二次侧中异物

2003 年 8 月,2 号机组汽轮机低压缸接筋铆钉脱落(图 1-5),造成凝汽器传热管大量破裂,机组停机一个月检修。

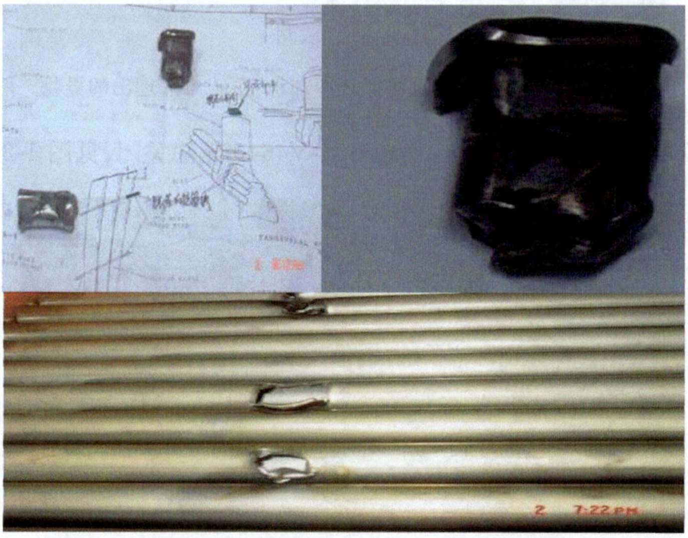

图 1-5 2 号机组汽轮机低压缸接筋铆钉脱落

RCW(再循环冷却水)热交换器泥沙堵塞管口破损,见图 1-6。

图 1-6　RCW(再循环冷却水)热交换器泥沙堵塞管口破损

设备检修时发现遗忘的橡胶皮、手套等异物(图 1-7),对系统潜在影响巨大。

图 1-7　设备检修时发现遗忘的橡胶皮、手套

凝汽器水室异物,见图 1-8。

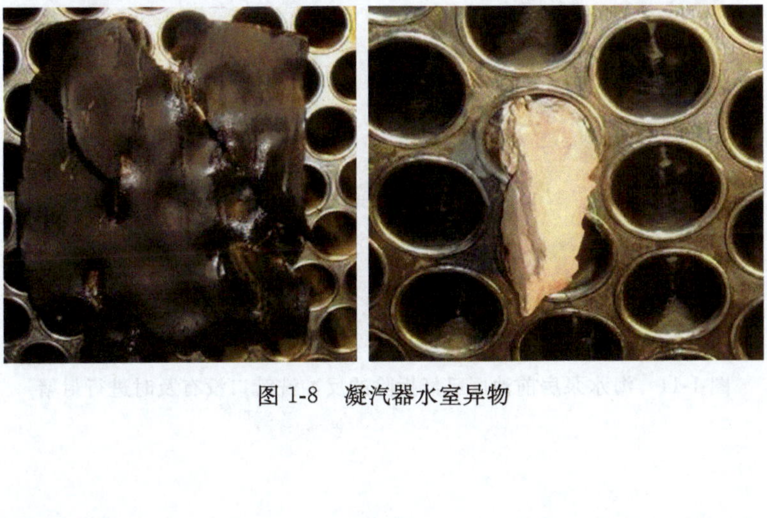

图 1-8　凝汽器水室异物

重要系统阀门内检修时遗留的橡胶手套,见图 1-9。

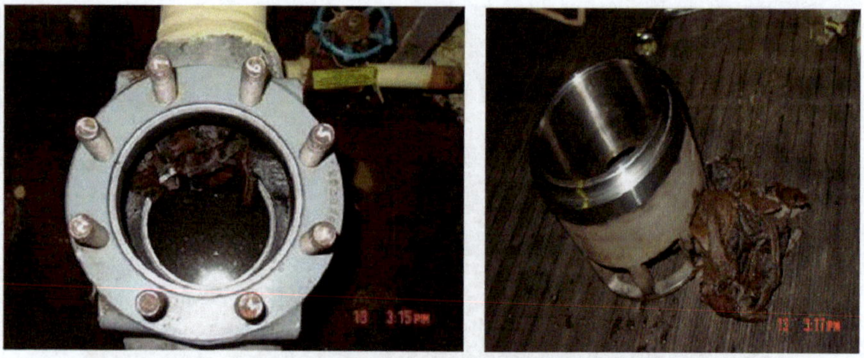

图 1-9 重要系统阀门内检修时遗留的橡胶手套

主给水泵入口滤网 1-43230-STR4502 内的木块,见图 1-10。

图 1-10 主给水泵入口滤网 1-43230-STR4502 内的木块

2010.1.14 海水泵房前池区已经拆除的反冲洗管口没有及时进行封堵,见图 1-11。

图 1-11 海水泵房前池区已经拆除的反冲洗管口没有及时进行封堵

4 号热交换器 RSW(重要海水冷却水)出口电动隔离阀 2-7131-MV4124(42)已拆除,法兰开口垂直向上,但仅用防雨布覆盖,未使用盖板,见图 1-12。

图 1-12 4 号热交换器 RSW 出口电动隔离阀已拆除无使用盖板

S1-402 房的 1 号蒸汽发生器 1 号主蒸汽安全阀(编号 1-3614-PSV5 号 1)附近的管道口敞开着,防异物挡板未盖上,现场未见有施工人员,见图 1-13。

图 1-13 S1-402 房 1 号蒸汽发生器 1 号主蒸汽安全阀管道口敞开,未盖挡板

2012 年 2 号机组大修 6 kV 母线预防性检查发现应急母线接触器静触头缠绕有铁丝,见图 1-14。

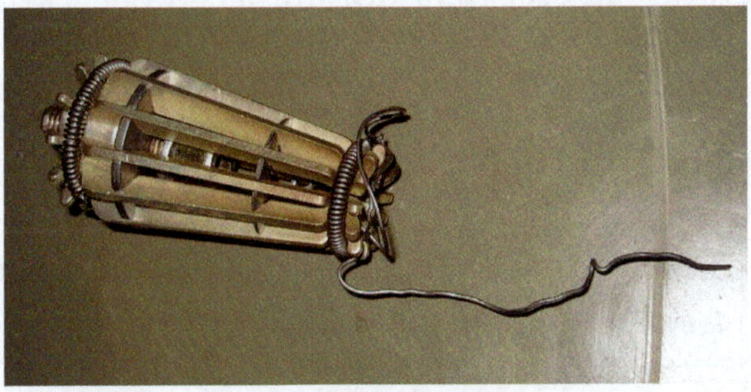

图 1-14 应急母线接触器静触头缠绕有铁丝

某承包商检修项目部秦三厂109大修作业中多次异物控制措施不到位案例,见图1-15。

中核核电运行管理有限公司
CNNC Nuclear Power Operations Management Co., Ltd.

安全生产违章通知单

违章人姓名	[redacted]检修员工	所属处室（业务接口处室）	维修五处
所在单位	[redacted]检修	用工性质	109大修协作单位

违章情况简述：

秦三厂109大修期间，[redacted]检修项目部在4月5日-17日的检修工作中，异物控制方面管控不力，多次发生异物管理不到位的情形（见附件）。该系列行为违反了《中核核电运行管理有限公司安全生产违章处罚细则》中第51条"在1次大修或一个自然月周期内，各类低级别隐患偏差（尚未构成违章）承包商单位累计达到6次，或公司相关责任处室累计达到4次的，扣6分"的规定。

为确保秦三厂109大修现场安全有序，保障检修安全质量，依据中核运行《安全生产违章处罚细则》的规定，对责任单位处以以下记分和扣奖：

对象	记分	扣奖（元）	备注
[redacted]项目部	6	6*400=2400	主要管理责任（扣合同款）
维修五处	N/A	6*200=1200	责任追溯（处室奖金）

违章单位	[redacted]检修项目部	监督员	[redacted]	签发人（签处室印章）	[redacted]
日期		日期	2017.4.18	日期	2017.4.18

安全质量处

中核核电运行管理有限公司
CNNC Nuclear Power Operations Management Co., Ltd.

安全生产整改通知

生产单元	秦三厂	机组/区域	1号机组汽机大厅
主　题	关于[redacted]检修项目部多次异物控制措施不到位的安全整改		
责任单位	[redacted]检修	专　业	N/A
作业地点	汽机大厅	作业时间	秦三厂109大修

秦三厂109大修期间，[redacted]检修项部在4月5日-17日的检修工作中，异物控制方面管控不力，多次发生异物管理不到位的情形（见附件）。该系列行为违反了《中核核电运行管理有限公司安全生产违章处罚细则》中第51条"在1次大修或一个自然月周期内，各类低级别隐患偏差（尚未构成违章）承包商单位累计达到6次，或公司相关责任处室累计达到4次的，扣6分"的规定。

为避免同类事件再次发生，请[redacted]检修公司针对此次事件制定后续整改措施和计划，加强员工安全意识教育力度，提高员工遵章守则意识，确保现场作业符合公司有关安全规定要求。请于5个工作日内将整改行动落实情况提交维修五处和安全质量处备案。

安全监督员：[redacted] 4-18/2017　工业安全三科科长：[redacted] 4-18/2017　安全质量处处长：[redacted] 4-18/2017

图1-15　秦三厂109大修作业中

附件 1

序号	责任单位	发生时间	标题	内容	图片
1	[redacted]项目部	2017/04/09	阀门未做防异物封堵	经对1T/B厂房96.1m东侧通道口巡检发现，[redacted]检修作业现场拆下的阀门未做防异物封堵，存在异物进入阀门风险。	 
2	[redacted]项目部	2017/04/08	起重指挥人员进入防异物区域未登记	经对1T/B厂房汽轮机平台防异物隔离区巡检发现，[redacted]起重指挥人员进入该区域未登记。	
3	[redacted]项目部	2017/04/08	多件物品带入防异物区域未登记	经对1T/B厂房汽轮机平台防异物隔离区巡检发现，[redacted]多个物品带入该区域未登记。	
4	[redacted]项目部	2017/04/07	带钥匙等小物件进入防异物区域未登记	经对1T/B厂房汽轮机检修区域巡检发现，[redacted]检修作业人员随身携带钥匙等小物件进入防异物区域未登记。	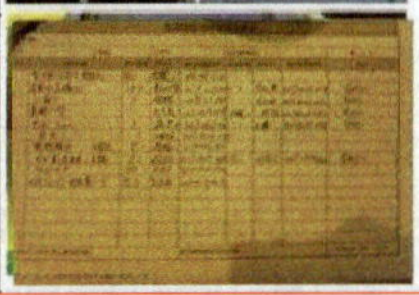
5	[redacted]项目部	2017/4/5	将手机带入一级防异物区域没有登记	1T/B 厂房汽轮机检修区域，[redacted]检修人员在一级防异物区域作业时，将手机带入且没有登记，存在异物遗留在防异物区域的风险，现场已要求将手机进行登记并且排查该区域其他未登记物项。	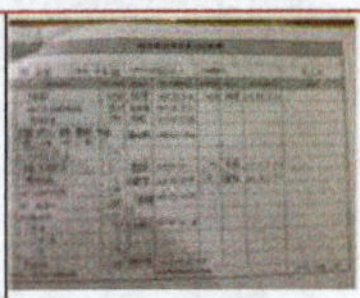 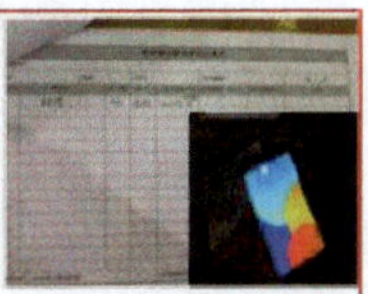
6	[redacted]项目部	2017/4/17	[redacted]检修起重指挥携带对讲机等工作出入防异物区域均未做登记	1T/B厂房汽轮机检修区域，[redacted]检修起重指挥携带对讲机等工作出入防异物区域均未做登记。	 

图 1-15　秦三厂 109 大修作业中(续)

上部堆内构件发现一螺栓异物

2019 年 2 月 22 日 18 时，国内某核电厂 2 号机组 213 大修处于堆芯无料模式低低水位工况。在进行上部堆内构件视频检查过程中，发现上部堆内构件热电偶伸出端 E2 与导向筒 E3 之间区域存在一个外六角螺栓状的疑似异物。2 月 23 日 9 时 50 分，大修指挥部召开专题会议，安排进行异物打捞和异物排查工作。2 月 23 日下午 17 时，成功捞出上部堆内构件上的异物螺栓，经过检查和测绘后交由保健物理二处暂存。该异物位于上部堆内构件热电偶伸出端 E2 与导向筒 E3 之间区域打捞后进行放射性测量，接触剂量率为：2.03 mSv/h。

经测量，异物螺栓规格及特征如下：

1）异物螺栓规格：异物螺栓为外六角全螺纹螺栓；吸铁石可吸附此异物螺栓；尺寸为 M10×20 mm。

2）异物螺栓特征：异物螺栓表面呈现为黑色；异物螺栓表面无磕碰损伤及磨损痕迹，螺栓及螺纹结构完整；异物螺栓头部端面有“GFD”及“M8.8”字样；异物螺栓接触剂量：2.03 mSv/h。

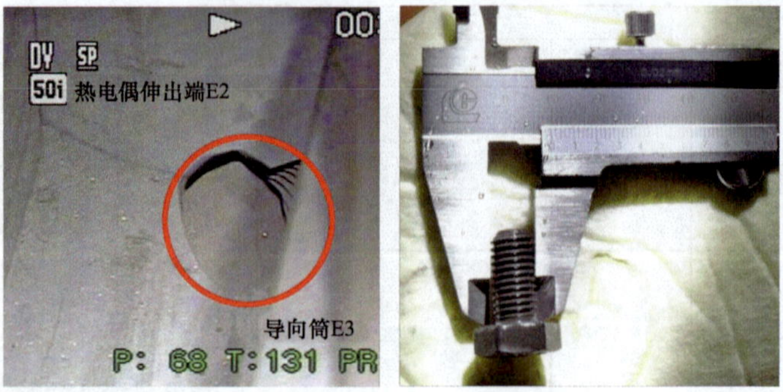

图 1-16　上部堆内构件螺栓异物

1.2 外部经验反馈

Laguna Verde 1 号机组 1 个主蒸汽安全阀起跳后无法通过远方控制盘关闭，导致反应堆压力容器非受控卸压，反应堆自动停堆，见图 1-17。

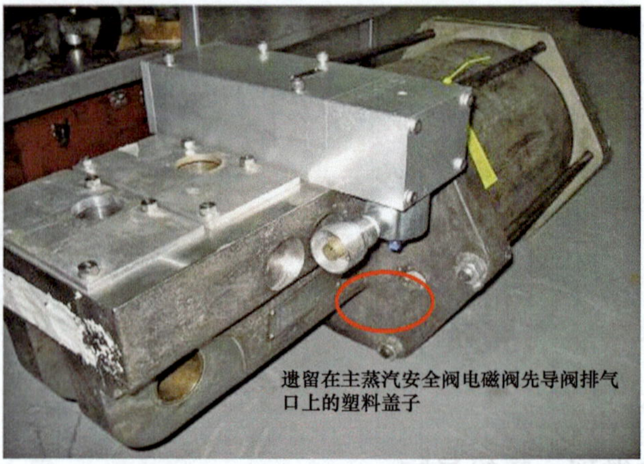

图 1-17　遗留在主蒸汽安全阀电磁阀先导阀排气口上的塑料盖子

2011 年 2 月，St Lucie 定位销遗留在发电机铁芯内，遗留在静子内的定位销是厂家在组装硅钢片的工具，组装完成后忘了取出。后果是主发电机静子损坏，大修工期延长 16 天，见图 1-18。

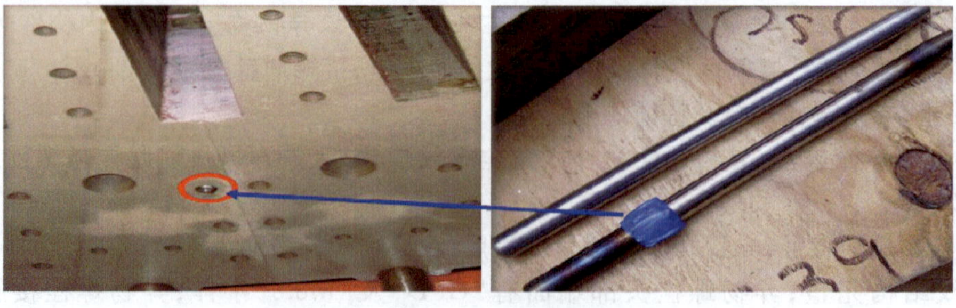

图 1-18　遗留在发电机铁芯内的定位销

Darlington 定子冷却水过滤器螺母松脱，见图 1-19。

图 1-19　Darlington 定子冷却水过滤器螺母松脱

汽机高压缸下部保温层阴燃导致手动停机

2010 年 9 月 15 日上午 7 时 25 分，国内一兄弟电厂 3 号机组主控室正在交接班，接到保安火警电话。无法立即确认火灾产生的原因，为防止事件后果扩大，于是主控 8 时 05 分开始降功率，8 时 55 分，汽轮机手动停机。

造成该事件主要原因为油挡回装过程中异物控制不当，导致异物进入到油挡中分面上，造成中分面没有完全贴合、密封失效，在机组运行时产生渗油现象，最终导致起火引起停机。

第二章　防异物相关知识及管理要求

2.1　异物

异物是指在系统、设备自身以外的，进入、遗留或存在于系统设备中可对系统设备运行和性能造成不利影响的所有物项。

如下列出主要的异物(不限于)：工器具材料，包括防异物用的工具材料；工作包、程序、图纸、记录本等；设备上拆下的零部件；备件及其包装物；溶剂；切割碎片和碎屑、焊渣等；海水系统中的泥沙、水泥碎块及石子、水草、海生物等；重水系统中进入的轻水；水中的悬浮物、可溶性杂质、微生物等；腐蚀产物、活化产物；系统中不允许存在的有害化学物质，如由于化学品中的杂质、化学品误添加、系统泄漏、交叉污染等原因而在工艺系统中引入卤素、硫、钠、铅、钴等杂质，这些杂质会增加设备的腐蚀或引起辐射场的升高；进入系统管道或容器的人员；对工艺系统有害的气体(如 Ar、CO_2、N_2 等)、空气或设备中的灰尘；个人物品，如钥匙、眼镜、手电、笔、记录本、钱包等；个人防护用品，如口罩、手套、电子剂量计、安全帽等；鸟、鼠、蛇等小动物。

2.2　防异物

防异物(Foreign Material Exclusion，缩写 FME)：是指采取一定的技术方法或管理手段来防止由于疏忽而导致异物进入系统、设备，或降低异物进入发生概率。

2.3　防异物区

是指建立一个区域，用以控制工具设备、材料和人员进入开放系统，从而减小由于疏忽而将任何物项遗留在系统里的可能性。

2.4　工作负责人/防异物管理员的职责

1）负责防异物控制区的建立和对人员、设备、备件、材料及工具进行管理；

2）负责向组内的工作人员讲解异物风险和落实防异物措施，并指定作业中防异物的监督者；

3）负责保证其工作范围内的系统、设备的内部清洁；

4）负责安排和落实防止异物进入开口设备的措施；

5）负责对检修过程中发现异物的现场状态管理；

6）严格按规定控制进入作业控制(隔离)区的人员数量，并检查进入人员和物品是否满足防异物的要求；

7）认真登记进出作业控制(隔离)区人员及携带的物品和数量,并在人员离开时核对带出的物品;执行现场交接班制度,做好交接班记录;

8）负责完成所发现异物的清除实施。

2.5 工作包准备人

1）负责确定是否需要制定防异物方案,如果需要,则编制或选用已有的防异物方案。

2）负责在防异物方案中标明防异物的检查点要求。

2.6 系统设备防异物的三个层次

1）第一层:厂房、系统、设备防异物屏障,主要有各种滤网、离子交换器、过滤器、防尘防雨罩、厂房房间周界门窗等,保证这些防异物屏障的完整性和效率是保证厂房系统中没有超标异物存在的有效手段。

2）第二层:采取引入异物可能性小的设备、工艺和技术,如:

凝汽器和 RCW 热交换器在传热管口安装尼龙保护套,也是防止异物卡在传热管的手段之一。

采用可拆卸式整体保温,减少保温固定螺钉,便于拆装,降低保温材料成为异物的可能性。

3）第三层:在工作中防止异物进入系统设备,这是本程序的主要内容。

2.7 防异物基本原则

在开放系统、设备内或附近工作时,必须制定和贯彻防异物的措施。具体的防异物措施按照项目的重要性分为一般工作项目的防异物和重大工作项目的防异物措施。对于一般工作项目可以不设置防异物控制区,但应采取相应的现场异物防范和控制措施,包括工器具的检查、防异物材料的准备;对于重大工作项目应专门建立防异物控制区进行异物控制。内容包括工器具检查、防异物材料准备、工作前的人员防异物培训等。

1）工作人员应该树立预防为主的思想,事先做好充分的工作准备,并采取防止异物进入系统和设备的必要措施。在设备、容器等开口作业结束后关盖前,要确保取出所有应取出的物件。

2）异物控制的方法主要是尽量缩短设备和系统的开口时间以及尽量减少进入作业区的人员和物品的数量。在异物落入风险较大的地方,要减少程序、图纸、工具、部件和材料等物项的使用与放置。

3）为保护开口的设备或系统防止异物进入而采取的控制措施,应与维修活动的具体情况、所涉及的设备或系统以及设备开口的尺寸等相一致。

4）对于较大型的检修活动。如反应堆装换料、发电机和汽轮机检修、大型容器的开孔检查等,需要建立封闭控制(隔离)区,指定专人负责该作业控制(隔离)区的人员和物品进出的管理,并设立现场守卫值班来具体负责人员和物品进出的登记检查工作。此外进入作业控制(隔离)区人员的着装应保证没有遗落纽扣或其他饰物的可能。

5) 对于反应堆、蒸发器、主泵、汽轮机、发电机等主要设备的螺栓孔,在检修中卸去螺栓后,应根据现场情况采取适当措施进行封盖保护,防止螺纹损坏和异物进入螺孔。

6) 较小型的检修作业。如阀门、泵、管道等的解体检修,一般也要求将作业区域隔离起来,并由作业组成员负责该区域的防异物控制。

7) 应建立并严格执行人员和物品进出作业控制(隔离)区的登记记录制度。

8) 所有与清洁度和异物侵入有关的事件必须立即向上级主管部门领导报告,及时填写状态报告,做好经验反馈工作。

2.8 防异物分级

2.8.1 防异物分为 3 级

防异物 1 级:重大异物风险。主要是指系统或设备有开口存在异物进入的可能,最终内部目视检查很难实现或为取出异物而花费高昂费用的工作,以及防异物管理的缺失可能会导致人员伤害、燃料破损、大修时间延长的工作。如主系统开口、汽轮机、换料水池、乏燃料水池、有开孔检修的大型容器类等。该类维修工作需要编制防异物方案和进出登记。

防异物 2 级:一般异物风险。主要是指有系统或设备有开口存在异物进入的可能,但最终内部检查或者取出异物都比较容易实现的工作。该类维修工作过程中有设备检修开口,需要使用防异物遮盖物进行封堵,但是不需要编制防异物方案和进出登记。

防异物 3 级:没有异物风险。主要是指工作过程中没有开口不存在异物进入系统设备的风险。

2.8.2 防异物分级管理规定

(1) 防异物 1 级工作管理规定

1) 编制防异物方案。

2) 必须建立杆式或实体围栏的防异物区,或利用设备本体作为防异物区(如大型容器开口等),防异物区应仅有一个通道进出口;

3) 防异物区通道口必须悬挂防异物标识牌;

4) 人员和物项进入防异物区均需有专人登记;

5) 所有进入防异物区内的人员均需要穿连体工作服;

6) 所有设备开口均需按防异物要求进行覆盖封堵。

(2) 防异物 2 级工作管理规定

1) 不需要人员和物项登记;

2) 不需要防异物方案;

3) 在系统或设备开口处明显的位置悬挂防异物标识牌;

4) 所有设备开口均需按防异物要求进行覆盖封堵。

(3) 防异物 3 级工作管理规定

无异物风险,无特别异物管理规定。

2.9 防异物的方法

2.9.1 保持厂房、场地和设备清洁

1) 保持环境清洁,是减少灰尘等异物的有效手段。因此,必须做好厂房、场地、设备的清洁。

2) 工作场地保持整洁,工具材料摆放有序,可有效减少异物失控事件的发生。

3) 现场不保留不必要物项,不使用的工器具及时从防异物区取出,工作中的废弃物及时清理。

2.9.2 建立防异物区域

建立防异物区是防异物中常用的方法,也是最有效的方法之一。

防异物区是为了尽可能降低引入异物而建立起来的区域,用以控制工具设备、材料和人员进出,从而减小由于疏忽而将任何物项遗留在系统里的可能性。

工作负责人和防异物管理员需要控制进入防异物区的人数,原则上非工作人员如无特殊原因尽量不要进入防异物区,需要进入则必须得到工作负责人或防异物管理员的同意。

(1) 防异物区大小不受工作区域大小的限制:

1) 利用工作区域来建立防异物区,工作区域即防异物区。

2) 在工作区域内部建立防异物区。例如,容器检修时,检修工作区域可以包括设备周围的部分区域,其防异物区可以仅限在人孔门以内的区域。

3) 建立比工作区域大的防异物区。例如,汽轮机检修时,即使高压缸、发电机不检修,其防异物区通常也包括整个汽轮发电机组。

4) 可在工作区域外建立防异物区。例如在设备检修时,可以在设备上方的栅隔板区域建立防异物区,防止上方的异物落入。

(2) 建立防异物区的主要方法有:

1) 用警示绳建立软隔离区;

2) 建立杆式检修隔离区;

3) 建立实体检修隔离区。

(3) 防异物区的标识要求:

防异物专用工具中防异物防护罩、防异物专用塑料布统一为橙黄色;其他防异物工具包括标识牌、隔离带、防异物挡板建议统一为橙黄色,为个别设备或专项组定制的专用防异物工具由专项组自行决定。

悬挂防异物区标识牌。

(4) 防异物标识牌使用要求:

1) 现场检修工作中防异物等级 1 级、2 级检修活动必须使用防异物标识牌;

2) 防异物等级 3 级可以不使用标识牌。

(5) 防异物隔离带使用要求:

1) 防异物隔离带使用由工作组根据检修现场实际需要进行围绕使用,可以借用检修工作区替代,但需要在检修工作区出入口悬挂防异物标识牌;

2) 当检修工作区与防异物区域不重合时必须使用防异物隔离带建立防异物区域。

2.9.3 进出控制

对进出防异物区工器具、材料和人员的控制。和工作无关的人和物原则上都不允许进入防异物区。

容器内和管道内作业,工作负责人、防异物管理员和安全监护人员应控制进入的人数,原则上非工作人员如无特殊原因不允许进入。

对于需要进入系统或设备内部的人员在进入前应对人员穿着进行检查,工作人员必须穿连体服,人员所携带的物品都有防掉落措施。所有带入系统或设备内部的物品应登记(见3.2 防异物区域物项进出记录表)。

2.9.4 登记

主要有物项登记及人员登记,适用于防异物 1 级。

1) 物项进出登记:对进出防异物区的物项进行登记,特别要注明物项的性质、用途和去向。下面是关于物项登记的一些特殊说明。

人员的工作服,安全防护设备,如安全帽等,不需要登记(注:如佩戴眼镜需安装眼镜绳,不安装眼镜绳则需要登记)。

如需把工具盒带进防异物区,将工具盒内的工具清单附于记录上,只做一个项目进行记录。当工具盒从防异物区带出时,必须按工具清单进行详细的核查。

特别要注意登记各种防异物物品的种类、状态和进出情况。目的是防止防异物物品(如使用的挡板、防护网、盖板等)成为潜在异物。

2) 人员进出登记:如果有人员进入系统设备开口开展工作的,存在滞留在系统设备内部的风险,或进入防异物 1 级的防异物区域,必须对人员进出进行登记。

2.9.5 使用覆盖物

系统或设备的开口部位在不进行工作期间必须采用覆盖物或塞子等予以封闭,尽量缩短设备开口的时间。

(1) 用于防异物的覆盖物主要有以下几类:

1) 设备的原有部件,如容器端盖、阀盖、人孔盖、接线盒的盖子、柜门等。

2) 防异物专用堵板,如特制的盲板法兰(主要用于有较高承压要求的场合)、特制屏蔽块、容器网板(主要用于二回路人孔门通风)等。

3) 防异物挡板

现场检修设备或管道开口大于 100 mm、设备开口垂直或斜口向上、上方存在异物掉落风险的必须使用防异物挡板。

4) 阻燃防异物防护罩

现场检修设备或管道作业开口不是垂直或斜口向上的防异物工作可以使用。

现场检修设备或管道开口向上但设备在较封闭环境内，且上方无异物坠落可能的开口作业可以使用。

5）防异物专用塑料布（橙黄色）

防异物塑料布主要使用在开口作业小于 100 mm 的相关作业开口或开口不规则的作业使用；

离线设备和管道开口需使用防异物塑料布进行包裹；

防异物塑料布禁止使用在其他工作用途上。

6）根据电、仪检修的特殊性，电、仪检修工作中细小管线设备开口等检修工作可以根据现场实际工作情况使用其他物品，如帆布、毡布、白布、有色塑料布等。

7）电仪检修工作中的电缆套管等松开接头后应进行包扎保护，但该项包扎不属于防异物工作范畴，可以使用白布等物品进行包扎。

（2）其他使用要求：

1）工作中途人员离开现场，则必须将所有开口进行防异物封堵；

2）如果系统有承压要求，则必须使用设备原有部件或特制的盲板；

3）周围有粉尘或有不允许进入系统的气体及系统内可能有液体溢出等情况下，需要加装垫片；

4）覆盖物必须采取固定或紧固措施，如用绳索束紧，用合适重量压住，安装合适数量的临时螺栓等，防止覆盖物被挪动，失去作用；

5）如果外部的覆盖物不适用，那么可以加装内部筛子或挡板，在此种工况下，必须在设备上或附近醒目位置标明该区域为防异物区；

6）内部封堵物要有防止被完全推进系统和设备内部的措施，如塑料塞要有边沿，气囊必须有绳索拉住，内部挡板必须用绳子拴住。

（3）选择覆盖物时应遵循以下原则：

1）在易发生火险处，覆盖物应是防火或阻燃的；

2）覆盖物应不易破碎和破裂，禁止使用玻璃和塑料薄膜；

3）覆盖物应适合预期工况：温度、流体接触、机械重压；

4）覆盖物不应损坏系统表面；

5）覆盖物应可见，禁止使用透明的塑料布；

6）对真空或负压状态的系统开口，禁止使用柔性材料覆盖物（如白布、塑料布等），必须使用完整的、坚固的硬质材料覆盖物（如金属盲板等）。

2.9.6　防跌落/散落的措施

1）将工具或材料用绳索捆绑在人员身上或附近的设备上，一旦掉落则可立即取回；

2）把眼镜腿用细绳子拴住并挂在脑后；

3）将工具集中装放在工具盒中带入防异物控制区；

4）将小的零部件装袋后带入防异物控制区。

2.9.7　其他方法

1）系统打开后，立即进行清洁或清洗。对维修过的设备和系统应进行彻底的清洁。如

用真空吸尘,用不抽丝的棉布擦拭等方法清除设备维修后产生并残留在设备内的杂质;

2) 解体后的设备及零部件不能直接落地,应用胶皮、胶木或枕木(表面用有色塑料布或胶皮包裹)垫在地上,解体的零部件及检修工具、备件、材料应摆放整齐,表面用布或胶皮覆盖;拆卸下来的零部件及螺栓、螺帽等联接件应在设定的防异物控制区域内进行检查、清理;并妥善保管,防止丢失;

3) 在易掉入开放系统的地方,减少程序、图纸、工具、部件和材料等物项的放置;

4) 备件安装前要除去备件内部的保护层、防腐层或干燥剂;

5) 在切割或打开系统前,除去保温、油漆或其他表面材料;

6) 当在设备内部进行焊接、切割、打磨等易产生碎片、碎屑的工作时,应用覆盖物、内部封堵物等对系统或设备内部的工作区域进行局部隔离,以防止碎片、碎屑扩散,同时要立即清除所产生的碎片、碎屑;采取防止碎片、碎屑进入系统的切割技术,可以减少异物产生;

7) 使用符合技术规范的化学辅助材料和工艺系统化学添加剂;

8) 避免使用跌落后易破碎的工具或材料,如使用金属跳板代替木跳板;

9) 尽量使用全塑手电筒;

10) 个人物品(手表、硬币、手机、钱包、钥匙、小灵通等)要存放在防异物区外;

11) 封闭系统前要对系统内部空间进行全面的异物检查,确保取出所有应取出的物项,特别注意异物挡板和临时封堵物的拆除;

12) 重要容器、泵、水池等内部检修时不得使用棉纱;

13) 电气设备检修过程中的防异物控制

在打开和操作控制柜、继电器柜、闸刀等时,要特别小心防止工具、污物、碎块或填充材料落入电气设备中,并在维修工作结束后,对工具、污物和碎块进行清理;

在电气仪表板上钻孔时,要确保金属碎屑不进入电子继电器内;

设备因维修或标定拆卸出系统或主设备期间,要保证所引起的系统或设备开口被覆盖或密封,以防止异物进入。

14) 保证全部或部分从开关设备上拆卸下来的开放的断路机构有充分的覆盖;

15) 对于尘垢、金属物和水可能导致电缆和设备的损坏、失效或异常运行的场合:

打开前,检查部件和周围区域是否清洁;

在人员离开前,要检查所有打开的电气/其他盘柜、接线器等是否都已关闭;

接线盒、配电柜和其他电缆箱不能用于存储物品;

当部件(如断路器、电路板)从盘柜中移走时,要立即关闭盘柜门;

确保所有的螺钉和螺母是旋紧的;

16) 露天作业,要防止物项被风吹散;

17) 对于需要进入换料水池、反应堆堆芯、乏燃料贮存水池、汽轮发电机机组、蒸汽发生器、稳压器、高压加热器等重要设备内部的各类工具及设备,必须在这些工具或设备处于设计审查阶段时进行专门的防异物设计审查;

18) 对于换料水池、乏燃料贮存水池、水池上空及周围的变更和其他工作,在设计时必须进行专门的防异物审查,变更后设备状况不得影响水池上方设备正常运行;

19) 根据工况,需要留有排水道或排气口时,管出口应朝下,防止异物进入。

2.10　专项防异物管理规定

针对一些有特定防异物要求的特定设备、区域、检修活动，各电厂可以进一步开发专门的程序，细化专项防异物管理要求。

2.10.1　反应堆厂房换料水池

在换料大修期间，反应堆厂房换料水池平台工作的人员多、接口多、部门多、工具繁杂、辐射剂量高、异物落入水池中的风险大，由大修核岛经理指派专门人员担任反应堆厂房换料水池平台协调员来负责总体协调工作。为了协调各部门的工作和防止意外事故以及避免异物落入反应堆水池的事件发生，规定如下：

1）在反应堆坑充水前，由大修核岛经理指派人员对反应堆厂房内和燃料厂房内的吊车和装卸料设备状况进行检查，并保管该检查记录；换料主管必须在确认检查结果满足要求后，才可以操作装卸料机；

2）在反应堆本体上的工作开始之前，大修核岛经理必须指派人员对所有在堆芯工作中使用的工具(包括常用和专用工具，以及临时装置等)进行全面彻底的检查和检修，包括部件是否牢固、是否有松动、油漆是否有脱落迹象、是否夹带有异物等；对可能在使用过程中发生脱落的部件采取紧固措施，将检查和处理结果保存在工具检修报告中备查；

3）在堆芯水池充水前，由大修核岛经理指派人员在换料水池平台建立隔离区，用隔离带封堵楼梯入口，同时建立起换料水池平台隔离区，只保留唯一的入口；

4）在反应堆水池满水及装/卸料期间，由大修核岛经理通知保卫处派出经培训授权人员，在隔离区的入口处 24 小时守卫值班，防止物品落入水池中的具体措施如下：

向进入人员做出物品落入水池中的风险提示；

对进出+20 m 平台的所有人员及其所携带的物品严格登记；

并在人员离开时核对其携带物品数量与带入时相一致；

发放进入许可证，严格控制进入平台的人员数量在 20 人以内；

检查进入人员随身携带物品的绑扎情况，合格后才准许进入。

5）上部堆内构件在构件池存放架存放期间，须在构件池区域设置防异物区，应将构件池围栏周边 1 m 左右区域及构件池上方区域，包括但不限于装卸料机、环吊等纳入防异物区，无关人员严禁进入防异物区及在防异物区附近停留；所有构件池周边及上方防异物区内工作必须在得到大修核岛经理的许可后开展并按照防异物 1 级要求执行；

6）小件物品(如螺帽、垫片)带入防异物区域应放入零件盒或零件袋中；小件物品存放或传递应使用零件盒或零件袋，并确保密封可靠；由平台协调员负责该平台的各项工作安排，各部门在隔离区工作时应服从协调员的安排；

7）在反应堆水池边工作时，应注意：工作负责人应布置好工作现场，在换料机服务区域周围搭建临时围栏，设置作业隔离区，工具摆放整齐并清点工具数量；工作时，工作人员应采取必要的措施防止异物坠入水池；工作结束后，工作人员应将工具及其物品及时移走，并清点工具数量确认与带入的数量一致，清理检查现场；

8）无关人员严禁平台久留，暂无工作的人员应远离水池，待在规定的其他地方；

9）工具及物品运出控制区时，应通知辐射防护人员检查沾污情况并根据要求进行处理，合格后方可运出控制区；

10）起重时应注意：环吊的使用由协调员统一协调；环吊司机和起重工应经过专门培训、持证并有授权；只由一人协调指挥起重操作，并穿戴标准服饰；无关人员应远离吊装区；

11）遵守工业安全及辐射防护有关规定，对任何部门或承包商人员的不安全的行为，协调员有权终止其工作，并通知大修核岛经理；

12）大修装卸料期间，抢修装卸料机、人桥吊等设备时尤其要注意防止异物落入水池，相关工作辐射防护人员应现场全程监督。

2.10.2　燃料厂房水池

燃料厂房水池（含乏燃料水池）必须严格执行异物控制，具体要求如下：

1）装卸料期间，燃料厂房由换料负责人负责管理，限制无关人员进入；

2）乏燃料厂房（房间）必须严格控制出入门，保持1～2个作为正常（应急）出入房门；

3）厂房（房间）房门入口处放置一个防异物临时存放柜，规定进入的人员必须先将与工作无关的异物（包括安全帽）存放在临时存放柜中；

4）在临时存放柜上应放有防异物区物项、人员进出记录并要求进出人员按本程序规定进行记录；

5）人员进入房间时所佩戴的物品应采取可靠方式固定，防止滑落，如眼镜佩戴绳套；

6）必须使用指定的带有颜色的辐射控制区专用塑料袋，不得使用无色的非辐射用塑料袋；

7）人员在水池边沿进行工作时，所携带的工具，如扳手、手电筒、螺丝刀等，应捆扎绳套，将工具套在手腕上方可进行工作；

8）建立存放区妥善存放拆出的零部件，存放区应尽量远离水池，小型零部件应放置在存放区的专用器具中，防止零部件落入水池中；

9）涉及到水池边沿设备的检修工作，如检修照明灯、水池吊车、水池监视设备等，应做好防止异物进入措施后方可进行工作；

10）禁止在乏燃料水池区域使用无色透明的电工绝缘胶布和绑扎带；

11）非作业人员要远离水池作业现场；

12）工作结束后，工作人员要及时清点物品，并及时清理现场。

13）燃料水池（乏池）厂房为单一实体隔离的房间，默认为1级防异物区域，进入燃料乏池房间内的所有活动均需要按 1 级防异物工作要求执行登记、开口封堵、防坠落等措施，但可以不编制防异物方案（部分检修工作或活动中其他文件要求编制防异物方案的除外）。

2.10.3　汽轮发电机组

为保证汽轮机、发电机大修的检修质量，防止异物进入设备内部，设立检修隔离区。具体管理规定如下。

（1）主隔离区进出制度

1）主隔离区的出入控制由保卫处负责，24小时设保安值班。

2）保安员应根据主隔离区准进人员名单认真核对进出人员，只有持专区证的人员方可进入。

3）进入隔离区的人员应主动将携带的钥匙、手表、磁卡等携带物品全部按指定的地点保存。

4）需要经常进出的人员，如工作组成员、QC 人员，使用专区工作人员进出记录表由保安人员每天进行记录；工作前，维修责任处室负责向保卫处提供需要经常进出专区的人员名单。

5）不需要经常进出的人员，则必须在保安人员处进行登记。

（2）汽轮机检修隔离区防异物落入管理规定

1）维修责任处室负责汽轮机检修隔离区的防异物管理，相应的大修承包商必须24小时安排专人负责异物管理；所有进入隔离区物品，必须经过专人检查，以确认所携物品上无异物掉落的可能，特别是紧固件否则应采取必要的措施进行防范。

2）需将工具带入主隔离区时必须登记，工作结束后要进行核对检查。

3）隔离区内所有设备、工具材料应摆放整齐。每天应至少全面清洁一次，工作过程中也应及时清扫，确保隔离区清洁。

4）汽机缸体内疏水孔、抽气口应及时封堵。每天工作结束后人员撤离前，用专用防火帆布将缸面盖没。

5）对解体后的螺栓、螺帽、垫片等附件，必须进行清理检查。

6）对于规格小于 M16 的螺栓、螺帽及附件，应用塑料袋或工具盒封装，塑料袋外表应有明显标志。标志的内容包括：部件名称、规格、数量。

（3）发电机定子、发电机转子小隔离区进出制度

1）维修责任处室负责汽轮机检修隔离区的防异物管理，相应的大修承包商必须24小时安排专人负责异物管理。

2）进入小隔离区的所有人员，必须由承包商防异物管理员进行着装检查和工具、材料检查登记后方可入内。

3）同时进入发电机定子内的工作人员不准超过 8 人，转子区内不超过 6 人。

4）发电机隔离区工作人员的工作服必须是连体服，工作鞋底不得有金属块或沾有异物。

5）带入发电机、转子区的工具、材料等物品，应详细登记，出来时要逐项核查进出数量相符。

6）带入发电机定子膛内的工具、仪表、首先要进行检查，防止螺丝、螺帽等脱落。

7）发电机定子膛内的照明应使用专用的 24 V 防爆行灯和全塑料手电筒。

8）工作结束后应将小隔离区出入通道及时封闭，保卫处保安员应将主隔离区门上锁封闭。

2.10.4 汽轮发电机组润滑油系统

1）进入润滑油容器内部的工作人员工作服不能有拉链、纽扣等一些金属物。

2）对汽机润滑油主油箱清理关闭时，应检查清洁度。

2.10.5 容器管道类

1）所有进出容器的人员必须进行进出登记。非工作人员进出应征得工作负责人同意。

2）对解体后设备内部大于M16的螺栓、螺帽、垫片等附件，全部放置在容器外部进行清理检查，并登记确认。

3）对于设备内部规格小于M16的螺帽及螺母、垫片应用塑料袋封装或放入专用盒内，外表应有明显标志。标志的内容包括：部件名称、规格、数量。

4）所有进入容器的物品，必须经过工作负责人检查，以确认所携物品上无异物掉落的可能，否则应采取必要的措施进行防范。

5）进入容器的物品必须登记，工作结束时应进行进出物品核对，当发现进出物品数量不符合时，由工作负责人组织查找。查找无结果时应向上级汇报决定下一步骤。

6）工作暂停时所有容器的进出口必须牢固封堵，防异物管理员负责按上述规定进行检查。

7）所有容器暂时或永久关闭前进行检查。永久关闭时如果一些相联管道不能进行目视检查，应采用内窥镜检查。

8）容器内作业使用防爆灯。

9）汽轮机检修时，必须在凝汽器内部安装铝合金盖板或其他覆盖物，防止汽轮机检修层异物落入凝汽器造成破坏。

2.10.6 阀门类

所有的阀门在解体后必须对管道口进行封堵。封堵推荐采用一层棉布，一层塑料布，并扎紧；直径大于100 mm的开口朝上(垂直或斜口)管道应按本程序要求安装异物挡板。

对给水系统和主蒸汽系统的阀门，解体后的螺栓、螺帽、垫片、阀门部件，全部放置在设置的检修区内进行清理检查。

在进行阀座检修时，所有工具和部件，工作负责人应仔细检查确认无异物掉落的可能，否则应采取必要的防范措施。一旦发生异物落入，工作负责人应组织查找，查找无结果应向上级汇报，以决定下一步方案。

2.10.7 泵类

所有的泵类设备在解体后必须采取防异物措施，对泵开口进行封堵。封堵推荐采用一层棉布，一层塑料布，并扎紧。

解体后的螺栓、螺帽、垫片、泵部件，可放置在设置的检修区内进行清理检查。

2.10.8 电气、仪控盘/台/柜

1）检修时，若电气、仪控盘/柜/台设备在恶劣的施工环境下，则尽可能断掉盘/柜/台设备用电，并做好防尘工作。

2）停役的盘/柜/台设备，当周围有其他工种交叉作业，存在进灰或其他异物进入的风险时，应将电气、仪控盘/柜/台设备的门关/锁好，并用有色塑料布等防尘材料罩住。

3）检修电气、仪控控制盘/台/柜等设备时，要特别注意防止螺丝刀、扳手等工具遗留在

柜内,维修工作结束后,需清点工具并确认柜内无异物后关闭好柜门。

4) 电气、仪控控制盘/台/柜等设备维修工作结束后,要注意检查检修或试验期间临时增加的短接线、跨接线、接地线等是否遗留在柜内,核实确认柜内临时措施均已恢复后关闭好柜门。

5) 在电气、仪控盘/台/柜上进行钻孔作业必须做好充分的覆盖措施,以免金属碎屑飞溅到印刷线路板或变压器铁芯等设备内部而引起短路故障。

6) 进行电缆接头制作时要远离电气、仪控盘/台/柜,以免制作过程中剪切的短小导体飞溅到印刷线路板或变压器铁芯等设备内部而引起短路故障。

7) 设备因维修或标定拆卸出系统或主设备期间,要保证系统或设备开口被覆盖或密封以防止异物进入。

8) 保证全部或部分从设备上拆卸下来的开放设备有充分地覆盖;如电机解体大修,转子抽出后,定子两侧必须及时覆盖密封以防止异物进入。

9) 在主变、厂变及辅助变压器等室外大型电气设备顶上从事工作时,工具要用防坠绳拴在工作人员手腕上以免工具意外坠落,拆卸下来的螺栓、螺帽、垫圈等小部件要装在收纳袋内。

10) 配电盘母线检修工作,拆卸或回装期间如有螺栓、螺帽、垫圈等部件掉落,则可能造成动作机构卡涩或设备短路隐患,必须找到掉落的部件为止;回装母线盖板前必须仔细检查柜内无遗留工具、临时接地线及异物后尽快回装。

2.10.9 室外水池防异物管理规定

禁止在水池边堆放物品;水池作业禁止使用无色透明塑料物品。

2.10.10 坑内作业防异物管理规定

典型的坑内作业有:泵房前池内作业、泵房连通阀阀门井内作业,各种地坑泵内作业等。具体要求如下。

所有进出人员必须进行进出登记。非工作人员进出应征得工作负责人同意。非工作人员进入,工作负责人必须为其安排陪同人员或监护人员。

所有进入坑洞的物品,必须经过工作负责人检查,以确认所携物品上无异物掉落的可能,否则应采取必要的措施进行防范。

进入物品必须登记,工作结束时应进行进出物品核对。

工作暂停时前池入口必须牢固封堵或者安排人员现场看守。

抽提闸板前,工作负责人必须召集相关人员进入前池,对现场进行彻底检查,确保没有异物遗留在前池内。

2.10.11 坑口附近作业防异物管理规定

必须搭设防异物落入的防护网或采取类似防异物落入的措施;减少在坑口附近区域的人员通过和材料运输;各种工具材料,采取系绳索等防坠落措施;在可能的情况下,对坑口进行封盖。如果坑内有工作,则最好错开作业时间。如果必须安排在一个时间段内交叉作业时,则必须安排专人监护。

2.10.12 水下作业防异物管理规定

为了避免将工具遗落在水下,必须做好登记确认工作,确保所有进入水下作业的工具都全部取出。

2.10.13 在役检查防异物管理规定

在役检查作业,必须做好容器管道打磨的防灰尘扩散工作,避免灰尘四处扩散,进入其他系统设备,特别是汽轮机厂房的汽水分离再热器、除氧器、高加、低加等容器。

搭设封闭作业区;及时清理打磨产生的灰尘,如使用吸尘器;采用产生灰尘少的作业工艺。

2.10.14 土建工作防异物管理规定

保持场地清洁,及时清理建筑废弃物;

高处作业,必须搭设防异物落入的防护网或采取类似防异物落入的措施,避免异物坠落对其他系统设备造成异物进入的风险;

露天作业,要防止物项被风吹散。

2.10.15 使用化学物品的防异物管理规定

电厂化学品主要包括工艺系统化学添加物和化学辅助材料(如密封剂、粘结剂、清洗剂、防咬剂、研磨膏、在役检查用试剂等)两大类。

化学异物主要是指化学品中的杂质进入到工艺系统中,可能会引起设备腐蚀和辐射场的升高,可以通过下列措施防止其进入系统。

确认所添加、使用的化学品质量符合技术规范要求;

采取密封、覆盖等措施防止化学品在储存、运输和使用过程中引入异物;

采用合适的添加辅助工具以及正确使用工具以防止添加过程中引入异物;

在系统设备上使用化学辅助材料,工作结束后尽量擦除和清洗设备上的残余化学品;

如果在工艺系统上必须使用超过质量符合技术规范的化学品,没有替代的方案,使用单位应编写专项工作计划,由化学处处长批准。

2.10.16 辐射防护工作防异物管理规定

进入辐射控制区工作,需正确佩戴个人剂量监测设备,防止掉落;

系统开口作业或水池作业时,手套等易脱落防护用品应使用胶带同连体防护服固定在一起;

系统开口作业、高空作业或水池边作业时,应使用绳子对佩带的个人剂量监测设备进行固定。

2.10.17 防异物联合检查

人员从系统设备的开口进入系统设备内部开展工作的,在检修工作结束后建议进行防异物联合检查,如果需要开展防异物联合检查,则在工单准备时的《防异物方案》中选中“系统关闭前防异物联合检查”。

防异物联合检查目的是确认系统设备封口前内部清洁无异物。

联合检查人员包括工作负责人、QC 人员、实施单位负责人、专业科室负责人(或指派人员),以及其他需要参加的人员。

防异物联合检查人员进入系统开口,必须按照防异物管理要求进行人员和物项登记等防异物管理要求。

2.11　防异物管理记录

防异物方案和人员/物项登记表等防异物文件,随工作包一起存档。

第三章　防异物管理相关模板

以下各模板填写方法参考《MA-AC-2201.DZ 防异物管理导则》。

3.1　防异物方案

编制：	审核：	批准：	日期：
电厂：	机组：	工单号：	大小修编号：

适用设备	
适用工作	
异物风险评估	

步骤	内容	执行签名
1	按以下要求建立防异物区： □建立杆式检修隔离区 □建实体检修隔离区 □利用其他边界：	
2	减少异物进入系统设备的措施： □系统开口前对开口周围进行清理 □所有零部件拆下后进行清理 □对暂不需要进行工作的开口进行临时封堵 □其他要求：	
3	设备开口后的封堵措施： □防异物塑料布　□防异物防护罩　□防异物挡板 □防异物专用堵板　□原设备部件 □其他措施：	
4	异物初始状态检查(设备解体或开口后内部检查情况)：	

续表

步骤	内容	执行签名
5	检查要求： □系统关闭前对设备的内部清洁度进行最终检查： ➢ 设备内部无异物 ➢ 设备内部无浮尘 ➢ 设备内部无浮锈 □系统关闭前对相连管道及目视无法看到的部位进行内窥镜检查 □系统关闭前通知______见证，联系电话：______ □系统关闭前开展防异物联合检查 □其他要求：	
6	其他方法、技术、措施：	
防异物管理员签名/日期(工作完成后签字)：		

3.2　防异物区域物项进出记录表

防异物区物项进出记录表

工作名称：								
电厂：		机组：	工单号：		大小修编号：			第____页
序号	物项名称	带入数量	带入人	带入日期/时间	带出数量	带出人	带出日期/时间	备注
1								
2								
3								
4								
5								
6								
7								
8								
9								
10								
最终关闭	工作负责人签名/日期：			防异物管理员签名/日期：				续下页： □是　□否

3.3 防异物区域人员进出记录表

防异物区人员进出记录表

工作名称：

电厂：		机组：	工单号：	大小修编号：
序号	姓名	进入日期/时间	出来日期/时间	备注
1				
2				
3				
4				
5				
6				
7				
8				
9				
10				
11				
12				
13				
14				
最终关闭	工作负责人签名/日期：			第___页
	防异物管理员签名/日期：			续下页：□是 □否

3.4　异物报告

异物报告

<table>
<tr><td colspan="7">工作内容：</td><td>工单号：</td></tr>
<tr><td colspan="2">电厂：</td><td colspan="2">机组：</td><td colspan="3">系统：</td><td>大小修编号：</td></tr>
<tr><td colspan="8">设备编码/名称：</td></tr>
<tr><td rowspan="5">异物描述</td><td colspan="2">发现时间：</td><td colspan="3">异物材料：</td><td colspan="2">异物尺寸：</td></tr>
<tr><td colspan="2">发现位置：</td><td colspan="3">放射性：□有　□无</td><td colspan="2" rowspan="2">异物示意图：</td></tr>
<tr><td colspan="5">其他描述：</td></tr>
<tr><td colspan="7">□照片　□QDR(　　　)　　□CR(　　)</td></tr>
<tr><td colspan="4">记录：</td><td colspan="3">QC：</td></tr>
<tr><td rowspan="2">初步分析和处理建议</td><td colspan="7">初步来源分析及处理建议：</td></tr>
<tr><td colspan="4">编制：</td><td colspan="3">审核：</td></tr>
<tr><td rowspan="3">分析和处理方案</td><td colspan="7">异物来源、对设备损坏分析：</td></tr>
<tr><td colspan="7">处理方案：</td></tr>
<tr><td colspan="2">编制：</td><td colspan="3">审核：</td><td colspan="2">批准：</td></tr>
<tr><td rowspan="3">处理结果</td><td colspan="7">处理过程及结果：</td></tr>
<tr><td colspan="4">工作负责人：</td><td colspan="3">QC：</td></tr>
<tr><td colspan="7">异物归档存放：□无放射性：□文档管理处
□有放射性：□保健物理一处　□保健物理二处　□保健物理三处
接收人签名/日期：</td></tr>
</table>

3.5　防异物区域标识牌

标牌颜色：橙色(RGB 红 255 绿 165 蓝 0)

字体颜色：黑色

字体：中文黑体，英文 ARIAL

尺寸:250 mm×200 mm

样式示例:

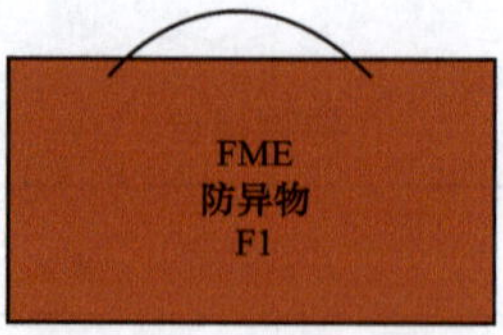

图 3-1 防异物区域标识牌

第四章　习　题

4.1　判断题(每题4分,共40分)

1. 异物的影响可能是立即显现的,也可能要经过长期运行以后才能发现。(√)

2. 玻璃可以作为覆盖物使用。(×)

3. 在切割或打开系统前,要除去保温、油漆或其他表面材料。(√)

4. 大修期间进入隔离区的人员应主动将携带的钥匙、手表、磁卡等携带物品全部按指定的地点保存。(√)

5. 进行汽轮机润滑油系统工作时,工作人员的工作服不能有拉链、纽扣其他金属物等,工作鞋底应是软质材料并且不能沾异物。(√)

6. 坑口作业时必须搭设防异物落入的防护网或采取类似防异物落入的措施。(√)

7. 在确保人员不会受到身体伤害的情况下,系统开口作业或水池作业中工作人员可不戴安全帽。(×)

8. 水池中进行作业时可以使用透明塑料袋。(×)

9. 如果工作过程中发现有异物掉入管道内,但自己不是工作负责人,可以视而不见。(×)

10. 小件物品(如螺帽、垫片)带入防异物区域应放入零件盒或零件袋中。(√)

4.2　单项选择题(每题4分,共40分)

1. 异物是指系统、设备自身以外的,进入、遗留或存在于系统设备中可对系统设备运行和性能造成不利影响的所有物项,如(D)。

A. 灰尘、部件、溶剂

B. 工具、熔渣

C. 切割物或其他任何可影响运行的物项

D. 以上都是

2. 防异物区域的登记主要包括(D)。

A. 物项登记　　B. 人员登记

C. 重要设备内部紧固件登记　　D. 以上都是

3. 防异物的方法包括(D)。

A. 保持厂房、场地和设备清洁,建立防异物区域

B. 进出控制,登记,使用覆盖物

C. 防跌落/散落的措施

D. 以上都是

4. 对于覆盖物的选择,下列说法不正确的是(A)。

A. 在易发生火险处,覆盖物可以使用塑料布

B. 覆盖物应适合预期工况:温度、流体的接触、机械的重压

C. 覆盖物不应损坏系统表面,无论是化学的还是机械的

D. 对真空或负压状态的系统开口,禁止使用柔性材料覆盖物

5. 等效直径大于等于(D)mm 的开口,如果不能利用原有部件或没有特制盲板来覆盖,则必须使用异物挡板。

A. 70 B. 80 C. 90 D. 100

6. 下面说法不正确的是(D)。

A. 为了方便,可以在水池边堆放物品

B. 在水池水面发现漂浮物及时发出工单,由相关单位进行处理

C. 水池作业禁止使用无色透明塑料袋

D. 在确保人员不会受到身体伤害的情况下,系统开口作业或水池作业中工作人员可不戴安全帽

7. 建立防异物区域的方法有哪些?(D)

A. 用警示绳建软隔离区 B. 建立杆式检修隔离区

C. 建立实体检修隔离区 D. 以上都是

8. 防异物区域的进出控制包括哪些方面(D)。

A. 工器具控制 B. 材料控制 C. 人员控制 D. 以上都是

9. 下列说法不正确的是(D)。

A. 在切割或打开系统前,除去保温、油漆或其他表面材料

B. 切割时,要立即清除所产生的碎屑

C. 备件安装前要除去备件内部的保护层或防腐层

D. 系统打开后,不必进行清洁或清洗

10. 下列说法不正确的是(D)。

A. 在易掉入开放系统的地方,减少程序、图纸、工具、部件和材料等物项的放置

B. 当放入或取出系统内的部件时,必须将它们集中保存

C. 避免使用跌落后易破碎的工具或材料,或使用覆盖物以防止工具或材料碎裂

D. 封闭系统前为了省时间,可以省略对系统内部空间全面的检查

11. 关于防异物分级以下说法正确的是(D)。

A. 防异物 1 级:重大异物风险 B. 防异物 2 级:一般异物风险

C. 防异物 3 级:没有异物风险 D. 以上都正确

12. 关于电气、仪控盘/台/柜的防异物措施,以下描述不正确的是(A)。

A. 停役的盘/柜/台设备,当周围有其他工种交叉作业,存在进灰或其他异物进入的风险时,应将电气、仪控盘/柜/台设备的门关/锁好,并用透明塑料布等防尘材料罩住

B. 电气、仪控控制盘/台/柜等设备维修工作结束后,要注意检查检修或试验期间临时增加的短接线、跨接线、接地线等是否遗留在柜内,核实确认柜内临时措施均已恢复后关闭好柜门

C. 在电气、仪控盘/台/柜上进行钻孔作业必须做好充分的覆盖措施,以免金属碎屑飞

溅到印刷线路板或变压器铁芯等设备内部而引起短路故障

D. 设备因维修或标定拆卸出系统或主设备期间,要保证系统或设备开口被覆盖或密封以防止异物进入

4.3 简答题(每题 20 分,共 20 分)

作为一名从事现场活动人员,谈谈在工作中如何做好防异物工作。

答:作为一名从事现场活动人员,防异物工作需要做到以下几点:

1) 保持厂房、场地和设备清洁,现场不保留不必要物项,不使用的工器具及时从防异物区取出,工作中的废弃物及时清理;

2) 建立防异物区并悬挂防异物区标识牌,对进出防异物区工器具、材料和人员的控制,进出人员合物项进行登记;

3) 系统或设备的开口部位在不进行工作期间必须采用覆盖物或塞子等予以封闭,尽量缩短设备开口的时间,系统打开后,立即进行清洁或清洗并做好防异物覆盖;

4) 解体后的设备及零部件不能直接落地,小件物品(如螺帽、垫片)带入防异物区域应放入零件盒或零件袋中;

5) 对于重要的专项工作严格遵守专项防异物管理规定。

(满足防异物管理方法及规定即可,答案仅供参考。)

第四部分　维修人员行为规范

第一章　维修行为规范

摘自公司文件《维修人员行为规范》(OE-QS-3302,Rev.B)。

维修人员的行为将直接影响电厂设备的检修质量,维修工作的目标包括:

1. 促进并在最大程度上保证核安全
2. 控制和减少雇员的辐射剂量(ALARA)
3. 尽量减少员工的人身伤害事故
4. 使计划外停堆、强迫停堆、安全系统不可用性减至最少
5. 尽量减少个人失误
6. 最大限度提高员工生产效率
7. 尽量减少返工

为了实现上述维修目标,维修全体人员应该做到以下要求。

1. 安全第一,严格遵守管理程序和操作规程;

2. 现场巡检必须严格执行现场巡检制度,按照巡检规定的周期、线路、项目内容进行巡检;巡检时必须有两人或两人以上进行,巡检人员应熟悉系统和设备;巡检时原则上不对现场系统设备进行操作;认真做好现场巡检记录;观察有无跑、冒、滴、漏等影响环境的因素存在;发现系统设备缺陷时,及时填写工作申请单;

3. 认真检查工作申请内容和信息的完整性,必要时到现场核对,了解工作申请中所描述的故障现象;认真准备工作文件包,准备维修程序、资料和图纸等工作文件;确认工作申请中有无影响环境的因素存在和处置方案;有无属于高风险作业的规定;

4. 工作组成员工作前认真阅读工作文件包,必要时现场核实工作文件包内容,做到“六个明白”,确认自己具有完成该项维修任务的技能和授权;主动与准备人员沟通;提前与配合人员相沟通;沟通应使用三段式交流;

5. 工作负责人应组织召开工前会,明确工作组成员的职责与分工、工作计划、工作内容、质量计划,技术要求、风险、安全措施和经验反馈,确保工作安全进行;

6. 按工作文件包要求领取和验证备品备件,确认备品备件可用,包括型号、规格、数量、有效期和外观合格;确保现场所使用的工器具完全满足工作要求,并在有效鉴定期内;

7. 工作负责人按时亲自领取工作许可证,核实隔离措施是否满足要求,必要时与运行

人员进行充分沟通；必须进行现场隔离验证，验证包括关键点、隔离边界和设备标牌的正确性，隔离状态和工作许可证内容的一致性；如发生工作负责人更换，必须办理工作负责人变更手续；

8. 现场维修工作开始前，必须核对机组、系统和设备标牌，防止走错间隔；检查防火设施的完好性，如防火门正常关闭、附近消防设施在有效期内并且可用；验证工作文件包要求的开工先决条件，包括机组、系统和设备状态及现场工作条件（如拆保温、搭脚手架等）；

9. 现场维修工作开始前，根据工作文件包内容进行现场准备：采取必要的附加安全措施，包括设置维修设备隔离区、悬挂警示牌（如必要）、悬挂维修信息牌（控制区内不用使用）等；摆放工器具、备品备件、材料和工作文件等应使用检修工作垫；做到安全文明维修，使用环保材料，强化环保意识；

10. 实施维修工作时，严格执行工作指令（或质量计划）和维修程序；发现工作指令、程序存在问题时，要及时停下来，报告有关领导并与相关人员进行沟通、补充修改并签字后，才能继续工作；

11. QC 人员提前阅读工作文件包，了解工作内容，了解风险点和防范措施，如发现有问题时及时与准备人和工作负责人进行沟通；

12. 当工作指令或质量计划中出现停工待检点（H）、见证点（W）时，工作负责人必须按要求提前通知 QC、QA 管理人员，对见证点（W）、停工待检点（H）严禁越点工作；

13. 工作负责人仔细检查确认文件包中是否有核安全相关的见证点，如有核安全处的选点，应提前通知核安全处安工进行见证，严禁越点工作；

14. 实施开口系统上维修工作时，必须采取防异物措施；

15. 工作过程中遇到异常情况，应立即停止工作，确保现场处于安全状态，同时报告有关领导，并与协调人员进行沟通，只有在明确下一步方案后才能继续工作；

16. 员工从事现场维修工作，要有环保意识；工作结束后，负责将工作范围内涉及的设备和现场恢复到初始状态，清理现场，清点工具、备件和人员，及时通知有关人员撤掉一切附加的临时装置（包括脚手架、辐射屏蔽等），工作过程中产生的废物按规定放到指定地点，做到工完料尽场地清；填写包括经验反馈内容的维修报告；

17. 再鉴定等多处室和多科室参加的项目，工作负责人和工作组成员必须准时到现场参加再鉴定工作；

18. 执行维修工作时，要确保辐射防护的“ALARA”——合理可行尽量低的原则，将污染的扩散减至最小；

19. 维修人员要通过探索质疑的工作态度、严谨的工作方法、相互交流的工作习惯来提高自己的行为表现；

20. 维修工作中要准确使用防人因失误工具，避免人因事件的发生；

21. 维修人员在检修活动中，应执行明星自检（STAR）：“STAR”（明星）是由 Stop（停下来）、Think（想一想）、Action（工作）、Review（回顾）这几个英文单词的第一个字母组成。STAR 自检的原则：接到工作任务，先停下来想一想，然后开始工作，工作结束后要对此次工作进行回顾和总结，做一个维修工作明星。

第二章 行为安全

2.1 安全文化

1）践行中核运行核安全文化价值理念：做一名有高度责任心的核电工作者；

2）在影响核电站发电的所有因素中，安全是最重要的，每一个维修人员都有权利、责任和义务去维护安全；

3）建立和强调安全文化是确保个人、公众及环境的安全，提高电厂经济效益的最有效的方法；

4）为了防止意外事故的发生，维修人员必须遵守与安全有关的规章、养成良好的工作习惯、方法和态度、接受安全文化的培训；

5）为了使安全得到最大的保障，维修人员应牢记并遵循以下安全文化准则

① 安全第一

② 安全是每一个人的责任

③ 事故是可以预防的

④ 安全的工作是好的工作

⑤ 安全事件必须报告

2.2 核安全

1）维修人员对会影响到核安全的所有活动能够采取保守的态度和方法，维持核电站的纵深防御；

2）核安全不受生产或成本的约束，总是处在优先的考虑；

3）在工作中，维修人员应保证最大程度的核安全；

4）通过使用程序和设备上的屏障来保证最大的纵深防御；

5）不能危及损害到安全功能和安全设施；

6）将每一道屏障都视为最后一道屏障或唯一的屏障。

2.3 人员安全

1）维修人员必须做到四不伤害，即不伤害自己、不伤害他人、不被他人伤害、保护并防止他人受到伤害；

2）维修人员应该经过培训并理解安全基本原则——“确认危害、消除危害、控制不能消除的危害、使用个人防护设备保护人员安全、尽量减少发生的危害的后果”，并且遵守所有发布的安全程序；

3）在所有活动中，应该穿戴合适的个人防护设备；

4）工作要编制计划，并尽可能确认并消除潜在的危害；在开始工作前，检查确认是否已经满足程序中的安全注意事项和要求；

5）理解并遵守有关的工业安全程序，尤其是高风险工作：吊装、高空作业等；

6）理解并遵守有关的电气作业规定，电气作业人员确保资格和授权，工作人员理解工作内容和范围，风险控制，工作前先验电等都是非常重要的；

7）维修人员应知道并理解工作许可和设备隔离制度的重要性以及他们作为工作票持有人的责任；

8）工作要认真细致，不能危及自身和电站其他工作人员的安全。

2.4 设备安全

1）安全系统和专设安全系统的可用性和可靠性应该最大程度上得到维持。

2）在冗余设备或部件上进行维修活动，当部件失效时，应在保证安全的前提下，尽可能快地完成修理工作，维修过程中应采取措施确保安全，直到修理完成。

3）在专设安全系统上的所有工作应该由具备特殊资格的维修人员来进行。

4）对于那些作为反应堆备用热阱的设备，只有在必要时，并可在规定时间内恢复使用的情况下，才允许停运维修。当有恢复时间要求时，维修人员必须保守估算完成工作所需的时间。

5）对解体或拆除设备做好设备保护。

2.5 辐射安全

1）维修人员通过运用辐射防护方法和遵守辐射防护程序，使辐射剂量维持在合理可行尽可能低（“ALARA”）的水平，同时尽量减少污染的扩散。

2）进入辐射控制区的所有维修人员必须按规定穿戴防护用品，佩戴计量器。

3）开始工作前，根据系统/机组的状态、所处的区域或位置，通过适当的检查，对放射性危害、危害等级以及危害可能会发生的改变进行估计，并考虑到应急处理方法和意外事故的处理方法。

4）工作过程中，使用合适的剂量计，正确穿戴合适的防护用具，利用其他技术手段一时间、距离、屏蔽、去污、通风来尽量减少人员剂量。

5）进出辐射控制区要采取正确的方法，遵守警示牌的警示和出入控制要求。

6）听到放射性警报要从控制区撤离，只有当警报解除，现场情况得到处理后方可重新进入该区域。

7）进入辐射控制区的所有工作人员必须按规定穿戴防护用品，佩戴计量器。

8）所有进入控制区的工作人员必须遵守控制区的各项管理规定，必要时请辐射防护人员提供技术支持。

9）维修工作中可能会产生各种对环境有害的物质，应对这些废物进行控制，以减少对环境的危害。

① 尽量减少非放射性液体向放射性液体系统的泄漏，以减少废液处理量；

② 区别高放射性和低放射性的物质，对它们要进行分别处理；

③ 尽量减少放射性流体的泄漏。

2.6 化学品安全

核电厂使用化学品的种类和数量较多，为了防止大修期间由于化学品使用不当对系统回路水质造成影响，对人员和设备造成伤害，各部门及作业班组必须严格执行《化学品管理》的相关规定。

1）检修期间所使用的生产化学品必须经过技术审定后方可在生产现场使用。

2）检修工作需使用化学品时，工作包准备人员应将所使用化学品的信息调入到工作包中，录入使用数量，查看化学品安全技术说明书，并依此进行风险分析和制定安全措施，一同列入工作包中。

3）工作负责人可以从 CMS 库存信息系统化学品模块、电厂危险品手册等获得化学品相关信息。

4）使用化学品前应做好风险分析，以及防护措施；避免对人员、环境、设备、系统水质造成伤害及影响；工作结束后及时清理现场；未用完的要及时入库，妥善保管。

5）承包商在生产现场所需的化学品，原则上由承包商管理部门提供。若承包商自带，应由承包商管理部门填写“生产用化学品技术审定表”，经技术审定合格后，方可在现场许可的范围内使用。

6）生产化学品现场临时存放，除遵守现场物料存放管理规定外，还需要保证化学品存放的必要条件并做好标识，一般不得在现场过夜。

7）使用危险化学品时，应根据危险品的种类、特性及工作情况采取相应的隔离、清扫、通风、检测、防火、防爆、防毒等安全措施，并正确使用安全防护用具。

2.7 气瓶使用安全

1）为防止气瓶瓶体受撞击，现场使用的气瓶必须安装有防震圈并固定。

2）气瓶在运输及搬运过程中必须安装有瓶帽，防止气瓶瓶阀损坏。

3）为防止气瓶遇热膨胀导致超压爆炸，现场使用的气瓶必须安装有安全泄压装置。

4）现场焊接、气割作业在当天工作结束后应将气管内的残留余气放尽并将气管盘好放置，保持现场整洁。

2.8 起重作业安全

1）有重物暂悬在空中时，严禁起重操作驾驶人员离开操作台(驾驶室)或做其他工作。

2）起重机在吊物时，严禁在吊杆和吊物下停留或行走。开动桥式等起重机前，必须先按音响信号，警告他人迅速躲开。

3）物件起吊后在无安全措施的情况下，严禁人员上物件调整钢丝绳位置，起重作业必须有专人指挥。

4）严禁使用制动、限位、信号、显示、保护装置失灵或有缺陷的起重机械。使用前必须确保起重机械已按规定进行了检查、试验合格。

5）现场的起重作业严禁使用现场的设备、管道、电缆桥架等作为称重支架，因现场条件限制不得不使用的，必经相关专业人员论证，工业安全科确认许可。

2.9 脚手架作业安全

1）脚手架和脚手板不允许固定在不牢固的结构上（如栏杆、管道等）；脚手板和脚手架相互间应按规定连接牢固；脚手架作业平台的外侧应设置不小于1米高的围栏。

2）拆除高层脚手架时，必须设专人现场监护。现场使用后的脚手架应及时拆除，脚手架搭建材料需在指定地点堆放整齐，脚手架的拆除应按照“自上而下、从左至右、一步一清”的原则按部就班、有条不紊的进行。

3）脚手架的搭建严禁阻挡人员通道、消防设施及检修设备，在高处搭建时应做好防高处落物的安全措施。

4）工作负责人应注意脚手架的搭建及验收工作，认真填写脚手架验收牌，验收人、联系电话、拆除时间等必须填写清楚，以便于现场统一管理。对无验收牌或验收内容填写不清的脚手架禁止使用。

2.10 高处作业安全

1）高处作业中严禁上下投掷工具或材料。立体交叉作业必须设置可靠的防护隔离措施。

2）高空、深沟坑洞、土建工程等作业现场四周必须设置安全防护措施。

3）高处危险作业，作业平台必须设置防护栏杆，下方须按规定设置安全网等可靠的防坠落措施。

4）安全带不得挂在移动或不牢固的构件上。高处作业地点下面设置围栏或其他警示标志。

5）现场高处作业以及通道上方附近作业时应注意做好防高处落物的安全措施。使用的工器具及材料必须进行固定。

2.11 防火安全

1）对于现场电缆穿孔作业，必须做好临时防火封堵，在工作最终结束后必须做永久性防火封堵。

2）现场工作中作业人员在进出房间时注意保持防火门的关闭，做到随手关门，保证现场防火分区的完整性。现场作业需长时间打开防火门时，需办理《防火屏障打开许可证》。

3）大修现场的临时物资存放不允许阻挡通道、消防设施以及现场的检修设备，存放点应悬挂《现场物料存放单》。

4）厂房内禁止无证存放可燃、易燃物，应做到有证、限量、指定地点、有灭火措施的存放。

2.12 临时用电安全

1）现场作业中如发现作业设备上无标牌，尤其是电气设备，工作负责人需进行进一步确认。

2）现场的临时检修电源的使用必须严格遵守《临时用水、电、气（汽）管理》程序。

3）现场的15 kVA以下临时检修电源的使用必须办理《临时用电使用单》并悬挂在使用现场。

4）使用15 kVA以上的临时检修电源除办理悬挂《临时用电使用单》外，使用单位还必须办理TSD。

5）在工作结束或人员离开现场时，必须及时将临时检修电源从检修电源箱上断开。

2.13 异物排除

1）无论任何时候，只要系统或设备一经打开，都应采取措施限制灰尘、溶剂、工具、焊渣、切屑等不属于系统和设备的杂物进入到系统设备中。

2）任何维修人员如果意识到或怀疑有物项丢失或误置在系统内，应立即通知工作负责人。

3）在编制、审查工作文件（工作包）时，对于设备（容器）或回路开口的维修作业，应进行防异物风险分析，并在工作文件的质量计划或维修规程中标明清洁度和防异物的检查要求。

4）工作（项目）负责人在作业前要进行防异物风险分析，并按工作文件（工作包）中的要求安排和检查所负责工作现场的防异物措施。

5）异物控制的方法主要是尽量缩短设备和系统的开口时间以及尽量减少进入作业区的人员和物品的数量。

6）对于设备、容器的开口作业，一般要求将作业区域隔离起来，建立并严格执行人员和物品进出作业控制（隔离）区的检查及登记管理制度。作业人员的工作服应按规定着装，一般情况下都应当穿连体无扣工作服。

7）作业控制（隔离）区临时关闭时，要将作业控制（隔离）区的入口封闭，并在入口处或附近放置警示牌，禁止无关人员进入。

第三章　维修活动过程规范

3.1　工作许可

工作许可是用来描述系统或设备的运行、维修和调试活动的先决条件、目标和工作步骤的文件。

1）在准备工作文件时，维修人员根据工作计划工程师的要求提供一些初始信息，从而使计划更能反映实际情况，更具有可操作性，这些信息有：完成工作的最佳方法、控制参数、特殊技能要求等。

2）维修人员要遵守工作许可中所要求的时间和使用级别。

3）维修人员工作中只能使用计划部门编制的、经过批准并正式发布的工作计划。

4）维修工作故障现象以及处理过程、原因分析以及改进建议等要记录在现场的完工报告中。

3.2　工前会议

在电站的系统或设备上从事维修活动，原则上必须在工作前召开工前会议，并填写维修工前会议记录表。

工前会议通常由工作负责人主持，并使用维修工前会议记录表做好工前会议的记录。每次工前会议，都应至少包括以下内容：

1）工作目的、工作范围和工作对象；

2）要求的文件（例如：规程、图纸、动火证等）；

3）必须的工作许可；

4）电站和设备的初始状态；

5）潜在的人身安全伤害以及对策；

6）将会影响电站运行或系统状态的风险和危害。

3.3　工作控制

1）维修计划工程师应该根据电站优先顺序安排任务；

2）维修人员应该与维修工程师及其他人员一起，为维修工作开发正确有效的维修规程；

3）维修人员需知道按要求获得最新有效的程序和文件；

4）在电厂系统和设备上进行的所有工作应由值长或主控室操纵员授权，工作负责人必须在工作开始前准备好需要的工作许可或文件；

5）所有临时修理或变更应该在实施前得到批准；

6）在压力边界上进行的所有工作必须经过合适的审批并由具备资格的维修人员来执行。

3.4 故障排除

1）根据所掌握的知识和技能，以及以往的维修经验，对故障进行分析、判断及定位，确定维修方案，根据程序更换/修复。

2）在消除缺陷时，应考虑维修活动对安全系统的影响。

3）负责消缺的维修人员要具备足够的知识和技能，即了解设备并掌握解决问题的方法。

3.5 工具的使用

正确选择工具并将其维护在良好的状态下，对于保护维修人员和设备以及实现高效的工作是很重要的。维修人员应接受正确使用工具的培训。

1）使用前对工具进行检查，有缺陷的工具不能用于现场工作，而应进行修理或报废；

2）限制使用活动扳手；

3）当拧紧或松开接头或紧固件时，应使用呆扳手或梅花扳手；

4）有力矩要求的检修操作，必须使用力矩扳手，使用力矩扳手时必须记录该扳手的编号与使用时间以及力矩扳手所工作的设备信息；

5）尽可能保护工具，避免受污染，工具归还到工具间前应仔细检查污染情况。存在固定污染的工具应贮存在隔离的控制区内；

6）检查计量仪器设备，以确保在标定的有效期内；

7）厂家已经设定好并用铅封、油漆、固定胶等封印的卡件调节部分不得擅自调整。厂家已经设定好，但没有用铅封、油漆、固定胶等封印的卡件调节部分，可以根据实际需要，按照认可的维修手册，由具备资格的人员进行调整。

3.6 设备投运前的检查

1）设备维修后，由于责任的转移，在投用前必须进行现场检查，通过这些检查，确保设备在投运前不存在明显的问题，从而避免损坏设备和伤害人员；

2）检查项目通常有：设备区域的清洁和系统的完整性、机械连接、盲板法兰的安装或拆除、阀门的对中、合适/足够的润滑/冷却、充水和排空；

3）仪控、电气设备解体后，应关注接线柱松动、电缆接插件松动、绝缘要求，电解电容的降级问题、拆装过的接线，必须确保连接牢靠，连接正确；仪表标定时隔离的仪表根阀必须恢复到打开状态。

3.7 维修后试验

进行维修后试验的目的是验证系统和设备投运后，可以执行它们设计功能并且存在的缺陷已经得到更正。原则上每一台设备维修后，只要维修活动对其可运行性、性能和功能有影响都需要进行维修后试验。

3.8 工作报告

工作报告是所完成的工作和正在进行工作的系统和设备的当前状态的记录。工作负责人必须在维修工作完成后编制完工报告。

3.9 设施和设备维修

1）工作车间应保持干净、整洁、有序。

2）受污染设备的维修工作应在控制区内进行。

3）有放射性或受污染的工具和设备应该存放在控制储藏区。

4）去污设施应保持良好的状态，而且非固定污染应尽可能低。需要去污的设备应及时去污。

5）利用实体模型和训练设施有助于减少工人的辐射剂量、验证维修程序、开发和改进维修工具和设备，以及培训合格的维修人员。

6）吊装设施应保持足够的数量并得到正确的维护。吊装设施的选择和使用应该考虑其失效可能导致的结果。

7）特种作业人员必须具有有效的资格。

8）脚手架应按规范运输、搭设、拆装、正确标识、辐射控制区控制木跳板使用。

9）吊具应正确标识、试验和保存。

10）焊接区域应隔离、采取防火措施、按规范放置焊机和气瓶，焊机接地必须安全可靠，禁止焊接工作与邻近油漆等使用易燃化学品工作同时开始工作，禁止雨天露天无任何保护措施的焊接。

11）使用的计量仪器的量程、型号、状态和精度应正确无误，并要进行标定和控制以保证其准确性和可追溯性。

12）应尽可能在计量仪器上标明其标定状态，以便使用时能确认其标定状态。对用超出允许偏差的仪器标定的电厂设备应该及时进行评价，必要时应重新标定。

3.10 工后总结

1）现场工作结束后，维修人员应进行工后总结；

2）维修人员按工作分类，对工作中的良好实践和经验教训进行整理，随时准备向工前会议提供讨论材料，为下一次工前会提供参考。

3）向上级领导及管理层提出工作中的改进建议。

4）将那些具有经验反馈价值的材料交给经验反馈人员，以便在公司或维修领域内开展经验反馈工作。

第四章　典型违章记分标准

4.1　工业安全

工业安全违章记分标准见表4-1。

表 4-1　工业安全违章记分标准

序号	违章现象	记分标准
1	违反工作许可制度无票作业，包括工作票、操作票、动火许可证、辐射工作许可证、高风险作业许可证等	12
2	超出工作许可范围开展工作或未经授权操作设备	12
3	电气作业未验电即开展工作	12
4	高空作业未系安全带	12
5	翻越高空作业面的外围护栏	12
6	特种作业人员无证上岗操作	12
7	起重机正在吊装时在吊臂和吊物下停留或行走	12
8	使用损坏或不符合规定的吊具	12
9	密闭空间作业未测量氧含量、有毒气体浓度、爆炸性气体浓度即开展工作	12
10	违章指挥、强令冒险作业	12
11	野蛮作业	12
12	未经许可踩踏重要设备	12
13	未经许可擅自解除安措或移除安全防护装置	12
14	作业人员未接受相应的安全教育和技能培训并经考试(不含D类人员)合格后上岗	6
15	安全措施未能够得到有效落实即开始工作	6
16	擅自变更施工作业方案或工作票中的安全措施	6
17	现场作业时，未按规定执行工作票制度或工作监护制度	6
18	工作监护人、工作负责人擅自离开作业现场	6
19	设备检修未断开电源，未在已拉开的开关、刀闸和检修设备控制开关的操作把手上悬挂警告牌	6

续表

序号	违章现象	记分标准
20	电气设备检修,完成工作许可手续后,工作负责人(监护人)未向工作班人员交代现场安全措施、带电部位和其他注意事项	6
21	电气操作时,未按规定使用绝缘工具	6
22	用湿布擦拭带电的低压电器(包括电灯)或湿手去触摸电灯开关以及其他电气设备	6
23	验电时未按规定戴绝缘手套或使用绝缘等级不相符的验电器	6
24	装、拆接地线导体端不使用绝缘工具,人体碰触接地线导体端	6
25	将无插头的电源线直接插入插座孔中或绕在闸刀上使用	6
26	临时电源无漏电保护装置,不符合“一机一闸一箱”的安全要求	6
27	拆下接线盒盖、取下闸刀罩不及时恢复	6
28	线路停电检修时未在工作地段两端装设接地线就开工	6
29	电力设备拆除后,仍留有带电部分未做安全措施	6
30	在带电设备附近进行起吊作业,无监护或安全距离不够	6
31	在高压电气设备上工作,未做到至少两个人一起工作	6
32	电气操作前,未核对设备名称、编号、位置	6
33	高空危险作业未设置防护栏杆、安全网等可靠的防坠落措施	6
34	上下交叉作业情况下未设置防坠物措施	6
35	使用未经检验合格的安全带、梯子等登高用具	6
36	高空作业中上下抛、扔、甩、投掷工具或材料	6
37	脚手架搭设后,未经验收签字或未挂牌就投入使用	6
38	擅自移动脚手架,拆除脚手架跳板或支撑构件	6
39	脚手架工作面的外围未设 1 米高的护栏	6
40	脚手板和脚手架相互间未按规定连接牢固	6
41	脚手架未按规定设置上下通道	6
42	脚手架材质不合格,搭设不合格、不规范	6
43	搭设和拆除脚手架时未设专人监护	6
44	起重作业没有专人指挥	6
45	利用管道等非承重结构悬吊重物或起重	6
46	起重工具未按规定检查、试验或存在缺陷	6

续表

序号	违章现象	记分标准
47	不按规定储运、存放、使用易燃易爆物品、气瓶	6
48	移除吊装孔、平台等围栏时，未装设临时围栏和警告标志，在检修结束时未将围栏立即装回	6
49	将工作场所井、坑、孔、洞或沟道的盖板取下，未设临时安全围栏及警告标志	6
50	基建工程项目现场缺少必要的安全标识和安全文明施工实施方案	6
51	在一次大修或一个自然月周期内，各类低级别偏差(尚未构成违章)承包商单位累计达到6次，或公司相关责任处室累计达到4次的	6
52	开工前不进行安全技术交底、危险点分析预控	4
53	工作负责人变更未办理变更手续，工作终结未及时办理工作票终结手续	4
54	交接班不执行规定程序，交接不清，手续不齐全	4
55	使用错误或未经审核批准的程序、规程、图纸等文件	4
56	系统滤油、打压等工作现场未安排看护或值守	4
57	使用不合格或未经检验合格的安全工器具或防护用品	4
58	没有使用或不正确使用防护用品，如操作砂轮、打磨等不戴防护眼镜，使用化学药品(如酸、碱、联胺等)未使用防护用品等	4
59	有毒有害物质或粉尘的工作间无通风设备，作业人员防护不到位	4
60	装束不安全，如在转动设备旁工作，未将长发盘在工作帽(安全帽)内	4
61	戴手套或用抹布对未可靠隔离的机械转动部分进行清扫或进行其他工作	4
62	C 类及以上人员进入生产现场不按规定佩戴安全帽或不系帽带，不穿安全鞋；不按规定穿着工作服(包括工作裤)	4
63	D类人员进入生产现场不戴安全帽或不系帽带，不穿安全鞋	4
64	电气安全用工器具未按规定定期试验，使用不合格的电气安全工器具	4
65	临时电源线穿越通道、门洞未设置保护措施	4
66	使用存在破损的临时电源线	4
67	电动工器具暂停使用时未断电并随意放置	4
68	电焊工未切断电源即离开工作场所	4
69	电焊机接线连接不牢固或绝缘破损	4
70	巡视配电装置、进出高压开关室、升压站、变压器小室后，未随手将门锁好	4
71	安全带"低挂高用"及挂在移动或不牢固的构件上	4

续表

序号	违章现象	记分标准
72	登梯作业未安排专人扶持保护	4
73	梯子未架设稳固即开展工作	4
74	登在距梯顶小于1米的梯蹬上工作	4
75	脚手架搭设在不牢固的结构上	4
76	脚手架作业面跳板未满铺或跳板固定不牢固	4
77	脚手架作业面平台未按规定搭设踢脚板(护板)	4
78	使用制动、限位、信号、显示、保护装置失灵或有缺陷的起重机械	4
79	物件起吊后在无安全措施的情况下,人员登上吊物调整钢丝绳位置	4
80	开动桥式等起重机前,未先按音响信号警告他人躲开	4
81	有重物暂悬在空中时,起重操作(驾驶)人员离开操作台(驾驶室)或做其他工作	4
82	高空作业、起重作业、深沟深坑、土建工程等施工作业现场未设置安全警示隔离区	4
83	检修设备时管道内汽、水、油等未放尽或未采取可靠的隔断措施	4
84	设备解体时未做好固定措施防止部件滚动、滑动或转动即开始工作	4
85	损坏、踩踏保温层或其他不应该踩踏的物品	4
86	搬运物项时使用不正确的搬运方式,而将地面严重划伤	4
87	故意损坏工器具及卫生洁具	4
88	故意损坏各类设施,例如:破坏防雨层、屋顶、门、电线杆等	4
89	对各类装置性违章不及时组织消除	4
90	物项存放未办理许可手续	4
91	工作结束后,未做到工完料净场地清相关规定	4
92	在办公室或值班室外窗台等上放置花盆或其他物品,有高空落物风险的	4

4.2 辐射防护

辐射防护违章记分标准见表4-2。

表4-2 辐射防护违章记分标准

序号	违章现象	记分标准
1	冒用他人辐射工作授权信息进入辐射控制区	12

续表

序号	违章现象	记分标准
2	未经辐射防护批准进入辐射控制红区	12
3	未经辐射防护确认,擅自开展涉及重水系统相关的工作	12
4	未经辐射防护审批或超出审批范围转移或带出放射源或放射性物质	12
5	在未经批准的时间、地点进行探伤作业,或擅自增加探伤项目	12
6	不遵守射线探伤警示标识要求,进入射线探伤隔离区域	12
7	不执行辐射工作许可证或专项安全工作计划规定的防护要求,或工作过程中不听从辐射防护人员的监督要求,继续冒险工作	6
8	进入辐射控制区未按要求正确佩戴个人剂量监测设备	6
9	工作过程中电子剂量计等辐射监测设备报警时未按照要求及时离开工作地点并告知辐射防护人员	6
10	伪造个人剂量数据,例如:使电子剂量计单独接受照射获取更高的剂量数量	6
11	开展高辐射风险工作,未提前联系辐射防护人员开展风险分析和确认防护措施,或在辐射安全检查点未通知辐射防护人员检查确认	6
12	未经辐射防护人员许可和现场监护,擅自打开辐射控制区边界	6
13	在辐射控制区内喝水或进食	6
14	不按放射源管理程序规定操作或处理放射源	6
15	进入辐射控制区未按要求正确穿戴辐射防护用品,或工作过程中擅自降低防护级别	4
16	离开辐射控制区不按照规定要求进行个人污染监测	4
17	从事辐射工作,没有按照规定要求进行个人剂量监测	4
18	辐射工作许可证上定义为高辐射风险的工作,工作组未召开工前会,或未通知辐射防护人员参加工前会	4
19	未按照辐射防护规定要求跨越辐射控制区边界	4
20	在辐射控制区内未遵守现场辐射安全警示标识要求	4
21	在辐射控制区内的地面、楼梯或设备表面躺卧或直接坐在(非检修必须)辐射控制区内地面上	4
22	将辐射防护用品挪作他用	4
23	未经许可随意存放放射性废物	4
24	未经辐射防护审批,随意存放放射性材料,或未进行隔离或标识将放射性材料、重水随意丢弃在工作现场	4
25	带入辐射控制区物品没有去除不必要的外包装	4
26	收集放射性固体废物没有分类	4

续表

序号	违章现象	记分标准
27	在辐射控制区内随意倾倒废液	4
28	将放射性废物随意丢弃在工作现场	4

4.3 消防保卫

消防保卫违章记分标准见表 4-3。

表 4-3 消防保卫违章记分标准

序号	违章现象	记分标准
1	在保护区内指定吸烟点以外区域吸烟	12
2	伪造证件或转借、冒用他人出入证进出保护区	12
3	在厂区打架斗殴、偷盗公私财物	12
4	出入证件丢失,因未向保卫部门报告被他人冒用	6
5	转借、冒用他人出入证进出控制区	6
6	翻越控制区三角闸门或攀爬保卫实体屏障或故意损坏实物保卫设施	6
7	挟带、尾随他人进出要害区	6
8	不服从出入口警卫人员检查	6
9	驾驶车辆在厂区道路上强行超车造成交通事故	6
10	高火险动火作业未落实防火防爆安全措施	6
11	未办理防火屏障打开许可证而打开固定实体防火屏障	6
12	未办理消防水使用审批许可证而使用消防水	6
13	未办理易燃易爆物品使用/存放许可证而擅自使用/存放	6
14	在仓库、危险品库等区域吸烟	6
15	持临时出入证进入保护区以内,未按公司规定安排人员陪同	4
16	转借、冒用他人出入证进出管理区	4
17	在消防通道乱停车且不服从管理	4
18	车辆在厂区道路上超速、超载、超限且不服从管理	4
19	上下班时段驾驶车辆在厂区道路上超车且不服从管理	4
20	未按照动火许可证要求落实防火措施即开始动火(低火险)	4

续表

序号	违章现象	记分标准
21	未经许可将消防设施、器材、器具用于非消防方面	4
22	在消火栓、灭火器和固定消防设施操作区摆放物项阻挡使用	4
23	未经批准将厂房内防火门强制打开，造成防火门不能自动关闭	4
24	防火屏障打开许可证过期未采取临时封堵仍然打开防火屏障	4
25	消防水使用审批表超出有效期	4
26	未办理厂房可燃物料临时存放许可证或超出存放许可有效期	4
27	在厂房/办公楼的门口、走廊、楼梯等处放置杂物影响消防通道	4
28	在厂区道路、大门区域堆放物项阻塞应急、消防通道或设施	4
29	在控制区和办公区域非规定吸烟区域吸烟	4
30	消防保卫防范措施落实不到位，经保卫消防部门提出不及时整改	4

第五部分　维修政策与期望

第一章　维修政策

为确保核电厂的安全运行,中核核电运行管理有限公司发布本维修政策,全体员工需在所有维修活动中严格遵守。

1. 维修目标:通过有效的维修保证所有对安全有影响的核电厂构筑物、系统和部件能够按照设计的假设和意图保持其可靠性和有效程度,保证核电厂在运行开始以后其安全状态不会受到有害的影响。

2. 安全规范开展维修活动。所有的维修活动都在满足运行限值及条件、适用的核安全法规与标准的前提下开展。

3. 提升维修质量与效率。通过持续改进维修技术与工艺,不断提升维修质量和效率。

4. 重视维修能力建设。通过培训确保维修人员的能力、安全文化与职业精神持续提升。配备足够的维修设施和设备以有效地支持维修活动。不断提升维修文件质量和程序执行能力以确保维修质量。

5. 合理使用维修承包商。在确保核安全所必需的自主化核心维修能力得到保证的前提下,合理地使用维修承包商。

6. 加强维修成本控制。在满足安全与质量要求的前提下,通过维修优化降低维修成本。

第二章　核电维修概述

2.1　维修定义

维修活动是针对核电厂 SSCs 实施的任何保持或恢复其设计功能的工作，确保在设计寿期内均能按照设计要求保持其可靠性和有效程度。

通过有效的维修活动，使得所有承担安全、生产功能的核电厂运行期间所有构筑物、系统和设备部件能保证达到按要求执行其功能的目的，保证电厂运行处于安全和可靠的状态。对核电厂 SSCs 进行的有计划的维修活动，包括预防性维修、纠正性维修和改进活动等。

2.2　维修目标

以经济、有效的方式让设备保持良好的健康状态，不发生故障，快速消除设备的故障，让故障不再重发，提高设备性能和运行可靠性，保持电站健康、稳定、可靠运行。

1）确保维修过程满足核安全法规、技术规范和导则的要求；

2）使电站的核安全保持在最高水平，至少是与原设计水平相同；

3）获得电站最佳可用率；

4）使人员的受照射剂量保持在“合理可行尽量低（ALARA）”的水平和防止污染扩散，尽量减少事故频率；

5）使经验反馈与维修优化结合起来。

6）制定并优化维修承包商政策；

7）在上述目标范围内，最大限度地减少维修费用。

2.3　维修类型

预防性维修（Preventive Maintenance）是针对非故障的 SSCs 开展的防止和缓解其性能劣化，或对设备的性能与状态进行监测、检查及跟踪，以保持或延长其使用寿命的维修活动。预防性维修通常又细分为“基于时间的维修”“基于状态的维修”和“策略性维修”。

纠正性维修（Corrective Maintenance）是针对发生缺陷、故障或失效的 SSCs 开展的将其执行规定功能的能力恢复到可接收标准的维修活动。一般方法包括：

1）故障诊断：根据检查、核实和试验的信息资料，进行逻辑推理，查明故障原因；

2）修理：尽量恢复损坏的部件；

3）更换：在损坏部件无法修复的情况下，更换新的部件；

4）校验:为符合校验或"回零"要求实施的行为。

为使电厂的重要维修活动能够获得足够资源保障,并且引起充分的关注,根据维修活动对于电厂核安全、工业安全、辐射安全、可靠性及机组可用率的影响程度,并考虑维修活动本身的风险、复杂程度、作业频度以及维修工作对维修人员技能的依赖程度等因素,将维修活动分为四级,即:简单维修(M4)、一般维修(M3)、重要维修(M2)及关键维修(M1)。对维修活动的适当分级,可用于指导维修工作准备和实施。

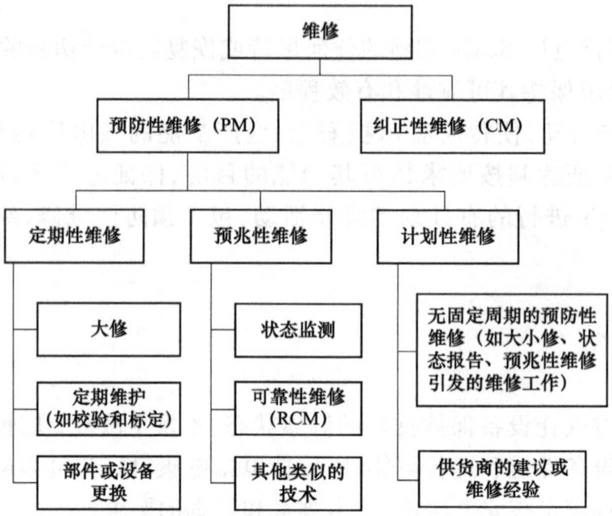

图 2-1　维修活动的分级

2.4 机组大修

大修是指为了完成机组运行期间不能进行的工作而必须停机的一段时间。通常有两种形式:换料大修和强迫大修。

换料大修,由于反应堆需要更换燃料并进行重大设备检修、检查、试验和实施技术改进而进行的计划内大修。

强迫大修(小修)。其是由于设备紧急检修、检查和/或试验而进行的非计划内大修。

根据国家核安全法规、运行技术规范并结合各种经验反馈,将换料大修分成三种类型:十年大修、年度大修、短大修,根据换料大修的类型对公司的大修进行中长期规划,并制定与之相适应的十年维修与试验数据库。

2.5 维修策略

以最合适经济的代价保持设备最好的状态。贯彻预防性为主、预测性为辅、纠正性为补的维修原则。

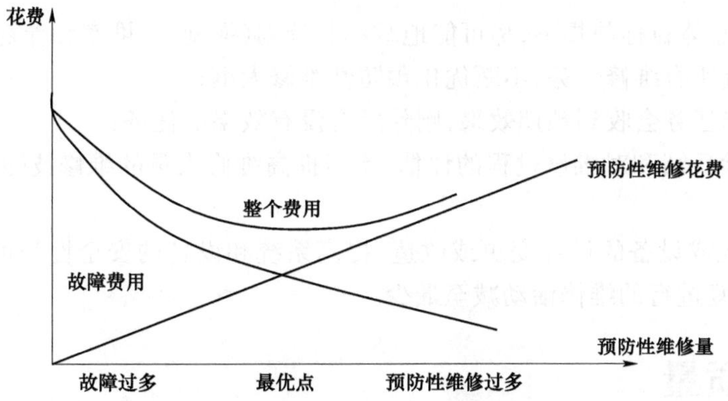

图 2-2 维修费用与预防性维修量的关系

1）维修组合的优化

图 2-2 是一个典型的维修费用——预防性维修量的曲线。随着预防性维修量和费用的增加，故障次数及与故障相联系的维修费用也减少。总的维修费用随着预防性维修量的增加而减少，直至达到一个最低点。超过这个点，随着预防性维修量的增加，对电厂安全性和可靠性的提高效果不大，而相应的维修费用却增加了。必须在预防性维修和纠正性维修之间取得最优平衡以保证电厂的有效维修。

2）维修策略的优化

图 2-3 显示不同程度的预防性维修和纠正性维修与计划停堆率和非计划(强制)停堆率之间的关系。图中：

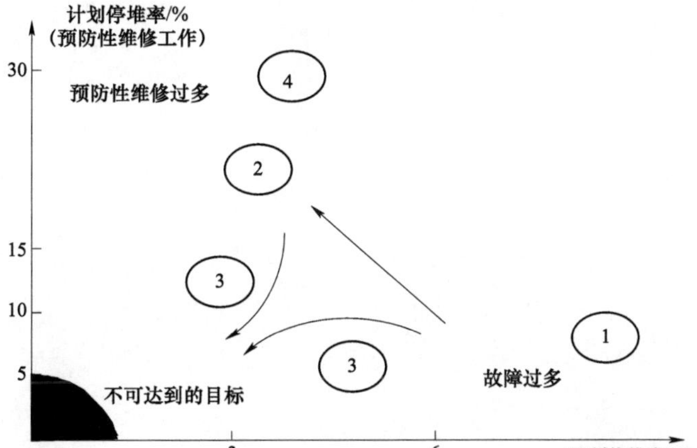

图 2-3 维修策略的选择

区域 1，反映了纠正性维修过多，预防性维修不足；

区域 2，反映用户以较大的努力，用更多的预防性维修来减少纠正性维修；

区域 3，是电厂比较理想的维修模式，通过优化组合减少非计划停堆率和计划停堆率，因此应选择进入区域 3 为维修模式优化方向；

区域 4，反映了用户过多强调预防性维修。

在满足电厂总体目标前提下,尽可能地减小非计划(强制)停堆率和计划停堆率。

1) 持续审查所有维修任务,不断优化预防性维修大纲;

2) 确保维修任务会收到预期效果,删除所有没有效果的任务;

3) 通过经验反馈和对维修过程的评估,不断提高维修人员的维修技能和正确实施的意识和能力;

4) 通过系统或设备的设计变更或改造,提高系统和设备的安全性和可靠性,使可能发生的故障或需重复进行的维修活动减至最少。

2.6 维修质量

质量是维修的生命。维修的根本目的就是确保质量。质量的标准就是满足设计要求,提高设备可靠性。

1) 纠正性维修数量:指在统计周期内发生的纠正性维修工作数量

2) 纠正性维修完成率:指在统计周期内纠正性维修工作按计划的完成比率(仅考核机组运行状态且非暂停的 CM 包)

3) 预防性维修完成率:指在统计周期内预防性维修工作按计划的完成比率(仅考核机组运行状态且非暂停的 PM 包)

4) 预防性维修比重:指在统计周期内预防性维修工作量与纠正性维修工作量的比值

5) 重复性维修:指在统计周期内设备维修质量不合格再次检修的次数

第三章　核安全

3.1　核安全的概念

核安全是指对核设施、核活动、核材料和放射性物质采取必要和充分的监控、保护、预防和缓解等安全措施，防止由于任何技术原因、人为原因或自然灾害造成事故，并最大限度地减少事故情况下的放射性后果，从而保护工作人员、公众和环境免受不当的辐射危害。

3.2　核安全的地位

2014 年 4 月，习近平总书记主持召开中央国家安全委员会第一次会议，首次提出总体国家安全观，建立国家安全体系，包括 11 个方面。核安全是国家安全体系的重要组成部分，是核工业的生命线。自觉遵守和践行《核安全文化政策声明》中的态度、立场和原则，大力开展核安全文化建设对核工业健康可持续发展意义重大。

3.3　核电历史的三次重大事故

1）美国三哩岛事故：1979 年 3 月 28 日发生了美国历史上最严重外核事故，事故 2 小时后，大量放射性物质溢出。反应堆大部分燃料元件损坏部分熔化；安全壳完整、大部分放射性物质没有泄漏出去，环境辐射很小；造成了极大社会恐慌，世界核电建设进入低潮。事故发生后，全美震惊，核电厂附近的居民惊恐不安，约 20 万人撤出这一地区。原因为辅助给水误隔离；稳压器泄压阀卡开；人为减少安注流量。

2）苏联切尔诺贝利事故：1986 年 4 月 26 日，切尔诺贝利 4 号机组在执行定期试验过程中，违反程序，导致反应堆爆炸起火，恶性核泄漏；抢险人员 30 人死亡，十几万人疏散；生态影响明显。

3）日本福岛事故：2011 年 3 月 11 日，日本东北太平洋地区发生 9 级地震，导致福岛核电厂反应堆紧急停堆，海啸致使电厂外电源丧失，堆芯得不到冷却，乏燃料得不到冷却，发生堆芯熔毁。并引发氢气爆炸。1～3 号机堆芯损毁，4 号机乏燃料损坏，1、3、4 号机安全壳损毁。大量放射性物质释放到环境中；20 公里范围内居民大撤离。

3.4　核安全文化

核安全文化是指各有关组织和个人以“安全第一”为根本方针，以维护公众健康和环境安全为最终目标，达成共识并付诸实践的价值观、行为准则和特性的总和。中国奉行“理性、协调、并进”的核安全观，它是现阶段中国倡导的核安全文化的核心价值观，是国际社会和中国核安全发展经验的总结。

核安全文化的十大特征。

1）核安全人人有责。每个人清楚地知道自己的核安全责任和权限。在报告关系、岗位权限以及团队责任中都强调“核安全高于一切”。

2）培育质疑的工作态度:对各种状态、假设和活动持续质疑,有任何疑惑或不确定时暂停工作。每个人都对不利于电厂安全的假设、价值观、状态或行为保持警觉。

3）沟通交流时始终关注核安全。沟通交流包括:人一人之间的口头交流,如会议、书面交流如报告、人一机之间的信息交流,如设备标识,在这些交流过程中,都应以安全为中心,并保持信息顺畅、准确、及时。

4）领导做安全的表率。公司政策强调核安全高于一切。领导在决策和行为中体现对核安全的承诺。高层管理者是核安全的首要倡导者,用他们的言行表达对核安全的承诺。核安全信息应作为一个专门的主题,经常、定时、持续地进行沟通。组织内的各级领导做安全的表率。

5）决策体现安全第一。支持或者影响核安全的决策是系统的、严格的和全面的。给操纵人员以充分的授权并确保他们理解管理期望,当面对意外或者不确定的情况时能将核电厂置于安全状态。高层领导支持并强化保守决策。

6）建立组织内部的高度信任。组织内充满信任和尊重,营造一个相互尊重的工作环境。在组织内建立高度信任,并通过及时和准确的沟通加以促进。鼓励提出不同的专业意见,并及时讨论和解决。及时反馈员工关注的问题的解决措施和进展。

7）倡导学习型组织。珍惜、寻求和利用一切继续学习的机会。高度重视运行经验,积极培育从经验中学习的能力。利用自我评估、培训、对标等形式促进学习。开展常态化的监督检查全面促进业绩提升。

8）识别并解决问题。对潜在影响到安全的问题,根据其重要性,及时识别、充分评价、快速处理和纠正。识别并解决各种问题,包括组织问题,来强化核安全和提升业绩。

9）认识核技术的特殊性。每个人都认识到因核技术的特殊性使核事故的影响具有深远性。核电厂通过高质量的设备、程序文件和高素质的工作人员,严格控制工作过程中的风险,严守设计裕量,确保三大基本功能完整、有效。

10）构建和谐的公众关系。通过信息公开、公众参与、公众宣传等公众沟通形式,确保公众的知情权、参与权和监督权,妥善对待和处理公众的各项诉求。

第四章　维修与核安全

1. 安全是底线，质量是根本，维修人员的行为直接影响电厂的质量和安全。

2. 质量是维修的生命。

3. 对缺陷零容忍，应修必修，修必创优。

4. 维修人员应通过自身的工作，努力实现维修工作目标，做到：

1）促进并在最大程度上保证核安全；

2）控制和减少雇员的辐射剂量(ALARA)；

3）尽量减少员工的人身伤害事故；

4）提高设备可靠性，使计划外停堆、强迫停堆、安全系统不可用减至最少；

5）尽量减少个人失误；

6）最大限度提高员工生产效率；

7）尽量减少返工。

第五章　维修人员的岗位要求

为确保中核运行各机组安全、可靠和经济运行，中核运行的每位生产相关人员在执行各项现场任务前，必须接受必要的培训并获得相应资格。

资格：指具备执行特定工作所需的知识、技能、工作态度、身体素质、技术水平和学历等的综合评价和证明。运用专门的考试或考核，确认某人具备执行某一岗位工作或专项工作的能力的过程即资格认证。

通过授权不仅表明该人员已基本具备质量安全意识和完成其工作任务所需的知识、技能及正确的工作态度，而且也表明该员工愿意完全担负起与其岗位工作相关的职责。

1. 根据电厂管理程序与维修工作相关程序，对维修人员进行基本授权培训，作为维修人员工作授权的基础。基本授权包括辐射防护、工业安全、消防保卫、事故应急、质量保证等方面。

2. 维修人员在完成了培训大纲和 JRTR 规定的全部培训内容并考核合格后，由本处室负责人给予相应的工作授权。

3. 所有维修工作人员必须得到充分、适当的授权后才能从事现场维修工作。

4. 承包商和电厂聘用的维修人员应具有与电厂维修人员一样的知识和技能，在工作前取得相应的工作授权。

5. 维修人员资格要求

理论知识要求

1）了解有关的法规、文件、标准、规程和电厂其他相关的规章制度。

2）具有核电基础、质量保证、工业安全、辐射防护、生产管理程序、消防和保卫，应急等方面的基础知识。

3）具有检修专业相应的基础知识，掌握本岗位所需的相应知识，熟悉所辖设备的基本结构及检修要求。熟悉所辖设备的维修规程，了解相关设备及专业的维修规程。

技能要求

1）按照岗位培训要求，进行培训和定期的复训，以达到所在岗位规定的技能要求。

2）鼓励维修人员一岗多能。

3）对高风险的维修工作(例如高辐射风险或其他)，应建立专门的培训设施和程序，进行专项培训与资格认证。

4）保持并提高维修人员的知识和技能，维修人员要不断进行自我学习，并进行复训，其内容不仅是培训大纲和JRTR规定的内容，还应包括系统设备的变更、规程升版、不常用或难度大的技能以及从经验反馈中吸取的教训等。

第六章　维修人员的行为规范

行为规范是指公司员工在生产活动中必须做到的或必须在行为中体现的管理规定和要求。

1. 维修人员在维修工作中应遵守电厂的行为规范，避免人为失误，确保有效维修，从而保证核电厂的安全、可靠和稳定运行。

2. 维修人员行为规范至少应包括以下内容：

1）安全第一；

2）遵守程序；

3）维修人员对电厂的各种指示、警报、电厂状况和事件要做正确的理解和行动；

4）维修人员要以职业、专业和遵循行业标准的方式来完成维修工作；

5）执行维修工作时，要确保辐射防护的"ALARA"-合理可行尽量低的原则，将污染的扩散减至最小；

6）交流要清晰、简明并让工作人员理解；

7）维修人员要对所承担的工作负责；

8）维修人员要通过保持质疑的态度、使用自我检查和互检的方法以及开展工前会议来提高自己的行为表现；

9）维修人员应明确各自的职责，以及维修任务的内容和范围

3. 维修人员应该对影响安全的所有活动表现出保守谨慎的态度，最大程度地控制风险，将风险降到最低的水平。

4. 为了使安全得到最大的保障，维修人员应牢记并遵循以下安全文化准则：

安全第一

安全是每一个人的责任

事故是可以预防的

安全的工作是好的工作

安全事件必须报告

5. 维修人员应遵循如下有效的工作习惯：

1）遵守并优化程序和规程

2）工作实践在技术上合理可行；

3）使用合适的工具和设施，以及遵守工业安全和辐射防护规定；

4）正确使用防人因失误工具；

5）异物或污染物不得进入敞开的容器和系统设备中；

6）通过探索质疑的工作态度、严谨的工作方法、相互交流的工作习惯来提高自己的行为表现；

7）善于通过总结和吸取外部经验反馈改进和完善维修工艺；

8）工作现场整洁有序。

第六部分　大修管理

第一章　概　述

大修是指为了保证机组能够安全、可靠、稳定、经济地运行，周期性地进行较长时间的停堆，以完成正常运行期间无法进行的更换、维修、变更改造、检查和试验等工作的生产活动。大修是一项复杂的系统工程，具有如下主要特点：

1）状态转换频繁；

2）安全控制要求高；

3）质量监督管控严；

4）决策响应迅速；

5）计划性强；

6）时间紧；

7）工作量大；

8）接口协调复杂；

9）资源配置多。

大修的主要作用是利用机组大修的时间，对设备进行更换、预防性及纠正性维修、在役检查、定期试验、变更改造等工作，进而消除机组的故障和隐患；通过大修提高设备可靠性，减轻日常维修的压力，与日常维修共同保障机组系统和设备处于最佳安全和质量状态，确保机组的安全稳定运行，提高电厂的发电能力和经营效益。

中核秦山核电基地（见图 1-1）有两种堆型的反应堆。

一种是压水堆，包括 300 MW、650 MW、1 000 MW 三种机型，共计 7 台机组。根据设计要求，压水堆型反应堆在每个运行周期时间（也叫燃料循环长度）后需要进行一次停堆换料，在停堆换料的同时，安排机组大修，故也称之为“换料大修”。

另一种是重水堆，包括 700 MW 机型 2 台机组，基于不停堆换料运行模式，重水堆无需要停堆换料，但根据机组的设备和系统的运行状态同样需要在一个标准运行周期时间后安排大修，进行必要的检查、维修、试验及改造等工作。

目前中核运行各机型的大修标准运行周期不相同，在生产管理中，将根据实际情况进行规划调整。

图 1-1 秦山核电基地航拍图

第二章　大修组织管理

核电厂大修是确保机组安全、可靠运行的重要保障，安全、优质、高效的大修将是提高核电厂核安全和业绩水平的关键因素，大修的安全、质量、进度、成本等方面均直接关系到各项生产指标和运营业绩，因此大修全过程的组织和管理是机组运行生产的重要内容。大修的组织管理涉及大修全过程，涵盖大修规划、大修准备、大修实施、大修总结等各环节。

多机组运行管理模式下，大修工作日益常态化和标准化，时常处于一个机组实施大修，其他几个机组进行大修准备的状态，无论是对单个机组还是多机组来说，大修工作都是一直在循环推进。大修工作需要不断地改进和优化，实施多机组、多项目、多层次的统筹和协调管理。

根据多机组大修的特点，为适应多机组大修组织管理的需要，采用多项目管理和单项目管理相结合的形式，加强大修现场的协调与控制，实现公司总体战略及单个项目的目标。

多项目管理：建立多项目管理组织机构，从公司战略的高度对多机组大修项目进行统筹安排和统一管理，对有限的资源进行合理的调配，对共性领域工作实行规范化、标准化，对单项目进行协调和控制。

单项目管理：采取矩阵型的大修组织形式，建立以项目管理为主、行政管理辅助支持的大修项目管理团队，在大修指挥部的统一领导及各职能部门的支持配合下，由大修经理及大修项目团队具体负责单个大修的组织与运作，确保大修的安全、质量、进度、成本等管理指标受控。

多机组大修组织管理模式如图 2-1 所示。

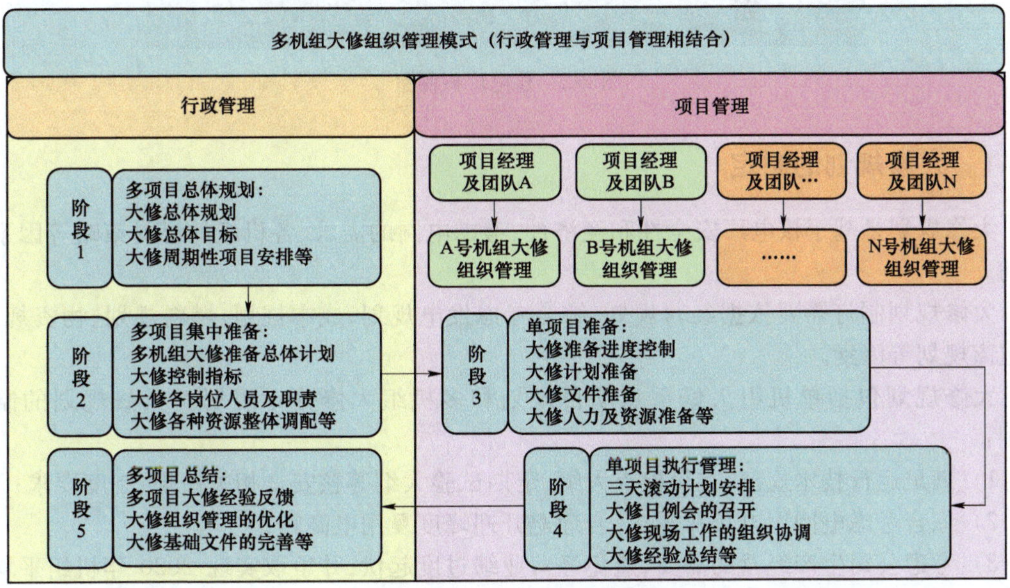

图 2-1　多机组大修组织管理模式

2.1 大修规划

大修规划是考虑机组大修的安全性、经济性、适用性、最优化同时兼顾单机组与公司全局的生产经营状况制定的。安全性包括核安全等法规的要求，经济性主要为对大修期间成本和资源的控制，适用性指大修规划应具备合理性、可行性、应变性，最优化是在遵守安全性、经济性、适用性原则的前提下平衡三者间的关系，以获得最大利益的原则。

大修规划需要确定某次大修中要执行的重点检修项目、大修类型，大修工期等，通过制定大修规划确定了各机组未来几年的大修关键路径上的主要工作，根据大修类型和大修工期，统筹安排和平衡机组未来几年的大修非关键路径上的工作，合理地调配和使用各项资源，为人员、技术、物资、合同等工作的充分准备提供指导，为燃料规划、发电规划、经营指标等提供基础数据。

大修规划具有前瞻性、连续性等特点。

图 2-2 核电厂控制室

2.1.1 大修规划的制定

大修规划是基于核电厂安全性和经济性，考虑电网的需求、各机组的燃料策略等因素制定的。

大修规划制订需要依据经营规划，综合考虑发电规划、成本规划、燃料规划、物资规划、承包商规划等因素。

大修规划包括单机组大修重点项目规划和多机组大修分布规划。大修规划的制定原则：

1）满足运行技术规范、在役检查大纲、定期试验大纲等核安全相关法规、制度要求；

2）综合考虑电网用电负荷需求，合理避开迎峰度夏用电高峰；

3）考虑公司生产经营的需要，避免经营业绩过度起伏，并争取实现 2020 年机组平均能力因子达到 92%的目标；

4）满足预防性维修大纲要求和燃料管理策略；

5）合理调配大修资源的，避免同一生产单元同时进行两台机组大修，避免公司同时进行三台或以上机组大修，并合理安排跨春节大修。

2.1.2　大修规划及中长期项目安排方法

中核运行采取"长短结合、均衡分布"的大修规划策略，即所有机组依据必须的检修项目设置年度大修（Yearly outage）、十年大修（Ten-year outage）、五年大修（Five-year outage）和短大修（Short outage）等类型；在十年或五年大修中集中处理工期较长的检修项目和重大变更改造项目，在年度大修中检修项目均衡分布、力求统一，在条件满足情况下，争取实现短大修。

大修中长期项目的安排是重点关注影响大修工期或对大修预算、剂量、资源等有重要影响的大修项目，这些项目来源于周期大于一个运行循环的预防性维修、无周期的纠正性维修和改造变更等项目。因此，大修中长期项目的选择主要考虑如下因素：

1）影响大修工期的项目，即一般情况下处于大修关键路径或次关键路径上的项目；

2）受场地、吊装设备、备件、工具、特殊专业技能人员的数量、外部协作等资源或技术条件限制的项目；

3）剂量比较高的项目；

4）成本比较高的项目。

大修规划的工作过程如图 2-3 所示。

根据机组的大修和运行情况，大修规划每年进行一次升版。

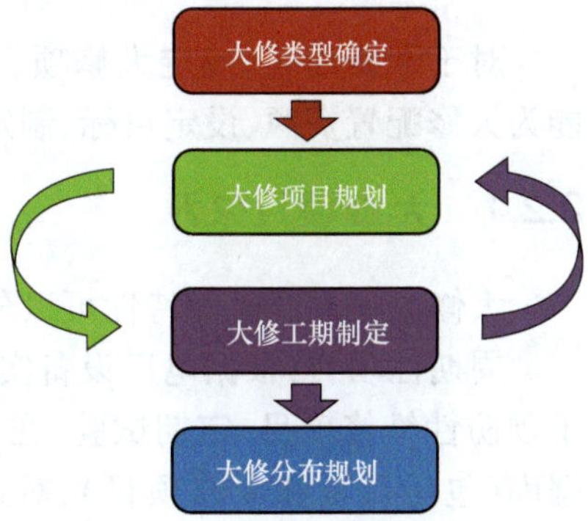

图 2-3　大修规划的工作过程

2.1.3　大修类型及主要项目

中核运行所辖机组的大修基本类型有十年大修（轻水堆的首次大修）、五年大修、年度大修和短大修。由于短大修的实施与机组的设备的运行状态密切相关，在大修规划中未安排该类型的大修，其他类型大修中的主要项目如表 2-1 所示。

表 2-1　大修中的主要项目

堆型	类型	十年大修	五年大修	年度大修
轻水堆	工期	计划工期 65 天	计划工期 45 天	计划工期 35 天
	主要工作	一回路水压试验 压力容器在役检查 安全壳密封性试验 换料 低低水位的检修工作汽轮发电机组的全面检修 重大工程改造项目	换料 蒸汽发生器 U 形管涡流检查 低低水位的检修工作 汽轮发电机组的全面检修较大工程改造项目	换料 蒸汽发生器 U 形管涡流检查 低低水位的检修工作 一般工程改造项目 一般年度检修项目

续表

堆型	类型	十年大修	五年大修	年度大修
重水堆	工期	根据具体执行项目确定	根据具体执行项目确定	计划工期 38 天
	主要工作	柴油发电机本体解体大修 主变和启备变本体及 GIS 大修 压力管定位端互换钒探更换 蒸汽发生器一次侧涡流检查 低水位相关设备检修 蒸汽发生器二次侧冲洗 热阱相关电源检修重大工程改造项目	蒸汽发生器一次侧涡流检查 低水位相关设备检修蒸汽发生器二次侧冲洗 热阱相关电源检修中等的变更改造 压力管在役检查 安全壳泄漏率试验	蒸汽发生器一次侧涡流检查 低水位相关设备检修 蒸汽发生器二次侧冲洗 热阱相关电源检修 钴调节棒更换 汽轮机分缸检修 一般工程改造项目

2.2 大修项目确定

对于大修而言，确定大修项目是所有大修工作的首要任务，只有确定好了大修项目，才能为大修配置资源、设定目标、制定计划。

2.2.1 大修项目来源

大修项目按照时间特性可以分为周期性项目和非周期性项目(见图 2-4)。

周期性项目：根据电厂设备实际运行状况、维修历史、技术改造和内外部经验反馈，汇集了预防性维修项目、定期试验、在役检查、防腐、化学分析、物理试验等项目建立了预防性数据库(包括日常和大修项目)，对这些项目将按照时间频度，定期安排实施，亦统称预防性项目。

非周期性项目：指除周期性项目之外的项目，日常转大修项目、工程遗留项(针对首修)、变更改造、纠正性维修等。

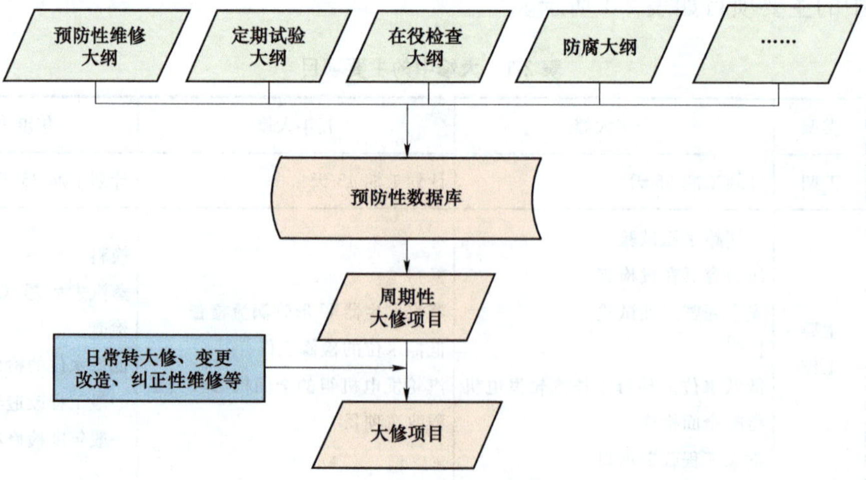

图 2-4 大修项目

2.2.2 大修项目确定及发布

大修项目是依据预防性数据库，同时结合机组日常运行期间遗留的问题和经验反馈的基础上确定的。

每次大修之后，由大修管理部门组织对该机组大修预防性项目进行反馈，通过预防性项目设置和周期不断调整更新，优化预防性数据库和中长期大修项目，大修预防性项目变更如涉及大纲内容变更或计划调整超过裕度的，需填写“预防性维修数据库项目变更单”，按审批流程进行审批。其中涉及在役检查大纲、性能试验大纲、定期试验大纲等 NNSA 批准文件项目的调整，需报 NNSA 批准后实施。

大修结束一个月后，在下一轮大修准备开始前完成预防性数据库的调整优化工作，进而触发下一次大修周期性项目。机组运行期间累计的日常转大修项目、工程遗留项、纠正性维修等项目由日常计划部门进行管理，并定期向大修管理部门移交清单；大修变更技改项目由技改管理部门负责组织确定并发布当次大修的实施清单。

大修管理部门负责大修预防性项目清单初版的编制，并组织各相关部门进行审查，根据审查意见调整大修项目清单，提交电厂维修分管领导批准后正式发布。在大修开始前 4 个月，冻结大修项目，再次发布冻结版大修项目清单。大修项目冻结后，增加、取消预防性项目及大修技改项目必须填写项目变更单。

图 2-5 核电厂大修示意图

2.3 大修综合性能指标

大修综合性能指标：综合衡量大修绩效的一系列指标。设置大修综合性能指标体系，利于规范大修组织管理，统一大修性能指标内容及评价准则，通过对指标的管控，实现大修绩效监测，并通过分析和评价指标趋势，为大修绩效提升和持续改进提供决策依据。

2.3.1 大修综合性能指标设置

中核运行大修综合性能指标体系参考中国核电厂大修指标设置，包括安全、质量、进度、成本四大类。

根据公司内、外部核电机组大修的经验反馈,针对每项指标进行星级评价标准的设置:三颗星为优秀值;二颗星为良好值,高于平均水平;一颗星代表平均水平;无星,表示低于平均水平。

大修综合性能指标如表 2-2。

表 2-2 大修综合性能指标

序号	类别	大修综合性能指标名称			☆☆☆	☆☆	☆	○
1	安全	一级及以上运行事件(起)			0	N/A	N/A	≥1
2		人因造成的 0 级运行事件(起)			0	1	2	≥2
3		非计划进入技术规格书(TS)运行限值和条件(次)			≤1	≤3	≤5	>5
4		技术规格书规定的各类试验一次合格率(%)			≥96%	≥93%	≥90%	<90%
5		重伤及以上的人身伤亡事故(起)			0	N/A	N/A	≥1
6		人员轻伤(起)			0	1	≤3	>3
7		工业安全未遂事件(起)			≤1	≤5	≤8	>8
8		工业安全许可执行率(%)			100%	≥98%	≥96%	<96%
9		安全措施错误许可证数量			0	≤1	≤3	>3
10		火灾事故(起)			0	N/A	N/A	≥1
11	安全	火险事件(起)			0	1	2	>2
12		重大设备严重损伤次数(次)			0	N/A	N/A	≥1
13		放射性物质非受控转移事件(起)			0	N/A	N/A	≥1
14		集体剂量(man.mSv)	压水堆	年度大修	≤300	≤450	≤600	>600
				首修	≤450	≤600	≤750	>750
				十年大修				
			重水堆	年度大修	≤400	≤550	≤700	>900
				首修/十年大修	≤550	≤700	≤850	>850
15		最大个人剂量(mSv)			≤8	≤10	≤15	>15
16		体内污染(人次)			0	1	2	>2
17		体表污染(人次)			≤5	≤8	≤10	>10

续表

序号	类别	大修综合性能指标名称	☆☆☆	☆☆	☆	○
18	安全	区域污染事件(起)	≤2	3	4	>4
19		放射性固体废物产生量(m^3)	≤30	≤35	≤40	>40
20		废液超限值排放次数(次)	0	N/A	N/A	≥1
21	质量	设备再鉴定(维修后试验)一次合格率(%)	≥98%	≥95%	≥92%	<92%
22		设备重复检修率(%)	≤1%	≤2%	≤3%	>3%
23		大修检修质量综合指标	0	N/A	N/A	≥1
24	进度	大修项目冻结后项目增减率(%)	≤5%	≤8%	≤10%	>10%
25		大修工期偏差率(%)	≤5%	≤10%	≤12%	>12%
26		项目遗留率(%)	≤0.5%	≤1%	≤2%	>2%
27		计划开工率(%)	≥98%	≥95%	≥92%	<92%
28		计划完工率(%)	≥98%	≥95%	≥92%	<92%
29		大修备品备件及材料应急采购数量(项)	≤50	≤80	≤120	>120
30	成本	大修预算偏差率(%)	≤10%	≤15%	≤20%	>20%

2.3.2　大修综合性能指标的应用

1）每次大修前 3 个月，大修管理部门与相关处室确定该大修综合性能指标，指标原则上按照指标体系三星标准进行设置，其中的“集体剂量”以及“放射性固体废物产生量”指标可根据大修的实际项目进行适当优化调整。如大修指标设置不低于三星标准，则直接通过大修信息手册发布；如大修指标设置低于三星标准，需经大修总指挥批准后发布。

2）大修期间，大修相关处室应及时关注大修指标情况。

3）大修结束后一个月，大修管理部门负责牵头汇总统计机组大修综合性能指标及指标的分析评价。

4）大修完成100天后，大修管理部门编制机组大修综合性能指标报告，对大修综合性能指标进行分析评价，持续进行大修优化，以持续提升大修绩效。

5）大修综合性能指标作为中核运行内部大修绩效奖励以及大修承包商绩效奖励评价的参考依据。

大修现场操作如图 2-6 所示。

图 2-6 大修现场操作

2.4 大修准备组织运作

大修准备是大修实施的前奏，其及时性和有效性是决定大修是否成功的关键因素之一，良好的大修前计划和准备有助于核电厂核安全和业绩水平的提高。

大修准备的组织管理，需要确保准备工作开展有序、进度受控，目的是对大修期间将要执行的各项工作做好充分准备，为大修高质量的执行打下良好的基础。

大修准备要求：

1）明确大修准备工作的内容和要点；

2）设定大修准备工作的工期和目标；

3）落实大修准备工作的安排和实施；

4）控制大修准备工作的进度和质量；

5）确保大修准备阶段向实施阶段顺利过渡。

图 2-7 核电厂操作

2.4.1 大修准备组织机构

大修准备组织机构采用矩阵式管理模式，以行政管理和项目管理相结合，统一调配各种资源，逐级管控，逐层推进大修准备工作，将计划、准备和实施工作细化落实。大修准备组织机构一般在大修开始前10个月建立，首次大修则在大修开始前12个月建立。大修准备组织机构由以下三部分构成。

1. *大修指挥层*

负责大修准备阶段的整体管理，协调大修执行、监督、支持、保障之间的良好合作。

2. *执行层*

1）执行层包括大修管理处、维修*处、运行*处、技术*处、维修支持处、技术管理处、土建服务处、燃料操作处、物资采购处、服务合同处、保健物理* 处、化学处、堆芯燃料处等处室；

2）大修管理处负责指派一名大修经理组织和实施大修准备的各项活动，推进相关工作进展；

3）执行相关处室指定一名处长总体负责本处室某台机组的大修准备工作；

4）执行处室按照细分专业指定一名专业协调人，具体推进和接口该专业的准备工作；

5）对重大的大修项目设立专项准备组，由责任处室指定专项负责人组织开展准备工作。

3. *监督、支持、保障层*

1）监督、支持、保障机构包括核安全处、安全质量处、储运管理处、生产计划处、经营计划处、执照管理处、培训管理处、公司办、人事管理处、保卫处等处室；

2）监督、支持、保障相关处室原则上安排一名科长以上人员担任本处室协调人，负责推进和接口本处室某台机组的大修准备工作。

2.4.2　大修准备运作模式

1. *大修准备的实施推进*

大修管理处负责大修准备归口管理，总体负责公司各机组大修准备的组织管理工作，制定大修规划及大修准备计划，规范大修准备运作流程与方法，组织确定大修项目，组建大修准备组织机构，指导、督促、支持大修经理对大修准备的规范运作。

大修经理具体负责大修准备的组织管理，组织、协调各相关处室按计划完成各项大修准备工作。

2. *大修准备的会议制度*

大修准备阶段设置四级会议制度（见表 2-3），主要为：公司大修准备例会、生产单元大修准备例会、大修项目组会议、专项组会议，阶段性的检查和评估准备工作，及时指导和推进大修准备事务。

表 2-3　大修准备的会议制度

会议名称	频度	主持人	会议主要内容	参会范围	机组单元	组织召集部门
公司大修准备例会	半年	大修总指挥	对公司大修工作进行总体的安排和部署，进行大修总结反馈，调整大修规划及重大事项的决策等	大修指挥部成员及相关处室负责人	公司各生产单元	大修管理处

续表

会议名称	频度	主持人	会议主要内容	参会范围	机组单元	组织召集部门
生产单元大修准备会议	每月	大修执行指挥	检查大修准备相关工作的进展情况，协调处理大修准备所遇到的困难和问题	大修相关处室负责人、大修经理、相关专业协调人	分生产单元召开	大修管理处
大修项目组会议	双周	大修经理	按照大修准备计划，协调、推动所负责大修相关准备工作的顺利开展	大修管理处处长、大修项目组成员、各专业协调人、各专项负责人等	分机组召开	大修管理处
专项组会议	不定期	项目负责人	推动专项准备工作的开展，协调存在的问题	专项组成员及其相关专业的协调人或负责人、承包商相关人员	按项目召开	专项责任处室

2.4.3 大修合同准备

大修是电厂工作中涉及部门、专业、人员、物资、工作内容最为集中的生产活动，其中有大量的维修、检查、技术支持等工作需要委托实施，所以合同是大修准备的重要一环。为了及时完成委托合同签订，确保大修外委工作如期开展，按照大修准备计划中合同签订的时间要求，由项目外委处室负责编制技术规格书和进行立项申请，合同部门进行合同谈判和签订工作，大修经理将适时跟踪和督促该环节的工作进展。

大修工作的安全、质量、进度状况是大修成功与否的关键因素，归根结底就是现场管理水平、人员技术实力和物资质量合格率上的体现，日益提高的大修工作专业化和常态化的需求，对大修合同的门槛条件趋于细化和提高，通过详细的技术规格书规定其工作范围、技术资质、人员配置、计划窗口、现场准备等内容，在准备期间逐一完成立项申请、技术澄清、商务谈判、合同签订等环节的工作，确保大修合同满足大修的实施需求。

2.4.4 大修物资准备

物资是大修的必备资源，由技术部门提交采购申请，经营计划处下达物资采购预算，物资采购处负责实施采购。因为受到物资供货周期和采购成本的限制，无论是即时采购还是库存储备都难以完全满足大修需求，经过历年的经验和数据积累，目前采取物资安全库存管理和提前两年启动大修物资的采购相结合的方式进行大修物资的储备。其中提前两年的大修物资采购是基于大修预防数据库管理，在项目分析准备的基础上制订合理的安全库存数量，再通过大修项目的筛选及备件统计，确定所需采购物资的种类和数量，多机组通用备件、耗材的准备将一并统筹考虑。同时，在大修准备阶段还可通过工单的备件预留直观显示物资可用情况，及时提出补充采购申请，确保开工时可以有足够的物资领用。备件的预留成功率是作为准备阶段备件是否齐备的重要指标。

为了确保大修物资不仅数量足够，而且其质量还应满足要求，目前逐步推广重要物项核查的做法，针对大修项目中涉及重要系统、设备的预防、纠正、技改等项目的备件进行实物核查，核查工作按照标准准备计划在大修开始前一个月完成。在整个大修准备阶段对于采购在途的物资实施滚动跟踪，由实施部门给予评估是否需要进行项目调整或物项替代还是准备预案。

2.4.5 重大专项准备

在大修项目的准备实施中，按照电站的生产经营目标有效地组织管理大修活动，保障大修工作和流程高效运作。围绕大修总体目标，为进一步突出重点，需要筛选出容易对大修安全、质量、工期等方面指标造成降低或不可逆转影响的项目，确定为重大项目。这些项目主要是重大预防性检修/试验、重大缺陷(TOP10)、重大改造变更等，其往往工作复杂，工期较长，占用关键路径或检修窗口，涉及多个专业或部门的协作，存在联络、协调问题较多的情况。

对大修重大项目成立专项组进行管理和控制，按照专业分工指定专门的项目负责人组织协调这类活动的准备、实施以及总结等工作，专项组由负责部门组织成立，根据实际需要构建组织机构，确定专项组各成员的分工和职责。专项负责人组织专项准备会议，牵头制定并讨论专项计划和方案，进行风险分析并落实应对措施，协调和推进接口事宜，为大修期间的顺利实施开展准备工作。

成立专项组目的在于对重大项目进行模块化管理，便于集中优势力量针对性地提高大修重大项目的管控和执行力度，减少或消除潜在的问题和风险，有力地组织和推动相关准备和实施工作。

2.4.6 大修文件包准备

大修文件包由实施部门负责准备和编制，经过多年的积累和完善，其构成和准备要求日趋成熟，大修文件包将通过准备、审核、会签(评估)流程后生效。大修文件包构成的主要要素如下(以维修工作文件包为例)：

1) 工作安排
2) 工作指令
3) 文件挂接
4) 质量计划
5) 风险分析
6) 会签意见
7) 工单领料
8) 工具申请
9) 许可申请
10) 化学品信息

周期性项目的工作文件包内容经实施部门不断地完善和优化，在预防性数据库中逐步形成标准文件包，文件包的构成要素内容已固化，一同随大修工单在工单管理系统中触发产生出来，实施部门再根据大修项目具体的工作内容对标准文件包进行适用性修改。

非周期性项目则在工单产生后按照构成要素逐一编制完成，对于其中日后将纳入周期化管理的文件包会在首次执行完善后增加到预防性数据库中。

2.4.7 大修工器具准备

大修工器具由维修支持处归口管理，根据大修工作需要，大修实施部门进行借用或授权(承包商)借用工器具。分为通用工器具、专用工器具、计量器具、安全工器具等：

1) 通用工具：指一般工器具，可用于多种设备、设施的维修，不属于公司某个系统或某些设备专门使用的工具，使用广泛，能在市场上随时采购到的工具。

2) 专用工具：专为某些设备的维修而特制的工具和装置以及与之配套的通用工具，需要寻找专业厂家特别定制或能满足某些特殊要求的工器具。

3) 计量器具：是对计量学领域测量器具的一种俗称，指单独地或连同辅助设备一起用以进行测量的装置，包括实物量具(含标准物质)和测量仪器。

4) 安全工器具：指为了防止发生触电、坠落、起重伤害等人身伤害事故，保障工作人员人身安全的各种专用工具和器具。包括登高、起重、电气绝缘及手持式电动四大类。

图 2-8 大修中设备检修

2.4.8 大修后勤保障

后勤保障是大修执行过程中的重要支持环节。由秦山核电集团筹备组负责联络和协调大修期间的后勤保障工作，主要包括大修用餐、住宿以及大修车辆安排等方面，如图 2-9 所示。

2.4.9 大修前核查

为使大修准备工作达到既定目标，满足大修实施的需要，由大修管理处负责对大修准备阶段的各项工作持续跟踪控制，主要包括：准备的组织管理、计划安排的准确性、项目范围控制、物资需求到位情况、工作文件包准备、合同签订等，确保准备工作的实施进度和质量，利于尽早纠正偏差和反馈改进。

在大修准备阶段的后期，由大修管理处组织实施大修准备的核查和评价，针对大修各项准备工作的进展情况，确认其是否按计划顺利完成，在大修开始前一个月开始依据《大修准备工作核查单》(附录 1)组织对大修准备总体情况进行检查，逐项落实大修准备相关工作，根据检查的结果进行针对性的评价，确保各项准备工作满足大修的需要。

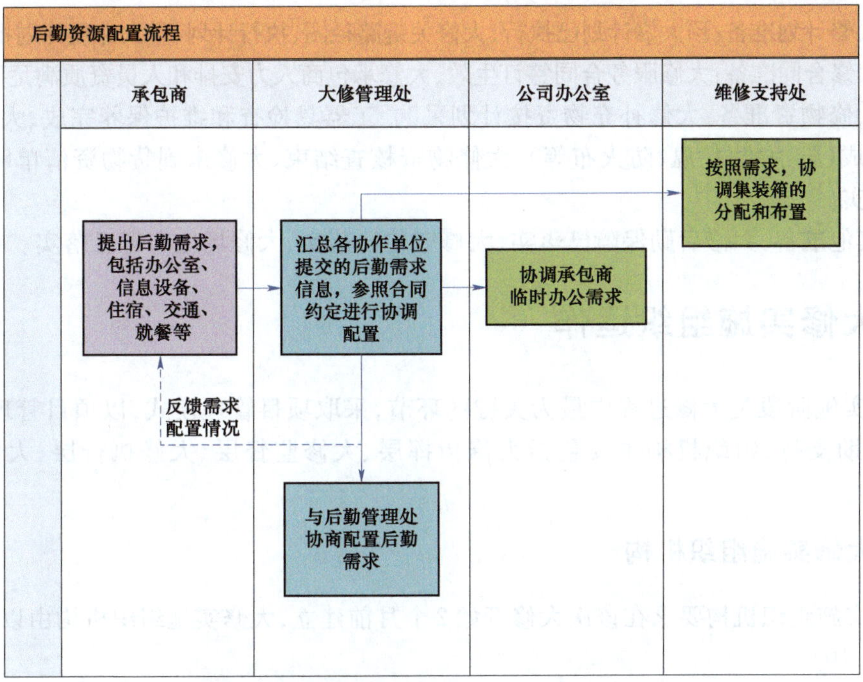

图 2-9　大修后勤车

核查内容包括如下几方面。

1）大修组织管理：大修组织机构的建立、各岗位人员到岗情况及责任与分工、大修准备计划实施情况、大修准备例会开发的行动项完成情况、大修控制指标确定、大修相关培训工作的完成情况、大修经验反馈材料的发布学习。

2）大修项目准备：大修项目数据库的反馈和修改完成、大修范围确定、大修项目清单发布、大修重大专项及项目负责人明确、大修高风险作业清单及风险防范措施明确、大修纠正性项目清单及处理方案确定、大修技改项目清单确定、大修项目按期冻结、大修项目调整变更完成审批流程。

3）大修文件准备：大修前核安全相关报告的和文件（特许申请、专项方案等）已提交 NNSA 批准、完成大修相关文件/程序的修订生效、完成大修专项/技改方案的编制生效、完成工作文件包的审查生效和分发执行单位、大修信息手册印制颁布及分发。

4）大修计划准备：预大修计划已执行、大修关键路径图、执行计划、重大专项计划批准生效。

5）大修合同准备：大修服务合同签订生效、大修承包商人力安排和人员资质满足要求。

6）大修物资准备：大修补充物资按计划采购、工器具检查和维护保养完成、大修通用物资准备完成（脚手架、保温、防火布等）、大修物资核查结束、大修未到货物资清单明确，应急方案已落实。

7）其他准备：大修后勤保障已落实，大修宣传已落实、大修场地布置已落实。

2.5 大修实施组织运作

大修实施阶段是大修过程中最为关键的环节，采取项目管理模式，以项目管理为主，行政管理辅助支持，组织机构主要包括大修指挥层、大修监督层、大修执行层、大修支持层四部分。

2.5.1 大修实施组织机构

大修实施组织机构要求在该次大修开始2个月前建立，大修实施组织机构由以下部分构成（见图2-10）。

大修总指挥部：由公司总经理批准任命，原则上包括维修、生产运行、技术、安全质量、企管商务等领域主管领导构成，维修领域主管领导担任大修总指挥。

大修执行指挥部：由大修总指挥批准任命。向大修总指挥部负责，负责大修实施期间安全、质量和进度管理总体控制；组织对重大安全、质量、进度问题的方案进行讨论、审查、决策和协调处理；协调大修执行指挥部，大修经理与各领域及职能处室处长之间的良好合作；采取各项措施，确保大修实施符合总指挥部下达的责任书的各项指标，并力争优秀。

核安全经理

1）向大修执行指挥部和核安全处负责，全面负责机组大修期间的核安全监督。

2）负责大修实施阶段对核安全相关大修活动进行独立监督检查，确保符合技术规范要求。

3）负责在大修相关的协调会等会议上就核安全状态的控制提出建议、要求或进行工作布置和安排。

QA 经理

1）向大修执行指挥部和安全质量处负责，全面负责机组大修期间的质保工作，确保质保体系的运转正常，负责监督大修 QC 工作的有效性。

2）负责在大修相关会议上就质保体系运转以及 QC 工作的有效性提出要求或进行工作布置和安排。

大修项目组：由大修经理、大修副经理、大修计划经理、工业安全经理、QC 经理、修后试验经理等构成。

大修经理

1）全面负责本次大修项目管理工作，向大修执行指挥及大修管理处负责。

2）负责按照大修项目、计划和公司大修指标考核的要求，组织大修的实施和全面推进，确保大修的安全、质量、进度、成本满足公司的要求。

3）负责项目组各成员之间的协调管理和良好合作，确保大修项目运作团队目标的实现。

4）负责主持每天大修协调会，安排布置大修后续工作安排，明确大修问题的处理意见或落实责任处室，并对下一步工作的重点和应关注的风险提出要求。

5）跟踪、督促核查大修执行指挥部、大修项目部相关要求的落实和完成情况。

6）对于大修过程中遇到的重大的安全、质量、进度问题时，大修经理负责召集相关专业人员或部门负责人召开专门会议，讨论处理意见，并立即报告大修执行指挥部。在处理意见审批后负责组织各方落实执行；在大修经理组织或协调困难时，大修经理可提请大修执行指挥部负责组织公司相关处室讨论处理意见。

7）负责审查大修有关的文件如机组再启动报告等。

8）在大修结束后，负责组织对各职能处室进行绩效考核评价，并依据考核结果向执行指挥部提出激励建议方案。

9）大修经理有权根据指挥部的授权，综合项目部成员的意见，对大修安全、质量、进度贡献突出的处、科或个人进行适当的激励或奖励；对影响或没有按照项目要求推进大修工作的处、科或个人进行适当的处罚。

大修副经理（运行）

1）向大修经理和运行处处长负责。

2）负责协调大修相关的运行领域相关工作；确保机组状态和系统、设备状态、工作票控制等满足大修计划的要求。

3）负责在大修相关会议上就运行领域相关工作提出要求或进行工作布置和安排。

大修副经理（常规岛）

1）向大修经理负责。

2）协助大修经理进行大修项目管理相关工作，当大修经理不在现场时，代理大修经理职责；负责在大修相关会议上就常规岛相关工作提出要求或进行工作布置和安排。协助大修经理就大修其他事项提出要求或进行工作布置。

工业安全经理

1）向大修经理和安全质量处负责，全面负责大修现场工业安全监督及工业安全状态的控制。

2）负责在大修相关的协调会等会议上就工业安全状态控制及安全监督提出要求或进行工作布置和安排。

质量控制（QC）经理

1）向大修经理和技术处负责，全面负责机组大修期间的质量控制工作，确保大修QC工作的有效性。

2）负责在大修相关的协调会等会议上就QC工作的正常开展，异常处理及现场QC监督的有效性等提出要求或进行工作布置和安排。

计划经理

1）向大修经理负责。全面负责大修现场工作计划的控制和协调，确保大修各项工作按计划有序开展。

2）负责在大修相关的早会、协调会等会议上就计划控制状态及相关工作的安排提出要求或进行工作布置和安排。

维修后试验经理

1）向大修经理及运行*处负责。全面负责大修维修后试验的计划安排、现场实施等工作的控制和协调，确保大修各项工作按计划有序开展。

2）负责在大修相关的早会、协调会等会议上就维修后试验的执行及计划控制等相关工作的安排提出要求或进行工作布置和安排。

核岛/常规岛/PX协调工程师

1）协助大修经理及大修副经理进行核岛、常规岛、PX厂房及其辅助厂房大修工作的组织与管理。

2）核岛、常规岛、PX厂房及其辅助厂房场地布置、厂房安全卫生管理。

3）组织或参与核岛、常规岛、PX厂房及其辅助厂房联合大检查。

4）跟踪核岛、常规岛、PX厂房及其辅助厂房维修项目技术问题讨论及缺陷处理。

5）进行大修现场工作、物品存放、安全、环境等方面的巡视监督管理，对现场发现异常情况反馈常规岛经理，并跟踪处理结果。

6）进行大修后的总结和经验反馈的编制、收集和整理。

各处室

1）项目制管理是代表公司层面对一个大修的全面管理，各处室作为项目组在业务以及大修执行方面的具体实施部门，有责任配合和支持大修项目部的工作，应服从大修项目部的工作安排和协调调动，积极承担并完成本处室的职责，并为完成大修各项活动提供积极的建议、充分的资源和技术支持保障。

2）各业务或职能处室就大修工作直接向大修项目组负责。

3）各处处长对本处负责执行的大修活动或大修项目部布置的大修活动的安全、质量、进度负全面责任。

4）各业务或职能处室要勇于承担责任，积极处理和自己相关或自己处室能力范围内可以承担的大修工作，杜绝推诿和逃避责任现象的发生。

5）在大修出现异常或突发问题时，各处作为业务或职能部门有责任和义务依据大修项目组的要求或执行指挥部的要求提供处理方案或处理建议。

6）在各处执行大修活动的过程中，各业务或职能处室的处长要积极协调并努力完成各自的工作，及时向大修项目组通报大修工作的进展。

7）大修项目部有责任协调并向各处室提供完成其大修任务需要的外部资源。

各专业协调人

1）向大修项目部及各业务和职能处室处长负责。

2）是各职能或业务处室在大修工作中专业领域的代表，负责本专业大修工作的顺利实施以及各专业组之间的协调。

3）负责按照公司程序或处室管理程序的要求完成大修相关工作的实施。

项目管理和行政管理的职责规定

大修管理按照项目组（项目线）组织、协调、管理、考核，各领域及职能处室（行政线）负责实施、落实、完成的模式进行管理、协调和推进。

图 2-10　大修实施组织机构图

大修项目组(项目线)作为大修管理、协调、推进的专门项目组织机构,代表公司负责大修的组织协调和推进工作,确保大修各项指标的完成,对各领域及职能处室大修项目的进展进行考核和绩效评估,负责组织大修实施过程发生的异常情况的处理,组织和推动大修实施的顺利开展。

各领域及职能处室(行政线)作为大修具体项目或任务的实施部门,主要负责大修各项具体工作的实施,承接大修项目组布置的大修工作任务,确保项目实施的安全、质量、进度符合大修项目组的要求。各领域分管领导和处室负责人是大修具体项目完成的第一责任人,负责按照大修项目组的要求,完成各自大修相关工作或项目组要求工作的完成。

大修项目线和行政线共同推进大修工作,确保大修安全、质量和进度满足大修管理目标的总体要求。大修协调机制主要流程如图 2-11。

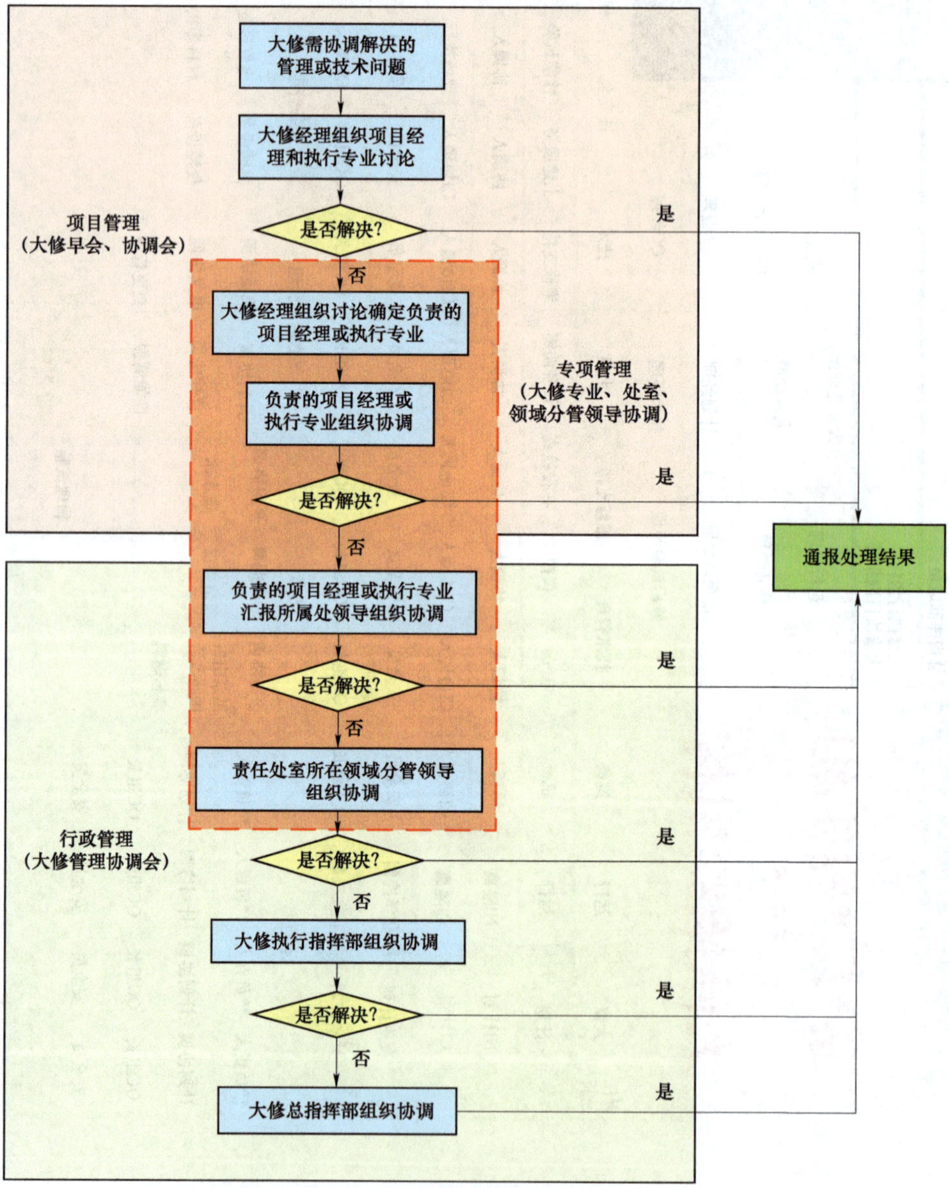

图 2-11 大修现场问题协调机制

执行期间会议制度

大修执行期间主要召开的会议包括：每日的大修早会、大修协调会，根据工作需要还要不定期的召开专题会议对重要工作进行协调。大修期间会议安排、会议内容和主要参加人员见表 2-4。

表 2-4 大修执行期间会议制度

会议名称	频度	会议主持	参加人员	会议内容	启动时间	结束时间
早会	每日	计划经理	大修经理、大修副经理、各执行专业协调人、主要承包商协调人等	-简要通报上一天大修工作进展及出现的问题，初步确定问题的解决方案 -通报当天大修计划安排、重要关注事项	解列前一天	并网后
大修协调会	每日	大修经理	大修指挥层成员、大修经理组成员、QA 经理、核安全经理、大修相关处室负责人、主要承包商负责人等	-报告过去24小时的进展-报告核安全事件、不符合项，工业安全和辐射防护等事件-解释计划的更新，未来24 h 工作安排，强调关键路径和风险控制-对影响大修的接口或重大技术问题进行协调，指定每个问题的责任人，并明确解决的期限	解列前一天	并网后

2.5.2 大修信息发布管理

大修信息管理使用大修信息平台，所有的涉及大修的信息均可以通过该平台发布和查询。

1. 大修信息平台

电厂每台机组的大修信息维护工作从大修准备开始，收集、跟踪、展示大修准备相关信息。

大修信息维护主要由指定负责人通过专业账号完成，相关信息由各参与大修处室的指定人员从网页入口自行录入。大修结束后，对大修信息进行统计汇总等工作。

2. 日报管理

大修日报主要包括以下：

1）大修总体信息

2）大修计划控制

3）运行控制和操作安排

4）核安全状态综述

5）工业安全管理信息

6）QA 管理信息

7）QC 管理信息

8）辐射防护管理信息

9）主要项目的执行进展
10）变更改造信息
11）消防保卫管理信息
12）物资和服务合同信息
13）在役检查和材料防腐信息
14）维修支持管理信息
15）土建服务管理信息
16）经验反馈
17）上次协调会行动

以上各项信息由相关部门每天中午 13 时前完成大修信息系统填入，由计划人员从大修信息管理系统导出，经大修经理审核后在大修信息管理系统正式发布 PDF 版。

3. 三日滚动计划

大修期间，大修计划工程师负责将所有维修和运行活动纳入计划管理，密切跟踪现场的工作进度，及时修改大修计划，从而更精确地指导现场工作，控制大修进度。针对每日计划信息，大修计划工程师每天发布经大修经理批准的三日滚动计划。

4. 值班日志

大修期间，计划组人员 24 小时跟踪计划的实施情况，并根据运行和维修执行、设备缺陷等情况，及时调整计划信息。

通常情况下，计划人员从早上 8 点到晚上 8 点之间为白班，其余时间为夜班。两个班次计划人员在交接工作的时候，需要提交值班日志信息，并进行详细交流。

2.5.3 应急采购

应急采购：指由于突发事件或其他原因，对于机组运行、维修、改造和试验等急需使用的物项和服务，按常规流程无法满足需求且可能影响机组安全和总体经济性，所采取的一种以保障物项和服务的质量与进度为首要目标，对采购成本不作为控制重点的非常规采购活动。

大修应急采购管理结合大修项目制运作及现场执行的实际情况，在机组大修期间通过应急采购的实施处理人员授权及流程管理，推进大修期间突发的应急采购的响应速度，确保大修工作顺利开展。

2.5.4 大修工作控制

大修工作控制包括：大修实施阶段工作控制涉及的相关部门职责、人员分工、接口关系和流程管理，如图 2-12 所示。

1. 主要文件

1）工作管理系统：是以设备管理为基础，工单管理为主线，功能覆盖生产管理各领域的专用集成化管理和数据库系统。如 CMS、CBA、WMS、ESOMS、TEAM 等。

2）工作申请(工单)：是申请部门通知执行部门接受工作任务的源头文件，工作申请(工单)可以来自现场缺陷、预防性数据库、配合支持、方案已经批准的变更改造等。

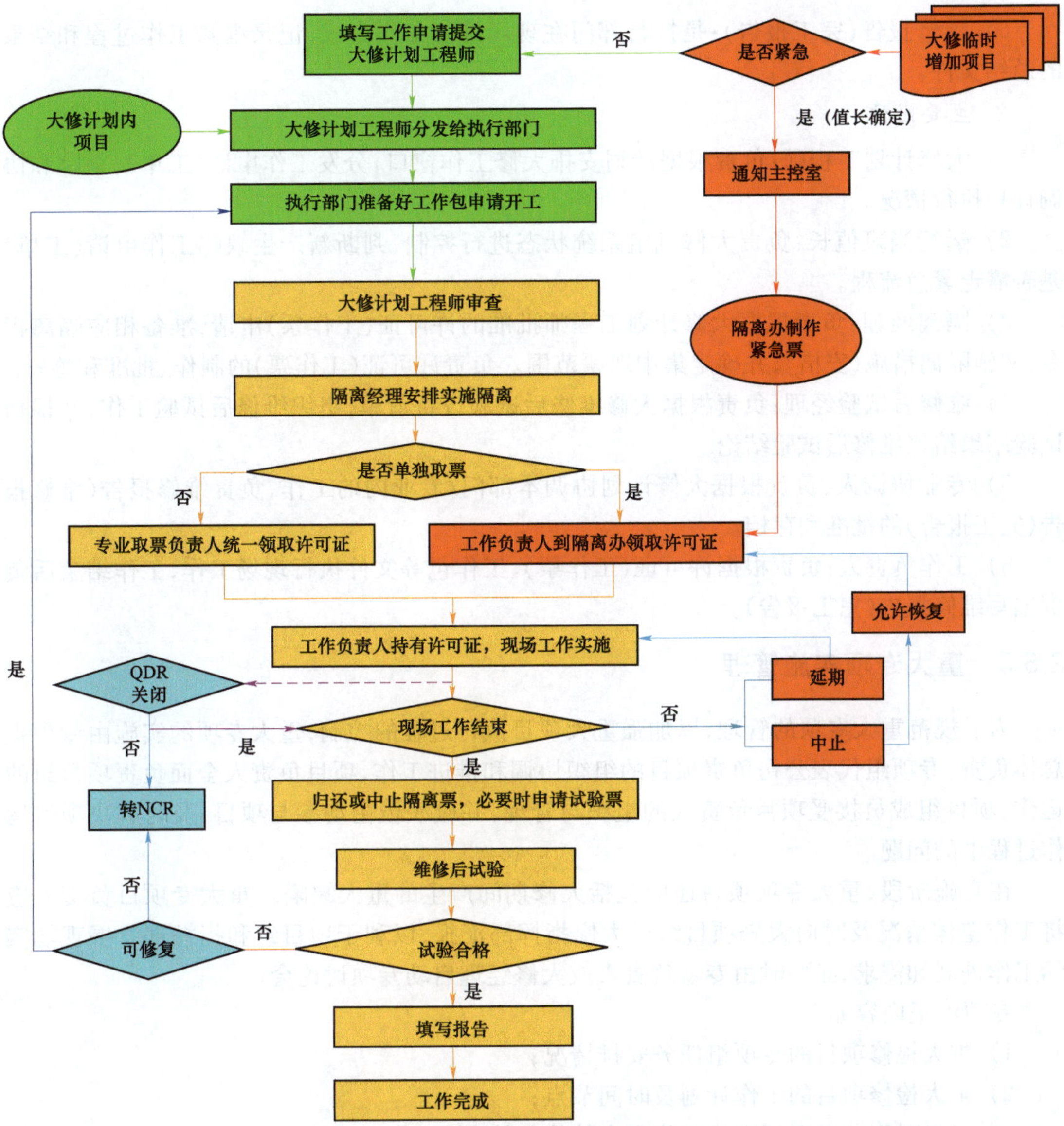

图 2-12 大修工作控制

3）工作包：是执行部门进行工作准备、执行现场工作的技术文件。工作包是根据工作申请（工单）编制的一系列文件的组合，用于申请许可证和执行现场工作。

4）许可证（工作票）：是运行部门签发的允许工作负责人执行现场工作的安全文件。运行部门根据工作包有关要求制作并签发许可证（工作票），代表运行部门已经实施了隔离措施，将被检修设备交给工作负责人进行管辖。

5）特种作业许可证（辅票）：适用于国家法规规定的或电站管理需要规定的特种作业，特种作业许可证（辅票）作为工作包的一部分，在工作准备阶段就需要准备，必须先得到监管部门批准的特种作业许可证。例如动火作业/射线探伤作业/进入红区作业/流体传输作业等。

6）维修报告(完工报告):是执行部门在现场维修工作完成,记录维修工作过程和结果的总结文件。

2. 主要岗位

1）大修计划工程师:负责根据计划安排大修工作窗口,分发工作申请(工单),跟踪和协调计划执行情况。

2）运行当班值长:负责大修机组系统状态进行控制,判断新产生缺陷工作申请(工单)是否需走紧急流程。

3）隔离经理:负责根据大修计划工程师批准的许可证(工作票)申请,准备相应隔离指令,实施隔离措施(安措),并确定集中取票范围。负责许可证(工作票)的制作、批准和签发。

4）维修后试验经理:负责根据大修维修后试验设备清单,组织维修后试验工作,并根据试验结果给出维修后试验结论。

5）专业协调人:负责根据大修计划协调本部门/专业内的工作,负责维修报告(维修报告(完工报告)的批准和存档。

6）工作负责人:负责根据许可证(工作票)、工作包等文件执行现场工作,工作结束后负责编写维修报告(完工报告)。

2.5.5 重大专项实施管理

为了规范重大专项的管理,以加强重大项目执行过程的控制,重大专项的实施由专项组总体负责,专项组代表公司负责项目的组织协调和推进工作,项目负责人全面负责项目组的运作,项目组成员接受项目负责人的组织与管理,并应积极主动参与项目,及时解决项目运作过程中的问题。

在实施阶段,重大专项项目还应包括大修期间产生的重大缺陷。重大专项目负责人应将工作整体情况及时向大修项目组或大修指挥部汇报,以利于项目组和指挥部掌握现场实际工作进展和需求,必要时由专项负责人或大修经理启动专项讨论会。

专项汇报内容如下。

1）重大检修项目的专项组任务安排情况;

2）重大检修项目的工作计划及时间节点;

3）每个时间节点必须完成工作内容的执行情况;

4）重大检修项目准备和实施过程中可能存在的困难以及需要采取的应对措施;

5）重大检修项目实施过程中需重点关注的事项;

6）实施过程中的异常情况及建议处理方案;

7）重大检修项目的总体进展情况;

8）需协调解决的问题和事项等内容。

2.5.6 临界前检查

根据大修实施进度,为保证大修启动阶段机组大修的安全、质量、进度等情况满足临界条件,在大修临界检查前 3 天左右,按照大修临界前检查内容的要求对机组临界前的相关条件进行预检,提前发现其中的不满足项并及时处理,在临界检查前形成《大修临界前自查报告》(附录 3),落实纠正项目及行动项,避免影响机组临界操作的顺利实施。

临界前检查主要内容见表 2-5。

表 2-5 临界前检查主要内容

类别	部门	检查内容	负责人
安全	核安全	核安全监督工作实施、要求的定期试验检查、技术规范/特许申请执行、核安全相关异常事件处理、临界前 IO 检查等情况	核安全经理
相关	工业安全	高风险作业执行监督、现场异常违章整改落实、专项检查完成等情况	工业安全经理
	辐射安全	辐射防护特种作业执行、污染事件及处理、ALARA 行动执行、放射性废物管理、辐射控制边界检查等情况	辐射防护协调人
	消防安全	消防系统,防火区域检查、动火证关闭等情况	消防协调人
质量相关	质保监督	质保监督工作实施、重要工作文件包、人员资质、文件检查,NCR 处理等情况	QA 经理
	质量控制	质量控制活动实施,重要 QDR 完成等情况	QC 经理
项目执行	计划	大修预防性、纠正性项目完成,大修计划执行、项目变更等情况	计划经理
	运行	运行关注缺陷处理、大修 TSD/TCA、行政隔离检查、要求的定期试验完成,QSR 设备维修后试验等情况	运行经理 维修后试验经理
	维修	重大专项、重要设备维修执行,日常转大修项目及大修期间缺陷处理、机组启动阶段相关热态检查、要求的定期试验完成等情况	维修相关专业协调人
	在役检查	安全重要系统役检工作执行、核辅助焊缝实施、其他焊接工作涉及无损检验完成等情况	在役检查协调人
	维修支持	装卸料活动实施、异常事件处理等情况	维修支持协调人
	燃料管理	装卸料活动监督、燃料检查、装料后堆芯装载图核查等情况	堆芯燃料负责人
	系统工程	要求的定期试验、性能试验完成,支吊架、阻尼器检查等情况	系统工程协调人
	变更改造	安全重要系统改造执行情况	变更改造负责人
其他	经验反馈	大修期间异常事件的状态报告及后续行动的开发等	经验反馈工程师

2.6 大修总结与优化

大修管理和运作是一个流程众多、接口繁杂、环环相扣的系统工程,不仅时间跨度大,而且工作任务重，在过程中会不断地产生一些良好实践和经验教训，有必要进行总结和反馈。大修总结主要是为了回顾大修的工作，记录无法实施的大修项目和原因，描述和分析大修中发现的系统、设备缺陷，总结大修中经验、教训，反馈到以后的设备管理、检修、运行和大修准备及大修工作中以促进改进提升。

在大修全过程中通过阶段性的报告和总结来对大修工作的实施检查评估及经验反馈，除了一些专项的管理研讨、技术交流和总结外，主要的报告和总结相关内容如表 2-6 所示。

表 2-6 大修主要报告和总结相关内容

名称	主要内容	汇编部门	完成时间	报送单位
秦山第*核电厂*号机组第*次大修报告	(1) 大修组织管理 (2) 质量保证及质量控制 (3) 大修核安全管理 (4) 大修辐射防护/三废/应急管理 (5) 换料计划 (6) 大修计划与里程碑 (7) 大修管理指标 (8) 大修主要工作 (9) 大修经验反馈等	执照管理处	大修前 2 个月	国家核安全局
秦山第*核电厂*号机组第*燃料循环启动报告	(1) 大修概述 (2) 大修实施情况 (3) 大修计划执行情况 (4) 大修工作执行情况 (5) 换料报告项目变更情况 (6) 大修中对启动有影响的异常情况及解决措施 (7) 核安全审评情况等	执照管理处	大修后首次临界前	国家核安全局
秦山第*核电厂*号机组第*次换料大修总结报告	(1) 大修概述 (2) 大修组织管理 (3) 大修监督与保障 (4) 大修发生的事件及重要异常情况的处理等	执照管理处	大修后 4 个月	国家核安全局
Q*-OT***大修性能指标分析报告	总结大修安全、质量、进度、成本分项指标的执行情况，对偏差进行分析反馈和整改	大修管理处	大修后一个月	公司内部
Q*-OT***大修窗口分析	总结大修计划执行过程中关键路径和主要工作窗口与计划的符合程度，分析异常并提出纠正意见为后续大修优化和调整提供参考	大修管理处	大修后一个月	公司内部
Q*-OT***大修总结报告	总结大修全过程各环节的实施情况，通过经验反馈，使各环节的管理和执行得以加强和改善，达到持续改进提升的目的	大修管理处	大修后 2 个月	公司内部

第三章　大修安全管理

大修安全管理是现场实施的重要监督管理内容。大修安全管理主要包括：大修核安全管理、大修工业安全管理、大修消防保卫管理、大修辐射防护管理、大修应急管理。这些专项的管理直接关系整体大修指标控制的优劣。

3.1　大修核安全管理

大修期间虽然机组已停止运行，但由于堆芯衰变热和放射性的存在，机组仍然存在着核事故风险。就此而言，在大修期间的核安全管理与机组运行期间有着明显的不同，其必须根据大修的特点来进行，找出影响核安全功能的因素，制定切实可行的措施对其加以控制。

机组运行技术规格书对各个状态下，反应性控制、余热导出、放射性屏蔽及辅助支持系统的运行做出了明确和详细的规定。电厂则根据技术规格书编制了对应的状态监督和状态转换控制程序。大修期间核安全监督的最基本的任务，就是状态控制，在大修繁杂的工作状态下通过独立验证状态转换控制，确保技术规格书的各项要求得到遵守，确保反应堆的安全功能得以满足。

与日常机组相比，大修期间机组不仅状态转换频繁，而且大量的设备停、复役，大量高强度和压力下的人员操作及大量的设备变更、控制变更，导致大修期间设备可用性信息复杂，易变，因此大修核安全管理要求对不同状态下技术规格书的规定和大修工作有着清晰的认识，要求核安全监督及时、准确，无死角，有预见性。大修一旦开始，整个大修机组的核安全控制就要按照既定的方针及目标实施，对出现的问题首先要判断是否属于核安全问题以及采取相应的流程来处理。核安全管理的决策基于“安全第一”的保守决策原则，应该将核安全放在最优先的位置考虑。

3.1.1　核安全管理的组织机构

大修核安全风险控制贯穿于大修的方方面面。从组织机构到现场人员资质、从规程制定到现场操作控制、从计划制订到工作实施，处处都有风险控制要求和措施。核安全监督是大修核安全风险控制的一环。大修期间核安全监督依据《运行技术规格书》《大修核安全监督计划》来实施，主要由大修核安全经理负责，组织编制大修核安全监督计划，内容包括：QSR 设备维修后试验监督、QSR 定期试验执行监督、QSR 重要设备检修跟踪、QSR 重要设计修改监督、特许申请执行情况监督、机组状态转换监督、行政隔离检查等内容。大修核安全监督计划由安工组共同执行，大修核安全经理负责跟踪落实。

3.1.2 核安全监督管理

核安全监督管理工作主要分为以下三点。

1）机组状态监督

通过状态转换条件的独立验证，来保证当前及转换后的机组状态满足技术规格书要求；对于卸料、装料、临界三个重大操作，还需召开专项检查会，会上对上述操作的状态要求、准备情况进行逐一核实和讨论，并对决议落实情况进行跟踪。

2）大修计划监督

通过早会、主控参数检查、计划会，来掌握机组状态信息和计划安排，并对比技术规格书，若有偏差，及时提醒或制止。

3）大修设备可用性监督

通过主控参数检查、定期试验结果审查、设备维修后试验现场见证和维修后试验报告抽查、QDR 处理情况跟踪、行政隔离检查等，来判断设备可用性，不满足要求的及时提醒并要求重新验证。

通过上述监督工作，可以保证技术规格书要求得到满足，保证核安全风险可控。大修期间，核安全监督人员对机组状态转换进行独立监督。

图 3-1 机组大修

3.2 大修工业安全管理

3.2.1 大修工业安全监督

大修工业安全监督实行项目制管理，每个大修设置工业安全经理一名，核岛、常规岛和外围各设协调员一名，三名协调员指定一人兼任大修协调人，作为工业安全经理的替补人员，组成标准化的大修工业安全监督项目小组。

3.2.2 建立大修安全员监督网络体系

为了确保大修安全生产总目标的顺利实现，加强作业现场安全管理力度，及时通报存在的安全隐患和异常，交流大修安全监督管理经验，组建大修工业安全监督网络体系，由大修工业安全经理、大修各参与处室和承包商单位的安全员及安全协调员组成，大修工业安全监督网络总体协调设在安全质量处工业安全科，全面负责大修现场的工业安全监督管理。

安全监督网络体系在落实安全生产责任的同时，对大修现场实施全方位安全监督，根据大修进度组织安全专项检查活动同时每日召开大修安全协调会，通报大修现场安全监督情况，沟通和协调、处理大修现场的各类安全问题，提出大修现场安全监督要求，布置下一阶段的工作重点。

3.2.3 赏罚分明的大修奖惩机制

大修工业安全从严监督，绝不放过任何不安全的行为和状态。为此专门制定工业安全 13 条红线，发布了 150 条违章作业处罚细则。如发现违章行为，进行全公司通报，同时约谈处室负责人或项目经理。对于现场做得规范的作业，以良好实践的形式表扬。

3.2.4 大修现场区域管理及分工

工业安全监督工作实行分区域的有重点地开展专项监督工作，分为核岛、常规岛、外围三个区域监督，区域责任指定到人。在工作期间根据工作安排对大修各作业现场实施独立的安全检查，对监督过程中发现的安全隐患及时告知作业人员并要求采取措施；对人员作业过程中的违章行为及时制止并通过日报发布，以提示全体作业人员；每天通过安全日例会通报大修现场的总体安全趋势、异常现象和安全评价。

3.2.5 大修安全监督协调与沟通

大修期间，工业安全监督人员分工负责，在全面巡查和重点监督的基础上，充分发挥各处室及承包商安全员的作用，加强安全监督的力度和现场技术支持。各处室安全员及承包商安全员是大修工业安全监督队伍的一部分，工业安全人员与各处室安全员及承包商安全员密切配合，及时沟通、了解和掌握现场各方面的安全情况；充分发挥各处室及承包商安全员其在各领域独立安全监管的作用。

3.2.6 重点监督高风险作业项目

在大修前，工业安全监督人员对所有大修工作包进行会签，逐个分析工作风险，检查安全措施是否完善。大修开始前 2 周开始收集各个部门和专业的一级和二级高风险作业项目，形成清单并发布。对于工业安全二级高风险项目，必须有批准的专项安全技术措施方案，工业安全监督人员在作业前与项目负责人联系，共同对作业风险进行分析和检查提出相应的防范措施建议和要求并逐项跟踪落实情况；开工前对作业人员的安全技术程序和相关行业标准的执行、安全工器具的检查、劳动保护用品的配备及特种作业人员资质等项目进行检查；在关键步骤设立停工待检点，工业安全监督人员确认后才能开始继续工作，同时工业安全监督人员持续监督,对作业过程中不满足安全要求并存在较大安全隐患的现象及时提出整改。另外针对大修期间的一些工业安全一级高风险项目及其他重要风险项目,工业安全监督人员在厂房巡检过程中将重点的进行关注。

3.2.7 安全专项检查活动

大修启动前组织大修前现场安全专项检查活动,检查的主要内容有大修前对各检修单位包括承包商单位特种作业人员持证情况、安全工器具的检验使用劳动保护用品准备情况、高风险作业的准备等方面进行专项检查。

大修期间安全监督小组将根据不同阶段的特点组织开展如危险化学品专项安全检查、脚手架专项安全检查、人员安全行为专项安全检查等以确保大修现场的安全监管的力度,及时发现和处理隐患。

机组启动前组织对现场安全检查,重点是厂房内的安全标识、通道、孔洞安全围栏防护、配电盘接地措施良好、厂房照明、通风、灯具完好无损坏等,对查出的问题和隐患要求相关单位及时整改。

3.2.8 大修安全日例会

为加强作业现场安全管理并及时通报存在的安全隐患和异常,交流大修安全管理经验,布置每日安全管理工作重点,规范大修现场人员安全行为和文明检修意识。大修期间每天由大修工业安全经理组织召开大修安全会议,工业安全监督人员、各处室安全员及大修承包商安全员参加,会议主要通报大修现场工业安全监督情况,沟通、协调、处理大修现场安全问题,提出大修现场安全监督要求。

3.3 大修消防保卫管理

大修消防保卫管理包括实物保护管理、消防管理等两个方面。

3.3.1 实物保护管理

实物保护管理分为:区域控制、人员控制、物品控制和车辆控制。大修期间的外来车辆和人员众多,是实物保护工作最需要警惕的时间段。

1. 区域控制

1) 大修正式启动时,核岛人员气闸门开启期间,在人员气闸门外增设安保执勤岗位,负责对进出核岛厂房人员进行登记控制。大修结束关闭人员气闸门时,岗位人员撤离。

2) 大修装卸料及压力容器开口期间,在核岛增设安保执勤岗位,装料结束后,岗位人员撤离。

3) 根据大修进度需要,可增设安保执勤岗位,应急气闸门关闭时岗位人员撤离。

2. 人员控制

1) 大修启动后,工作人员登记换牌后进入核岛厂房内,工作结束离开时也需要登记。

2) 在需要人数控制的大修阶段,执勤人员根据大修计划要求控制进入核岛人数。

3）装卸料期间,工作人员凭装卸料专用证进入核岛装卸料平台。

3. 物品控制

1）大修期间,易燃易爆物品进入控制区需登记携物人、所在单位、物品数量、目的地、用途等详细信息。进入保护区须提交《易燃易爆物品使用许可证》。

2）非易燃易爆危险品按照一般携物办理携物证,在执勤岗位接受检查。

3）携物进入厂房时,按照要求检查所携带物品。

4）协助做好装卸料期间"防异物"控制、提示工作。

4. 车辆控制

大修期间,检修用工具车辆、大型设备运输车辆凭车辆特许证进入控制区以内,其他非保卫、应急、参观车辆禁止进入控制区以内。

5. 安全保卫责任制管理

1）大修承包商在签订承包合同时,明确要求其参加检修期间的安全保卫责任要求,实现安全保卫责任制管理。

2）大修承包商单位安排大修人员参加保卫消防入厂培训,成绩合格并获得授权培训资格后方可办理人员出入证。

3.3.2　消防安全管理

大修期间消防管理主要体现在动火管理、易燃易爆物品管理、防火安全检查与控制、消防系统隔离与可用性管理等几个方面。

1. 大修期间的消防安全管理

1）各检修单位在公司大修指挥部的统一领导下,认真贯彻"谁检修、谁负责"的原则,全面落实防火措施,并接受公司消防安全管理部门的监督,对检修区域、部位的防火安全工作负责。

2）为加强大修现场防火安全管理,使大修的防火安全始终处于可控状态,成立大修消防小组,负责大修现场的防火安全监督检查与管理,协调和处理现场消防安全事宜,编辑消防安全状态报告和材料,及时反馈和上报,确保机组大修期间火灾事故和火险事件处于大修安全性能指标控制范围之内。

3）在大修作业全面铺开之际,消防部门组织对大修现场进行消防安全专项检查,重点检查动火作业规范情况、可燃物料(易燃易爆物品)使用和存放、防火屏障完整性、消防疏散通道和标识、消防设施和灭火器材的完整性和有效性。发现安全隐患和问题等进行记录汇总,通过状态报告、缺陷单或现场整改等方式进行跟踪处理。

4）大修前期,对现场大修用集装箱防火安全进行专项检查,重点检查集装箱专人管理情况、可燃物料出入登记情况、安全文明用电情况,供电设施及用电设备完好性;是否出现漏电、跑电现象;接线是否规范;集装箱吸烟点卫生规范情况、是否有动火、使用大功率电器和加热设备等火灾隐患。

5）为了提高大修期间消防应急响应能力,在大修启动前,由保卫、运行等部门联合组织进行一次消防二级或三级演习,以锻炼现场各级消防人员协同作战水平和处理突发火灾事故的能力。

2. 大修期间动火管理

1）根据公司《动火管理》(FP-QS-101)程序要求，动火作业实行许可审批制度。由工作负责人提前申请，消防部门负责审核，主控隔离经理审批后方可动火。办理动火证时，应审查动火人员的资质。

2）针对现场每一个动火点，消防巡检人员均应在接到动火电话后到现场检查确认防火措施是否落实，并签字认可；对重点高火险部位的动火作业，消防巡检人员应进行全程跟踪检查。

3）动火作业结束后，检查确认现场无火患遗留，办理动火证终结手续，按规定期限退票。

3. 大修期间易燃易爆物品管理

1）加强易燃易爆物品的宏观控制和定量管理。因工作需要带入各厂房的易燃易爆物品，必须事先由使用单位申请和批准，并报保卫部门备案，各门卫凭批准手续登记数量、用途去向后放行。

2）使用单位要明确管理责任人，严格按照“用多少，领多少，多余退库”的原则。

3）易燃易爆物品在现场存放超过一天必须办理《易燃易爆物品存放许可证》，并存放在铁皮柜或指定区域内。

4. 防火安全检查与控制

1）大修消防监督管理将采用全面管理、重点监督的方法，大修现场防火安全检查工作采取“厂房承包制”的方式，公司消防管理部门组织消防巡检人员按计划、分区域对所负责的厂房、区域的防火安全状况进行巡回检查，及时发现消防安全疾患，并督促整改。

2）对发现问题通过状态报告、工作票、工作联系单和技改等进行消缺。

5. 消防系统隔离与可用性管理

1）消防部门负责审查大修期间由于维修需要或消防系统预防性维修造成的消防系统隔离申请，审核所隔离的区域和设备，尽可能优化隔离范围。

2）对于因检修工作需要进行消防系统及设备隔离的区域，按照消防系统隔离的管理规定，认真抓好落实直至整个检修工序的完成，保卫部门根据火灾风险，必要时增配一定数量的灭火器材，以保障该区域的消防安全。

3）机组启动前，消防部门组织运行、维修等部门联合开展机组启动前厂房消防系统检查活动，确保机组运行所需消防系统均处于在线可用状态，以确保大修机组消防系统的可用性。

3.4 大修辐射防护管理

作为核电站的大修，与常规电站最大的区别就在于对核辐射的控制和管理。辐射防护工作的好坏不仅关系大修的管理指标控制，更关系公众和社会的切身安全。

3.4.1 辐射防护组织机构

大修开始前6个月，确定辐射防护大修协调人，负责总体协调辐射防护领域的大修准备、实施和总结。

大修准备期间,大修协调人编制辐射防护大修实施方案,依据大修计划确定辐射防护重点关注项目,确定各重点关注项目的专项负责人。专项负责人编制专项工作的辐射防护监督方案,并负责与相应的工作人员沟通协调。

大修期间,大修协调人负责每天工作安排、值班工程师在卫生出入口组织协调现场工作。

3.4.2 辐射防护物资准备

辐射防护物资准备主要包括辐射防护用品的准备、卫生出入口投用所需仪表的准备两方面。

年度预算考虑电厂每次大修所需的防护用品数量,并根据大修的开始时间确定每批防护用品的到货时间,跟踪物资采购进展,确保大修开始前防护用品充足。

大修前一周完成各卫生出入口所需电子剂量计、便携式仪表的核查和补充,确保数量充足、性能良好。

3.4.3 剂量控制

为做好大修集体剂量和工作人员个人受照剂量的控制,依据现场工作项目的辐射风险大小,将工作项目分成一、二、三级进行管理。辐射风险最高为三级,三级项目成立 ALARA 小组(ALARA:As Low As Reasonable Achievable,辐射防护最优化,即在考虑了经济和社会因素之后,个人受照剂量的大小、受照射的人数以及受照射的可能性均保持在可合理达到的尽量低水平)。

3.4.4 污染控制

对于存在较大松散污染扩散风险的工作,建立临时污染控制区,严格限制人员进出工作区域,进入时必须穿戴与工作辐射风险相对应的防护用品,退出时,严格按照管理要求脱除防护用品,脱除的防护用品应分类放入指定的收集框,作业期间使用的工器具应进行包裹。

3.4.5 大修辐射防护指标控制

为定量评价大修期间辐射防护控制的效果,衡量 ALARA 管理能力,将人员剂量和污染事件控制在合理可行尽量低的水平,对大修项目进行深入的分析,制定辐射防护控制指标,确保放射性检修工作处于安全受控的状态。

大修期间,辐射防护主要管理指标有:

1) 集体剂量
2) 最大个人剂量
3) 体内污染
4) 体表污染
5) 放射性物质非受控转移事件
6) 区域污染事件

图 3-2　大修机械检修

3.5　大修应急管理

3.5.1　应急组织

按照国家核应急工作方针以及中核运行应急准备和应急响应工作的要求，根据《应急管理大纲》，公司设置了统一的应急响应组织，应急组织由应急指挥部、现场指挥部、直属应急专业组、电厂应急专业组和业主公司应急专业组组成。根据应急职责分工，应急响应组织承担各自职责范围内的应急准备和应急响应工作。大修期间的应急管理与日常运行期间的应急管理一致。

3.5.2　应急响应能力维持

大修前和大修期间，按照中核培训计划，通过对协作单位人员实施应急培训，确保协作单位人员掌握基本的应急知识。

大修前和大修期间，中核运行将对应急响应人员在上班时间和/或非上班时间不定期进行应急值守核查，核查结果及时通报，以提高应急响应人员的应急意识。

按照中核运行应急管理制度的要求，中核运行环境应急处和相关部门将对各个应急控制点如应急指挥中心、主控制室、技术支持中心等应急设施和设备的检查，确保应急文件的有效性及专设和兼容应急设施、设备保持良好的可用状态。

3.5.3　应急演习

通过演习，发现问题，不断完善应急预案，提高对突发事件的应急处置能力。演习由预案组长单位组织；专项预案另有规定，从其规定。演习频度由专项预案规定，演习以专项或结合安全相关专题活动开展。

大修准备期间的确定应急演习项目，并编制演习方案，包括演习项目、演习目标、参加人员、情景序列、考评等内容。演习可以是单预案演练，也可以是多预案的联动演习；逐步提高自主响应能力和演习情景保密范围。

演习后应及时评价。演习中发现的问题要落实纠正行动，并进行跟踪。

图 3-3　机组大修操作

第四章　大修质量管理

大修是电厂维修的高峰期，大量的设备集中进行检查、维修、试验，其大修质量关系到机组运行后的安全性和可用性，与电厂业绩息息相关，因此，大修的质量管理十分关键。相对日常来说，大修的质量管理更加强调全面质量管理，其内容涉及人员更多、领域更广、要求更严，通过全员、全过程、全方位的质量管理，采取有标准组织形式和标准工作流程的大修质量管理模式，将使大修的运作更加规范和高效。

4.1　大修质量保证

按照大修实施组织机构及职责分工，安全质量处承担大修期间的质量保证工作，指派一名质保工程师担任大修 QA 经理，负责机组大修期间的质保工作，确保质保体系的运转正常，并牵头成立质保监督组，负责维护、监督质量保证体系的有效运作，并验证相关管理程序的适用性。

大修质保管理是在换料大修准备、实施和完工阶段对各项换料大修活动进行质保监督；对换料大修中发生的重要异常事件，换料大修质保人员可进行独立的事件调查，找出管理上的漏洞，提出有效的纠正行动；向换料大修指挥部和参加大修的各单位提供换料大修质量管理支持和服务，协助换料大修指挥部完成大修各项业绩指标和不断完善大修质量管理体系。

4.2　大修质量控制

大修的质量控制（QC）组织负责对大修活动的准备过程和实施过程进行质量控制，及时发现和纠正工作中出现的偏差，减少维修中的失误，提高大修质量。

大修 QC 组织依据《现场质量控制》（QA-QS-600）开展工作。大修 QC 组织由大修 QC 经理、QC 专业组长/副组长、QC 人员组成。设机械专业、电气专业、仪控专业、维修支持专业、性能试验专业、设备防腐专业、在役检查专业、土建专业等 QC 小组，对大修的质量控制活动进行统一管理。大修期间定期召开 QC 组长例会，安排和协调 QC 工作，检查 QC 组织运作的有效性，确保大修 QC 组织有效运转。

所有的 QC 工作人员必须按要求进行相应的授权后才能从事大修 QC 工作。

4.3　维修后试验管理

在大修组织机构中设维修后试验组，由维修后试验经理牵头，指导、协调、组织大修期间的维修后试验工作。

维修后试验：指设备进行维修后，为了验证设备维修的质量以及维修后是否能满足系统功能要求而进行的各种有计划的技术状态检查、参数核对和性能证实活动。维修后试验可以是对鉴定对象进行操作来直接验证，也可以是根据技术要求对鉴定对象进行测量、检查、核对记录等。

维修后试验分为品质再鉴定和功能再鉴定两种。品质再鉴定：证实设备再服役应满足的条件，即设备维修结束后，对设备预期达到的维修效果的确认，以及对设备可移交运行的检查与确认工作；确认工作包含对设备状态的确认，以及维修质量合格性的验证与再次确认。功能再鉴定：修后试验的一种形式，指维修后对系统/设备进行检查、确认及测试，以证明系统/设备能够完成预定的设计功能。

维修后试验流程如图 4-1 所示。

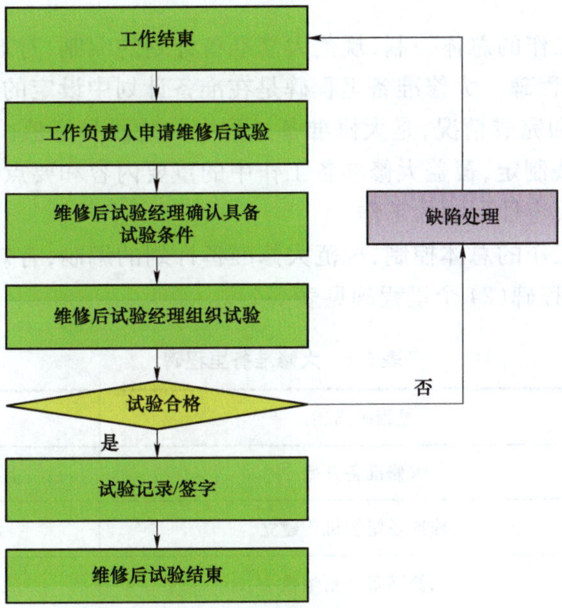

图 4-1　维修后试验流程

4.4　现场实施质量管理

现场实施质量由工作负责人负责，对于设备缺陷的发现、报告和处理使用 QDR 流程，对于不符合项按照 NCR 进行处理；质量计划中的 W、H 点需按照要求执行，并按时填写大修质量检查表；工作完成后，工作报告必须完整、准确。

在工作中，工作者必须做到六个明白：

1）明白工作内容、程序要求、工作风险；

2）明白备品备件及专用工具情况；

3）明白工作时间窗口及进度要求；

4）明白再鉴定方法及验收标准；

5）明白工作边界及接口关系；

6）明白经验反馈，牢记前车之鉴。

第五章　大修进度管理

5.1　大修准备

5.1.1　大修准备里程碑

为便于大修准备工作的总体控制，规范大修准备计划的编制，有效控制大修准备工作的进展，设置大修准备里程碑。大修准备里程碑是在准备计划中设定的关键节点，反映了大修准备工作的控制状态和完成情况，是大修准备过程中的阶段目标值。大修准备里程碑基于核电厂经验和行业实践制定，覆盖大修准备工作中的重要内容和要点，尤其是作为后续工作的先决条件或是有着决定性影响的工作。

为便于大修准备工作的总体控制，规范大修准备计划的编制，有效控制大修准备工作的进展，设置大修准备里程碑(24 个里程碑见表 5-1)。

表 5-1　大修准备里程碑

里程碑	里程碑描述	备注
P0	大修准备开始	上次大修结束 1 个月后
P1	大修准备组织机构建立	大修开始 10 个月前
P2	大修准备计划生效	大修开始 10 个月前
P3	确定并发布大修项目	大修开始 10 个月前
P4	完成物资补充采购计划	大修开始 8 个月前
P5	完成大修外委集中立项	大修开始 8 个月前
P6	确定大修变更改造项目	大修开始 6 个月前
P7	确定大修关键路径和工期	大修开始 5 个月前
P8	大修项目冻结	大修开始 4 个月前
P9	完成大修工作包编制	大修开始 4 个月前
P10	大修工作包生效	大修开始 3 个月前
P11	完成大修服务合同谈判	大修开始 3 个月前
P12	内外部大修人力资源确定	大修开始 3 个月前
P13	完成大修物资核查	大修开始 3 个月前

续表

里程碑	里程碑描述	备注
P14	大修实施组织机构建立	大修开始 2 个月前
P15	大修关键路径计划生效	大修开始 2 个月前
P16	预大修工作开始执行	大修开始 2 个月前
P17	完成大修工器具准备	大修开始 2 个月前
P18	大修工作窗口计划生效	大修开始 1 个月前
P19	完成大修工作文件包技术交底	大修开始 2 周前
P20	完成大修承包商集中培训	大修开始 2 周前
P21	预大修工作完成	大修开始 3 天前
P22	日常向大修工作移交	大修开始 3 天前
P23	大修准备结束，大修正式启动	大修开始

5.1.2　大修准备参考计划

大修准备参考计划根据大修的工期规划、各项准备工作的逻辑关系、工作量大小、预计工期来统筹安排见表 5-2。

表 5-2　大修准备参考计划

时间	工作内容	负责部门
大修开始 2 年前	依据大修规划，本次大修物资提前两年开始采购	技术处 物资采购处
上次大修结束 1 个月后	大修准备开始(P0)	大修管理处
	依据大修规划和上次大修执行情况，组织预防性数据库的优化	
	根据上次大修执行情况，进行中长期大修规划优化调整	
大修开始 10 个月前	大修准备组织机构建立(P1)	大修管理处
	大修准备计划生效(P2)	
	确定并发布大修项目(P3)	
	启动大修准备月度例会	
9 个月前	组织确定重大专项，落实项目负责人和组织机构	大修管理处
	开始大修项目窗口分析，编制大修执行计划	

续表

时间	工作内容	负责部门
9个月前	开始大修工作包准备	运行处、维修处、维修支持处、土建服务处、技术管理处、技术处、保健物理处等
	组织清理大修相关程序/规程	大修管理处
	根据大修项目,确认大修物资需求	技术处
	根据物资需求,编制大修物资补充采购申请	
	组织确定外委项目,编制技术规格书	大修管理处
	组织大修人力支持需求分析	
8个月前	完成20%大修工作包准备	运行处、维修处、维修支持处、土建服务处、技术管理处、技术处、保健物理处等
	组织发布大修相关程序/规程修订清单	大修管理处
	完成物资补充采购计划(P4)	经营计划处
	开始物资补充采购	物资采购处
	完成外委技术规格书编制	维修处、维修支持处、土建服务处、技术管理处、技术处、保健物理处等
	组织完成大修外委集中立项(P5)	大修管理处
	汇总人力支持需求,提交人事管理处	
7个月前	完成40%大修工作包准备	运行处、维修处、维修支持处、土建服务处、技术管理处、技术处、保健物理处等
	完成20%大修工作包审查	安全质量处、保健物理处、运行处、技术处、核安全处
	组织大修相关程序/规程的编制和升版	大修管理处
	完成大修外委项目立项审批	经营计划处
	开始外委合同商务谈判	服务合同处
	开始人力支持需求招聘	人事管理处
	制定大修工器具检查和校验计划	维修支持处
6个月前	确定大修变更改造项目(P6)	技术处
	开始落实日常转大修项目(每月)	生产计划处
	完成60%大修工作包准备	运行处、维修处、维修支持处、土建服务处、技术管理处、技术处、保健物理处等

续表

时间	工作内容	负责部门
6个月前	完成40%大修工作包审查	安全质量处、保健物理处、运行处、技术处、核安全处
	初步确定大修前无法到货的备品备件清单，提出应急方案	物资采购处
	开始大修工器具检查和校验	维修支持处
5个月前	确定大修关键路径和工期(P7)	大修管理处
	组织完成大修专项计划的编制	
	完成80%大修工作包准备	运行处、维修处、维修支持处、土建服务处、技术管理处、技术处、保健物理处等
	完成60%大修工作包审查	安全质量处、保健物理处、运行处、技术处、核安全处
	组织完成程序/规程的编制与升版	大修管理处
4个月前	组织确定大修控制指标	大修管理处
	大修项目冻结(P8)	大修管理处
	完成大修工作包编制(P9)	运行处、维修处、维修支持处、土建服务处、技术管理处、技术处、保健物理处等
	完成80%大修工作包审查	安全质量处、保健物理处、运行处、技术处、核安全处
3个月前	预大修计划发布	大修管理处
	组织大修关键路径计划审查	
	大修工作包审查生效(P10)	安全质量处、保健物理处、运行处、技术处、核安全处
	完成大修服务合同谈判(P11)	服务合同处
	内外部人力资源确定(P12)	人事管理处
	完成大修培训计划编制	培训管理处
	组织完成大修物资核查工作(P13)	大修管理处
2个月前	大修实施组织机构建立(P14)	大修管理处
	大修关键路径计划生效(P15)	
	预大修工作开始执行(P16)	生产计划处
	组织大修工作窗口计划审查	大修管理处

续表

时间	工作内容	负责部门
2个月前	组织完成维修后试验项目清单及验收准则	运行处
	组织完成需大修前提交 NNSA 报告的编写与提交	执照管理处
	确认最终无法到货的物资清单	物资采购处
	完成大修工器具准备(P17)	维修支持处
1个月前	组织确定大修总工作负责人	大修管理处
	组织核实无法到货物资对大修工作影响、实施项目调整	
	大修工作窗口计划生效(P18)	
	大修前双周工作计划生效	
	大修信息手册生效	
	完成大修工作包相关文件的补充	运行处、维修处、维修支持处、土建服务处、技术管理处、技术处、保健物理处等
	完成大修工作包移交,确定大修工作负责人	维修处、维修支持处、土建服务处、技术管理处、技术处、保健物理处等
	完成运行隔离、在线等文件准备	运行处
	组织完成涉网停复役申请文件编制	生产计划处
	组织主要承包商准备和计划人员进场	大修管理处
2周前	组织大修前双周计划执行	大修管理处
	组织主要承包商管理人员及工作负责人进场	
	完成大修计划交底	
	完成新增大修工作包审查生效	安全质量处、保健物理处、运行处、技术处、核安全处
	完成大修工作包技术交底(P19)	维修处、维修支持处、土建服务处、技术管理处、技术处、保健物理处等
	完成大修承包商集中培训(P20)	培训管理处
3天前	组织大修承包商其他人员进场	大修管理处
	编制日常转大修移交报告	生产计划处
	预大修工作完成(P21)	
	涉网停复役申请上报电网	
	完成日常向大修工作移交(P22)	

续表

时间	工作内容	负责部门
3 天前	完成承包商自带工器具专项检查	维修支持处
	开始大修现场布置	维修处、维修支持处、土建服务处、技术管理处、技术处、保健物理处等
前 3 天	完成承包商人员授权培训	培训管理处
	完成大修启动动员	大修管理处
	机组转入大修管理模式	
	启动大修日例会	
	完成大修现场布置	维修处、维修支持处、土建服务处、技术管理处、技术处、保健物理处等
0 天	大修准备结束,大修正式启动(P23)	大修管理处

5.1.3 大修开始工作确认单

大修前一个月开始,需根据《大修开工前工作确认工作单》,逐项落实大修准备相关工作,各负责人进行核实,确保准备工作全部完成。

5.2 大修实施

大修的实施是以机组同电网解列开始,大修工作完成后机组正式并网发电结束。在此过程中,机组经历了各个阶段和状态,为反映机组状态的变化,控制各阶段的工作实施,在大修实施阶段设置了大修里程碑,各个里程碑对应特定的机组状态或工作窗口,形成关键路径的主体框架,再将具体的项目根据需求和安排防置在各个里程碑之间,最终形成大修实施计划。大修实施计划作为大修进度管理的核心工作文件,随着机组达到一定的状态,系统设备隔离后,指导各项工作按照计划逐步展开。

5.2.1 大修实施里程碑

大修实施里程碑节点是指机组大修进程中重要的状态起始、终结或转折点。轻水堆一般以大修关键路径水位图具体体现,重水堆一般以大修关键路径图具体体现。

1) 轻水堆年度大修/短大修标准里程碑见表 5-3。

表 5-3 轻水堆年度大修/短大修标准里程碑

序号	里程碑名称	分项节点
M0	机组解列	M0.1:进入热停堆(反应堆次临界) M0.2:离开热停堆 M0.3:余热排出系统投入运行

续表

序号	里程碑名称	分项节点
M1	正常冷停堆到达	
M2	稳压器通大气阀打开	M2.1:稳压器人孔门打开 M2.2:开反应堆大盖开始(开始拆热电偶机械密封) M2.3:开始起吊反应堆大盖(大盖开始吊离法兰面)
M3	换料水池(堆池)满水	M3.1:卸料操作开始
M4	卸料操作结束	M4.1:卸料后开始排水
M5	低低水位开始	
MT	倒列	
M6	低低水位结束	M6.1:装料前反应堆水池满水
M7	装料开始	M7.1:装料结束(堆芯核查结束)
M8	装料后堆水池开始排水	M8.1:关反应堆大盖开始(大盖由存放点起吊) M8.2:关反应堆大盖结束(回装热电偶机械密封结束) M8.3:稳压器人孔关闭
M9	稳压器满水(通大气阀关闭)	M9.1:动态赶气结束
M10	离开正常冷停堆	M10.1:余热排出系统退出运行
M11	进入热停堆	M11.1:开始临界操作
M12	机组临界	M12.1:零功率物理试验结束 M12.2:大修后汽机首次冲转 M12.3:机组首次并网
M13	机组正式并网	
M14	满功率	

2）轻水堆十年大修、首次大修专用里程碑见表 5-4。

表 5-4 轻水堆十年大修、首次大修专用里程碑

序号	节点名称	备注
1	MHS	一回路水压试验开始(动排气结束)
2	MHE	一回路水压试验结束(水压试验后一回路压力恢复到 2.7 MPa)
3	MMS	压力容器在役检查开始
4	MME	压力容器在役检查结束(检查设备离开堆芯)
5	MCS	安全壳密封性试验开始(安全壳封闭完成)

续表

序号	节点名称	备注
6	MCE	安全壳密封性试验结束(安全壳密封性试验降压到 0 MPa)
7	MLS	第二次排水到低低水位
8	MLE	第二次低低水位结束
9	MRS	RRA 低运行区间水位开始
10	MRE	RRA 低运行区间水位结束

3）重水堆年度大修标准里程碑见表 5-5。

表 5-5 重水堆年度大修标准里程碑

序号	节点名称	备注
1	机组解列	➢ 开始汽轮机/发电机检修
2	GSS 安措建立完成	➢ 开始母线检修 ➢ GSS 建立三天后开始钴调节棒更换 ➢ 开始装卸料及桥架系统检修 ➢ 开始压力管在役检查 ➢ 开始 RLBRT 试验
3	母线/SDG 检修完成	➢ 开始 MOT/UST 检修 ➢ 进入低水位操作
4	RBLRT 试验完成	➢ 次关键路径
5	退出低水位,系统满水	➢ 开始切换备用 RCW 系统切换操作
6	备用 RCW 系统切换完成	➢ 开始 RCW/RSW 系统检修
7	MOT/UST 检修完成	➢ 次关键路径;开始 SST 检修
8	压力管在役检查完	➢ 次关键路径
9	SST 检修完成	➢ 次关键路径;开始第二台柴油机检修
10	第二台柴油机检修完成	➢ 次关键路径
11	RCW/RSW 系统检修完成	➢ 开始失去四级电源试验
12	失去四级电源试验完成	➢ 开始退出 GSS 操作
13	汽轮发电机检修完成	➢ 次关键路径
14	机组临界	➢ 汽轮发电机检修完成 ➢ 开始机组升温升压
15	机组热态	➢ 开始进行定期试验

续表

序号	节点名称	备注
16	首次并网	
17	第二次并网	
18	满功率	

5.2.2 大修实施计划

大修计划是指按大修各项活动间逻辑关系确定编制的、明确了每一项活动起止时间的进度计划,用于明确工作目标和工作步骤,协调大修工作的实施管理,增强工作的主动性,有着很强的约束和督促作用。

大修计划包括大修一级、二级、三级、四级计划,大修一级计划包括大修里程碑计划、大修隔离/主隔离窗口计划,大修二级计划主要指大修主线计划、大修三级计划主要指大修检修窗口计划、大修四级计划主要指大修专项计划。

各项计划主要内容如下。

1) 标准大修计划:标准大修是指关键路径由标准型项目组成的大修,编制标准计划作为其他计划编制的参考和基础。

2) 大修里程碑计划:指由机组解列到再次满功率运行期间的一系列里程碑节点构成的进度计划。里程碑节点是指机组大修进程中重要的状态起始、终结或转折点。轻水堆一般以大修关键路径水位图具体体现,重水堆一般以大修关键路径图具体体现。

3) 大修隔离/主隔离窗口计划:在大修里程碑计划框架基础上制定的核岛、常规岛各系统、设备的隔离窗口计划,它能非常直观的反映与运行工况相结合的电厂系统、设备的停复役安排。

4) 大修主线计划:是大修整体控制计划,能够体现大修的重要过程及机组状态变化,并能对大修进度时间进行有效的控制。主要活动包括关键路径及次关键路径活动、运行操作和定期试验项目、与机组状态变化相关的检修活动及高风险、接口复杂的检修活动等。

5) 大修检修窗口计划:是以大修里程碑计划、大修隔离/主隔离窗口计划为基础,对大修主线计划进一步细化,将每一项活动细化到单个工单或单个试验项目的计划。

6) 大修专项计划:针对大修项目中接口较多、技术复杂的专项工作而编制的实施计划。

5.2.3 大修结束工作确认单

大修结束机组启动并网前,需根据启动确认单,逐项落实大修启动相关工作,各负责人进行核实,确保大修启动并网前相关工作已按计划全部完成,对机组启动并网及后续工作进行计划安排。

5.3　大修与日常接口管理

大修开始时，机组状态由日常转为大修，运作模式同时转为大修模式。大修完工时，机组状态由大修转为日常，运行模式也转为日常模式。日常和大修相互间工作模式的切换是维修活动组织和管理责任的交接和转移，目的是确保工作的延续性。

5.3.1　日常向大修移交管理

日常向大修移交项目主要为等状态项目，这些项目在日常运行期间，已进行现场检查或临时处理，需要在特定的机组状态才能彻底处理。为了保证移交的日常遗留项目能满足大修准备的进度质量等要求，移交工作要保证计划性、有序性的同时还要关注及时性，需要定期进行交流，在大修计划编制时逐步纳入大修计划中。

5.3.2　大修向日常移交管理

大修向日常移交的项目主要是大修期间因系统/设备无法停运、不便停运或已无实施窗口的项目。大修结束后，计划责任由大修计划移交给日常计划，根据移交的项目，由日常计划继续负责制定机组运行期间的计划，并进行工作过程管控。

机组大修结束并网后，大修计划向日常计划移交，并向日常计划组提交《大修后机组移交报告》，在大修满功率前，协助日常计划进行相关工作的处理，大修满功率后正式结束。

第六章　大修成本管理

成本是体现公司生产经营管理水平高低的一个综合指标，在确保安全和质量的前提下，做好大修成本管控，有助于公司提升运行业绩，提升经济效益。

6.1　大修成本控制

大修成本由大修外委服务费用、大修检修备件及材料费用、大修非资本性变更改造费用、劳务支持费用以及大修支持费等组成。

大修成本控制分事前控制、事中控制和事后控制三个方面。

1）事前控制

在大修开始前，做好大修前期准备工作：制定大修项目预算；做好备件、材料的采购控制；选择合适的承包商，以质优价廉为原则，确定项目价格；充分考虑大修劳务用工的合理性，控制大修劳务成本。

2）事中控制

在大修实施过程中，严格按照预算进行实施和控制，减少紧急采购，控制备件及材料的使用，减少不必要的备件更换，并坚持降本增效原则，加强对备件的修复；在大修过程中，根据设备的检查结果或状态可能会对大修外委合同及逆行进行适当的调整，对于大修合同变更要进行科学的控制。

3）事后控制

在大修结束后对大修成本进行分析和总结，做好大修成本的核算，并对照既定的大修综合性能指标，分析评价指标执行情况。

6.2　大修标准工时管理

标准工时管理是为中核运行九台核电机组的通用性维修活动且可以用维修工时的要素来衡量的各项维修工作而设置，制定了维修工时管理流程和运作方式，用于规范公司维修项目工作量的核定，为维修服务合同支付提供定量标准的同时，为提升生产计划管理和承包商市场化管理的精细化提供定性参考。

6.2.1　标准工时定义

标准工时是指在正常操作条件(A)下，具有国家规定的中等技能资质(B)的检修人员按照规定检修工艺(C)及合理的劳动强度与进度(D)，完成符合质量要求(E)的检修工作所需的工作量总和。

A. 工作条件符合作业内容要求且不易引起疲劳；

B. 符合人社部规定的中级技能资质；

C. 检修程序文件或作业方案；

D. 符合劳动法规定(8 小时/天,中等强度等)；

E. 设备检修后恢复正常功能并验收合格。

6.2.2　标准工时构成

标准工时由执行工时和辅助工时构成,其中执行工时是由基本工时和配合工时组成,基本工时是由在检修现场投入的人数乘以工日,再乘上相应的系数组成;配合工时按照占检修工时的不超过 5%比例组成。辅助工时由维修工作准备工时和维修报告工时两部分构成。而管理工时按照检修工时的不超过 15%比例组成。

6.2.3　标准工时分类

维修标准工时所涉及设备总体上包括两类:一类是特定设备,指隶属特定生产单元机组核心的、重要的、易于列举的大中型设备如:核岛反应堆、蒸汽发生器、主泵等,常规岛汽轮发电机、凝汽器等,这类设备维修标准工时单列出来。

另一类是按设备类别区分的设备,如常见水泵、阀门、容器、风机等,规格数量众多,维修标准工时按类别与规格来分别计算。同时除了设备类型外,根据设备规格、检修类型以及检修条件和难易程度等要素的不同,以及涉及的工具、起重吊装以及现场检修条件要求等综合因素的不同,维修工时也有所不同。

第七章　大修绩效管理

大修绩效管理坚持客观公正、责权利对等、定性与定量相结合的原则，涵盖大修准备及实施阶段的工作，通过发布绩效考核细则，以安全、质量、进度、成本指标完成情况评价大修业绩，旨在确保完成大修安全、质量的前提下，鼓励相关部门和人员加强协作、提高大修工作效率和管理水平，促进全员关注安全、质量，安全和高效地完成大修任务。

大修绩效管理分为中核运行大修绩效管理以及大修承包商绩效管理，考核方案如图 7-1 所示。

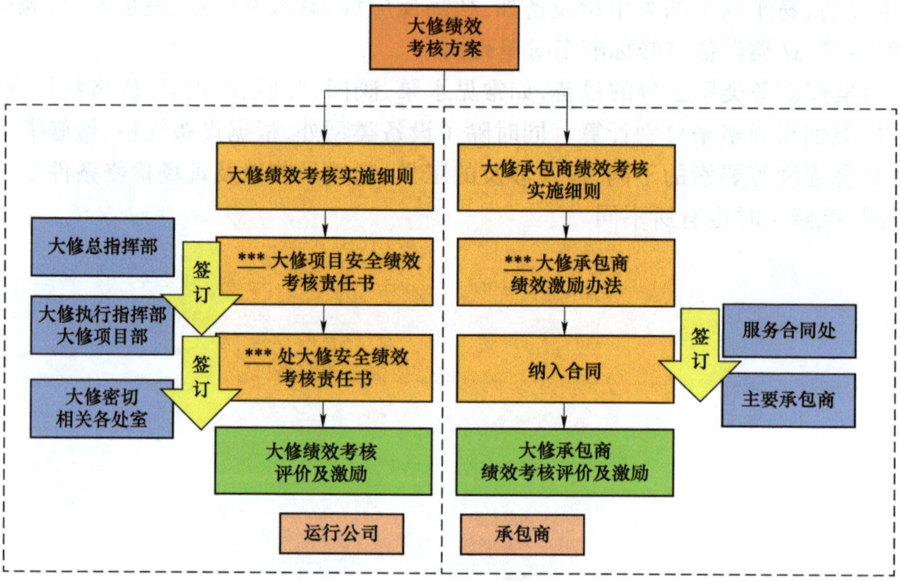

图 7-1　大修绩效考核方案

7.1　中核运行大修绩效管理

7.1.1　绩效奖励设置

大修绩效奖励以大修准备完成情况、大修实施业绩及大修提前时间三方面因素为考核依据，以大修约束性指标、评估性指标和大修重点任务的完成情况为判定标准；

大修绩效奖实行总额封顶；

任何一项大修约束性指标突破，则大修绩效奖取消。

7.1.2 绩效考核流程

大修开始前，由大修管理部门负责针对每次大修编制《大修项目安全绩效考核责任书》及大修相关主要处室《大修安全绩效考核责任书》。

《大修项目安全绩效考核责任书》由大修总指挥与大修执行指挥及大修经理在大修开始前共同签订生效。

《大修安全绩效考核责任书》由大修执行指挥、大修经理与大修主要相关处室负责人签订生效。

大修结束后 1 个月内，由大修管理部门负责大修绩效评价，依据绩效评价结果制定绩效奖励方案，经大修总指挥部批准后执行。

7.2 大修承包商绩效考核

7.2.1 绩效奖励设置

大修承包商绩效奖励范围为当次大修主要承包商，该承包商在大修期间承担的关键路径项目多，职责大，或项目执行过程中的风险高，奖励金额根据各承包商在大修担负工作的重要程度和规模来划定。绩效奖励总金额由大修业绩奖和大修提前奖两部分构成，最终奖励按照大修工作业绩进行核定，考核期从大修开始至大修后满功率 100 天。

7.2.2 绩效考核原则

大修绩效依据绩效控制指标及重点工作任务，其中绩效控制指标设置约束性指标和评估性指标。

1）如果大修约束性及评估性指标全部完成且重点工作任务按考核期完成，则大修业绩奖全额发放；

2）如果大修约束性指标全部完成，实际大修工期＜目标工期，根据提前时间（小时）按比例计算发放大修提前奖，大修提前奖实行总额封顶的原则；

3）如果大修约束性指标全部完成，如因人员的不规范行为、承包商检修质量等原因造成评估性指标突破，或重点工作任务未按考核期完成，则依据突破的指标减少或取消该承包商相应的绩效奖励；

4）如果因其原因导致非关键路径成为关键路径，对大修整体造成影响时，则该承包商的大修业绩奖取消；

5）如因承包商人员的不规范行为等原因造成任一大修约束性指标突破，则所有大修承包商绩效奖取消。

7.2.3 绩效奖励发放流程

在大修结束后，由各部门统计大修绩效控制指标，大修管理部门负责进行大修承包商绩效评价，经大修总指挥批准后进行合同结算。

大修结束满功率 30 天后，按照最终核定绩效奖励的 50%进行发放，剩余 50%在机组满功率运行 100 天后发放。

图 7-2 核电厂

第八章　大修承包商管理

大修期间，由于计划工期、人力资源配置、技术储备、专业工具、维修资质等限制，大量的维修任务需要通过外委实施的方式完成。对于在大修期间通过项目委托合同方式，在中核运行管辖的电厂实施大修工作的承包商，称之为大修承包商。大修承包商在大修期间承担的项目多，承担的责任大，项目执行过程中的风险高，所以大修承包商管理在大修全过程中需要重点关注。

目前公司通过承包商接口管理、包括安全质量进度等多方面的现场管理，以及对承包商的考核来实现对大修承包商综合管理。

8.1　大修承包商接口

大修承包商在参与大修工作期间，工作联系涉及公司大部分处室和科室，承包商与公司各职能部门以及各管理部门之间接口众多。

为便于管理，将承包商参与大修工作的全过程可以分为4个阶段：项目合同签订、项目实施准备、项目执行、项目收尾。

1）项目合同签订主要包括立项、预算、合同签订；

2）项目实施准备主要包括信息收集与提交、人员进场、交底工作以及其他准备工作；

3）项目执行主要包括安全、质量和进度管理；

4）项目收尾主要包括文件提交、人员离场安排、物资退还、承包商考核、绩效考核、总结报告提交等工作。

服务类大修承包商项目管理接口如图8-1。

8.2　承包商管理

大修承包商单位在合同签订之后，就按照大修准备计划进入大修准备及现场实施阶段。每个阶段均有不同的工作任务和管理要求。

8.2.1　大修准备阶段管理

1. 主要准备工作内容

1）根据工作项目，确认大修备件、材料和工器具等是否齐全。

2）根据工作项目，提出需要搭设脚手架等辅助检修的需求，并对厂房内允许部位提前搭设。

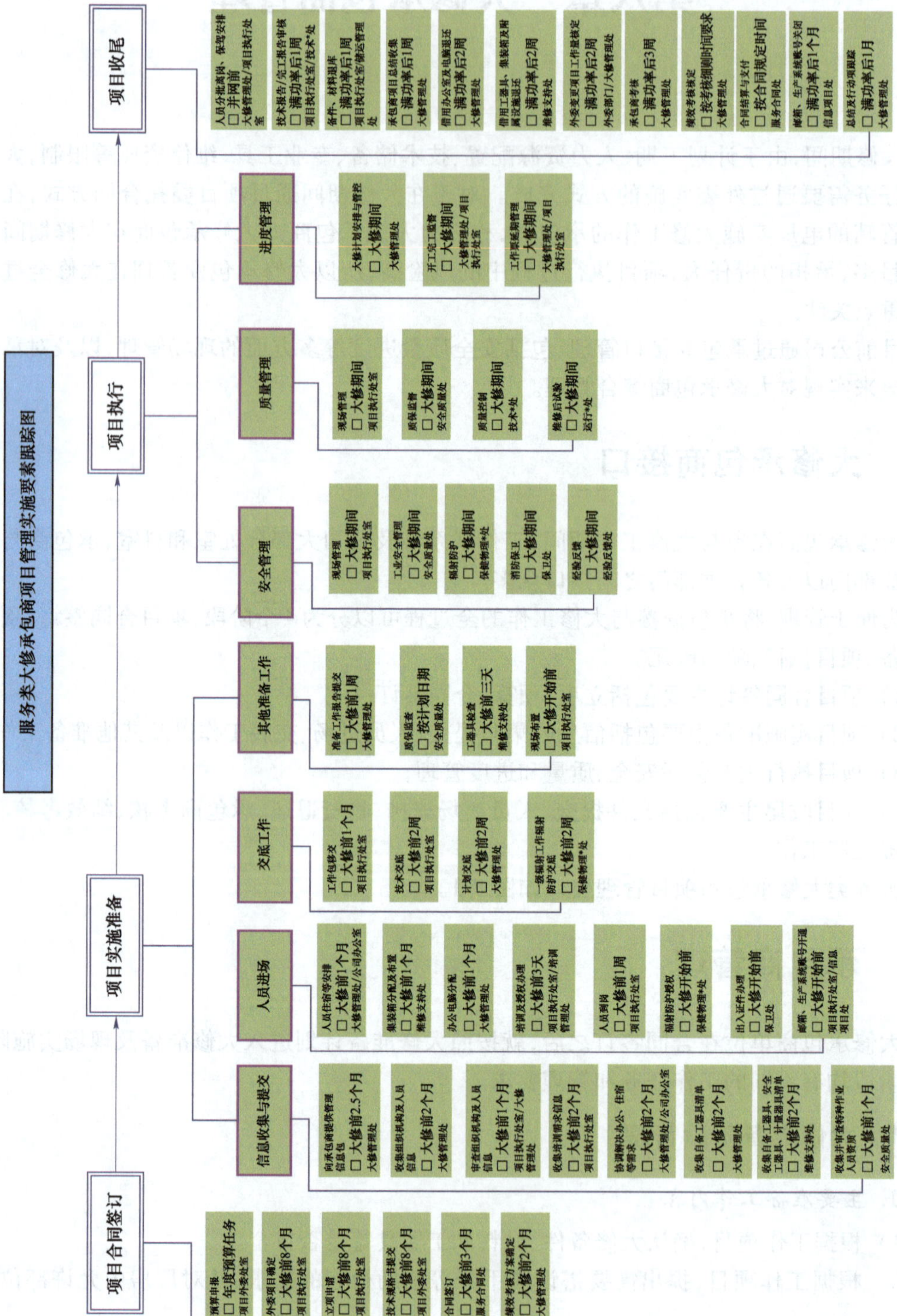

图 8-1　服务类大修承包商项目管理实施要素跟踪图

3）根据场地布置图，利用围栏和胶皮、硬质板材等材料，对重要工作区域进行场地布置和规划。

4）根据合同要求，进行必要的技术准备，例如施工文件准备、工作票签发等。

5）对承包商自带工器具和材料的检查，确认所有为实施准备的工器具（特别是计量器具）和材料在合格有效期内。

6）对承包商工作包的熟悉情况进行检查，确保承包商充分消化工作包内各种文件的内容。

7）对于大修承包商，在大修开始前 3 天，应对准备完成情况和场地布置等情况进行最终检查，确保所有承包商从人员、文件、工器具材料等各方面为大修开始实施做好了充分准备。

2. 重要准备工作项管理要求

（1）技术交底

项目执行部门必须组织人员与承包商进行技术交流，确保承包商人员明白工作内容和要求，了解相关经验反馈，在实施前能做好各项准备工作。

1）项目准备阶段的技术交流

技术交流主要包括该承包商承担的主要工作、计划安排、工作风险提示、人员要求以及技术文件要求等。对于重大复杂的检修项目，如涉及新编写的技术文件（如作业逻辑图、作业计划、专项安全工作计划、异物排除方案、脚手架搭设方案、风险评估文件等），可以在技术交流时确定双方任务，并明确后续时间控制点，双方合作在大修项目实施前完成各项准备工作。

2）项目实施前的技术交底

承包商在收到工作包后，一周内将工作包分配到具体的工作组和工作人员。工作组熟悉和消化大修工作包，对大修工作包中不了解的地方或有误的地方提出问题清单。

项目执行部门组织技术交底。技术交底项目的确定原则为：重大项目、复杂和难度大的项目、以往发生过问题的项目、容易出现问题的项目，协调工作和配合工作多的项目，进度要求紧的项目。

（2）人员培训、授权

1）在接到承包商人员培训需求后，安排课程计划。

2）组织对承包商人员进行培训，并及时给出培训成绩。

3）按照要求对参加项目人员进行授权。

8.2.2　现场实施阶段管理

1. 实施阶段主要工作及要求

1）承包商按电厂管理要求参加相关生产例会，及时反馈现场信息，同时将电厂生产管理要求及时传达到承包商相关人员。

2）承包商应组织开展经验反馈活动，并将电厂或自己发现的问题及时传达到工作组层面。

3）项目开始后，按照电厂组织和管理流程、管理要求，承包商实施相关工作。电厂项目执行部门负责对承包商现场工作进行监管。

4）承包商每天编制工作日报，通报现场工作最新动态，项目完成情况，需要重点关注的项目，存在问题和困难，通报工业安全、辐射防护、消防保卫、质量监督等方面问题和经验反馈等。

5）对现场工作中发生的问题，承包商执行 30 分钟汇报制度，逐级反馈到电厂相关管理人员。

6）承包商人员在工作实施过程中，有疑问或需要技术支持时，可直接联系电厂工作包准备人员（工作包评估人员）寻求技术支持。

7）当维修和检查活动中，发现设备存在除工作包要求以外的缺陷或故障，以及需要更换工作包中未明确更换的部件时，都需要填写质量缺陷报告，交电厂业务部门审批。质量缺陷报告的处理必须按照电厂批准的方案处理。

8）工作票的办理、备件、材料的领用，工器具的借用，统一按电厂的要求执行。

9）现场工作完成后，按照电厂要求及时完成工作报告的编制，将工作包返回审查，审查不合格的工作包及时完成修改。

10）检修工作完成后，需要及时将未使用的备件退库处理，归还工器具。对于更换下来不能直接报废的部件，整理和标识好存放到电厂指定的地方，便于后续安排修复。

11）对于变更项目，现场实施完成后，承包商还需提供竣工图、历史文件、乙供材料审核表等文件。

2. 大修承包商安全管理

1）要求承包商应设立专职的安全管理人员，参与到电厂的工业安全专项监督网络中，接受工业安全监督部门和业务部门的安全监督要求。

2）现场安全监督人员应对所有厂房的人员行为、工作场所、设施进行巡视检查，对于发现的问题，应及时进行整改，并向安全监督部门报告。

3）在现场实施过程中，当工业安全监督人员确认承包商的工作存在或潜在存在严重工业安全问题时，可签发整改通知书或停工令；承包商应根据要求及时进行纠正和整改。

3. 大修承包商质量管理

（1）质量保证

1）要求承包商建立质保大纲和管理体系，应满足电厂《运行质量保证大纲》及相关管理程序的规定。

2）安全质量处组织对承包商进行质保检查，对承包商的质保手册、程序、细则、技术程序和管理程序的完整性和适用性及其实施的有效性进行审查、验证，确保承包商能够按电厂要求开展现场工作。对于检查中发现的问题，承包商应及时进行整改。

（2）质量控制

1）承包商现场工作必须符合《现场质量控制》（QA-QS-600）的要求，建立质量控制的工作制度。

2）承包商必须按质量计划的要求，做好内部的质量控制工作，提前通知 QC 人员到场见证，见证合格方可进行下一步工作。

3）质量检查过程中发现的设备质量问题，应及时填写质量缺陷报告，进行分析、审查、纠正。

4）在现场实施过程中，当质量管理人员确认承包商的工作存在或潜在存在严重质量管理问题时，可签发整改通知书或停工令；承包商应根据要求及时进行纠正和整改。

（3）整改通知与停工令

1）在项目实施过程中，当相关的管理部门发现承包商的工作存在或潜在存在严重损害系统设备或严重违反电厂管理要求时，由监管部门发出整改通知，要求承包商进行整改和纠正。承包商在收到整改通知单后，必须对存在问题进行原因分析，必须及时提出有效的整改措施进行整改，整改后提交管理部门审核关闭。

2）在现场实施过程中，当继续工作可能出现危及安全、质量的状况，如果这种状况不立即加以控制，将导致电厂和人员的安全或质量受到重大损害，通过一般的纠正措施（如口头指正、整改通知等）仍不起作用的情况下，应及时发出停工令。

3）在接到停工令后，承包商必须立即停止相关工作，制定整改措施，并组织落实纠正行动。当具备复工条件时，由承包商办理复工手续，经验证、审批后复工。

8.2.3 项目终结管理

1. 人员撤离

大修过程中，承包商可以根据大修项目完成情况，可进行部分人员撤离时，承包商应向电厂申请，经电厂业务部门确认后，方可撤离该部分人员。

合同结束后，承包商应按照合同要求办理撤离手续。对于大修项目，承包商应在机组并网后一周内按照合同要求保留部分人员保驾，处理机组运行中出现的各类缺陷。

2. 工作总结

承包商在项目总体执行完毕一周内，需提交工作总结报告，重点在于承包商自身和电厂在本次合同执行中的良好实践和不足之处的改进建议，以促进工作优化和绩效提升。

8.3 大修承包商考核

大修承包商考核分为承包商大修绩效考核与大修合同执行考核。

大修承包商绩效考核已在 7.2 章节中描述，对大修承包商的合同执行考核主要基于各职能处室在各自领域的管理和考核要求。

大修期间，各职能处室均应该按照公司管理要求，对承包商单位的现场违规违章现象以及其他不满足合同约定的事项提出考核。所有考核信息在执行扣罚之前，均应得到公司和承包商双方的一致认可。

项目终结后一个月内由大修管理部门组织外委项目安全质量考核，对项目执行中发生的所有安全、质量等问题进行汇总并形成考核结果。

项目终结后，在质保期内出现需要返工的缺陷，由项目执行部门按项目保修方式通知承包商履行保修义务，在保修期结束后，由相关部门配合服务合同处完成合同最终支付确认。

如果由维修处室自行消缺处理,后续在支付质保金时扣除相应金额。

图 8-2 大修中检修工作

第七部分　高处作业安全技能

第一章　作业准备

1.1　概述

本教材适用于从事现场高处作业的人员学习和使用。

1.2　高处作业定义

凡在离坠落高度基准面 2 m 以上(含 2 m)或没有栏杆的脚手架且高度超过 1.5 m 的作业区域,如:高大设备管道顶部、脚手架、梯台、吊篮、升降机、坑井边和高架线杆等。

1.3　存在风险

高处作业的风险包括:人员从高处坠落、物体坠落打击。这些风险可能来自:

1) 作业人员的习惯性违章;

2) 上下交叉作业缺乏协调或防护措施不足;

3) 防坠落措施不到位,如:没有使用或不正确使用防坠落设施、缺少围栏、安全网、工具防坠落绳等;

4) 登高设施和工具缺陷,如:脚手架、梯子、提升设备缺陷;

5) 不熟悉与作业环境相关的风险,如:风力、温度、地面有易滑物或照明不足、能见度差等;

6) 其他直接引起坠落的客观危险因素等。

1.4　人员要求

高处作业人员必须经县级以上医疗机构体检合格(体格检查至少每年一次),凡不适宜高空作业的疾病者(患有精神病、癫痫病及经医师鉴定患有高血压、心脏病等不宜从事高处作业病症的人员)不得从事高空作业。

高处作业人员必须身体健康,工作人员因患病服用某些药物、饮酒、精神不振时,禁止登高作业,作业前须保证精神状态良好。

搭拆脚手架必须由具有合格资质的专业架子工进行。

1.5 文件准备

高处作业培训完全模拟现场工作,需具有完整的工作包,工作包内的信息及表格模式均按公司规定最新版执行。此外,对于符合工业安全高风险作业要求的,必须提前办理好高风险许可。

1.6 工器具、仪器仪表、材料准备

序号	工具名称	数量
1	安全带	若干个(按现场实际需要)
2	防坠器	若干个(按现场实际需要)
3	梯子	若干个(按现场实际需要)
4	工具包	若干个(按现场实际需要)
5	手绳	若干个(按现场实际需要)

1.7 模拟体准备

培训教室,模拟体处于可用状态。检查模拟体是否有损坏,确保教学过程顺利实施。

1.8 辐射防护准备

培训楼模拟体无辐射风险,教学过程中如需要模拟实施辐射防护,需要说明在现场实施工作中所要采取的防护措施。依据不同的辐射水平,所采取的防护措施也有所不同,具体依照现场环境而定。防护措施一般有以下内容:

1) 穿戴辐射防护用品,如细沙手套、口罩、纸衣等
2) 进入工作现场,确定周围有无辐射热点、警告标示
3) 如有必要对现场进行辐射检查
4) 零部件运出,需办理许可证

1.9 工业安全准备

根据工业安全规定执行,所有人员穿戴劳动保护用品。具体的工业安全准备根据现场

环境而定，但基本的工业安全需要准备。所有人员必须佩戴安全帽、防砸鞋、工作服等。检修场地使用警示带进行围栏。

1.10　配合人员准备

无。

1.11　场地准备

现场铺设带有颜色塑料布用于摆放工器具；铺设橡胶板用于放置材料；清理场地，确保检修场地无其他异物；合理分配场地，确保工具、材料的合理分布；在场地外围布置警示带。

第二章　作业实施

2.1　进行高处作业时的安全技能 1

针对需攀爬到脚手架作业平台(8 米及以上)工作人员见表 2-1。

表 2-1　攀爬到脚手架作业平台（8 米及以上）工作人员的安全技能

序号	操作步骤	操作要求	工器具	测评标准	备注
1	召开工前会	1. 工作组全体参加； 2. 工作负责人说明：工作内容、工作组成员分工、工作时安全注意事项； 3. 工作组成员对工作内容及分工无异议后，签字。		按照工前会表格内容要求执行	
2	材料、劳保用品和安全工器具确认	1. 检查劳保用品是否佩戴齐全； 2. 检查脚手架是否完好和满足要求(包括脚手架是否有损坏或不牢固，是否已验收挂牌等)，确认作业下方已设置安全围栏及警告标志； 3. 检查安全带和防坠器有效期、外观和性能等，是否完好有效。	自检 他检	佩戴齐全完好 防人因工具使用	
3	现场情况确认	工作现场满足检修工作需要，确认监护人已到位。	目视	无妨碍检修现场的情况 人员到位	
4	穿戴安全带，连接防坠器	1. 穿戴安全带：从肩带处提起安全带，将安全带穿在肩部，并将胸部纽扣扣好；系好左右腿带或扣索；调节腿带和胸扣直到合适； 2. 连接防坠器：将位于防坠器系带一端的安全钩固定在安全带上的“D”形环上，并确认连接牢固。	自检 他检 安全带 防坠器	完好 防人因工具使用	
5	攀爬脚手架至作业平台	1. 集中注意力，手中不得持物(若有随身物品使用工具包)； 2. 抓牢爬梯，两手不准同时抓一个梯阶； 3. 攀爬时保持三点接触原则(双手和双脚四点中的三点)，且人必须面向竖梯； 4. 同一时间只允许一人攀爬； 5. 攀爬过程中避免防坠器的钢丝绳发生摩擦产生磨损。	自检 他检 工具包	完好工具系手绳，攀爬时手中不持有物品完好防人因工具使用	

续表

序号	操作步骤	操作要求	工器具	测评标准	备注
6	平台上进行作业	1. 解开防坠器,将安全带挂钩挂在牢固物体上,高挂低用; 2. 用吊篮或绳索固定好后运送工器具和材料等物品,禁止采用上下抛掷的方式; 3. 将存放在作业平台上物品固定,做好防坠落措施; 4. 使用工具等系好手绳,防止坠落。	自检 他检 安全带 手绳	完好 防人因工具使用	
7	工作完成,下脚手架离开作业平台	1. 清理现场,做到"工完料净场地清",用吊篮或绳索固定好后运送工器具和材料等物品,禁止采用上下抛掷的方式; 2. 连接防坠器:将位于防坠器系带一端的安全钩固定在安全带上的"D"形环上,并确认连接牢固; 3. 下脚手架竖梯,集中注意力,手中不得持物; 4. 抓牢爬梯,两手不准同时抓一个梯阶; 5. 攀爬时保持三点接触原则(双手和双脚四点中的三点),且人必须面向竖梯; 6. 同一时间只允许一人攀爬; 7. 攀爬过程中避免防坠器的钢丝绳发生摩擦产生磨损; 8. 到达地面,解开防坠器和安全带。	自检 他检 安全带 防坠器	完好 防人因工具使用	

2.2 使用梯子时的安全技能 2

主要针对使用铝合金梯,梯子仅限于 4 米以下的登高或短时间内可完成的轻工作,不得挪作他用见表 2-2。

表 2-2 使用梯子时的安全技能

序号	操作步骤	操作要求	工器具	测评标准	备注
1	使用梯子前,劳保用品、安全工器具等确认	1. 检查劳保用品是否佩戴齐全; 2. 检查梯子有效期和外观,是否完好有效(人字梯应有坚固的铰链和限制开度的拉链)。	自检他检	佩戴齐全 完好 防人因工具使用	

续表

序号	操作步骤	操作要求	工器具	测评标准	备注
2	使用梯子攀爬	1. 将梯子安置稳固。在光滑坚硬的地面上使用梯子时，使用绳索将梯子下端与固定物拴住；在松软的地面上使用梯子时，做好防陷、防侧倾的措施，梯子与地面的夹角约为60°； 2. 上下梯子时保持三点接触，（双手和双脚四点中的三点），人必须面向梯子，双手交替握紧梯柱，一阶一阶地上下，手中不得持有物品，下方始终有戴安全帽的人扶着梯子； 3. 用于爬到高处的倚靠式梯子应高出登高临点上方至少1 m。	自检 他检	完好 防人因工具使用	
3	在梯子上作业	1. 保持一手抓牢，踩踏处高度超过2 m时，需佩戴安全带并挂于牢固的结构上； 2. 工作时需登在距梯顶不少于1 m的梯蹬上； 3. 作业过程中两脚始终踏在同一踏板/踏棍上。	自检 他检	规范佩戴完好 防人因工具使用	

第三章　故障检查和处理

无。

第四章 操作结束

4.1 总结培训过程

进行高处作业前首先要检查确认所使用安全工器具等是否完好有效，进行作业过程中确保执行相关安全操作并遵守相关安全规定。

4.2 评判

学员对高处作业定义和存在风险进行阐述，并说明在进行高处作业过程中的安全注意事项及关键点。教员对学员的阐述进行简要记录，根据阐述评判学员掌握的情况。教员指出学员阐述过程中的错误以及需要注意的事项，并且依据评判表，对学员的学习情况做出整体的评判。

4.3 清理现场

工作结束后，做到工完料尽场地清，对检修后的物资设备进行分类。工具整理并与工具清单进行对比确保工具无缺失，并检查工具的可用性，记录损坏情况并汇报。

4.4 工后会

工后会是对整个工作的过程的回顾以及必要的经验反馈。

回顾工作过程：工作票已经归还，场地已经清理，是否达到预期的目的。

工作后的经验反馈是对以后同类型的工作的经验积累，以提高安全技能，能够更好地完成工作，其主要有以下内容：

1）工作是否安排合理

2）工作班成员是否配备充足

3）工作文件的合理性

4）工作人员的安全技能是否满足要求

5）工作过程中的异常

6）工作的经验反馈

7）协调事项

第五章　经验反馈

事件描述

2011 年 11 月 1 日 13 时 50 分左右，某在建核电项目 2 号常规岛+16.00 米层进行卸料平台脚手架搭设过程中，一名工作人员站在单边绑扎的单跳板上，摘下安全带挂钩，取用钢管时安全带未再钩挂，失稳坠落至-11.00 米处(落差 27 米)后经抢救无效不治身亡。

经验教训

1. 脚手架搭设等高空作业时，必须严格遵守安全规定和操作程序，戴好安全帽、系好安全带并做好工作过程中风险控制；

2. 脚手架作业面跳板铺设要平稳、绑扎要牢固；

3. 脚手架作业时必须使用“双大钩安全带”，任何时候要确保安全带有一钩在挂设状态。

案例：登梯作业跌落事件

事故概述

2014 年 11 月 22 日凌晨 2 点左右某承包商单位 1 名工作人员在国内某电厂 1MX 厂房+20 米层蒸汽转换器平台配合运行人员执行蒸汽转换器系统功能试验，该工作人员在运行人员执行其他操作且现场无人员扶住梯子的情况下，独自 1 人登上人字梯拟开展阀门关闭操作，在攀爬过程中因梯子滑倒而跌落受伤。

案例："3.24"人员高空坠落事故

事件速报

2016年3月24日上午，国内某核电厂在建机组，一施工项目部的电气队员工在厂房内一房间核查电缆线路时，从该房间西北侧一处正式盖板的孔洞坠落至下方房间，该正式盖板呈矩形，被踩踏后沿对角线轴进行了翻转，落差约 18 米，后被送至医院救治，经抢救无效，于当日死亡。

经验教训

1. 落实安全生产责任制，加大安全隐患排查力度，对能整改的应立即整改，对不能立即整改的，应采取临时安全措施并限期整改。

2. 坑洞作业区域应当设置安全警戒线或采取其他实体隔离措施，并张挂安全警示牌，防止无关人员意外闯入。

3. 楼板、层面和格栅板平台等处需开口时，应根据具体况采取装设防护栏杆、设置牢靠的临时盖板、张挂安全网或装栅门等措施。

4. 在开孔边作业的工作人员，如符合高处作业的条件，则必须佩戴安全带；完工后，必须将预制板、盖板盖回。开孔作业完成后，必须将地板恢复原状。

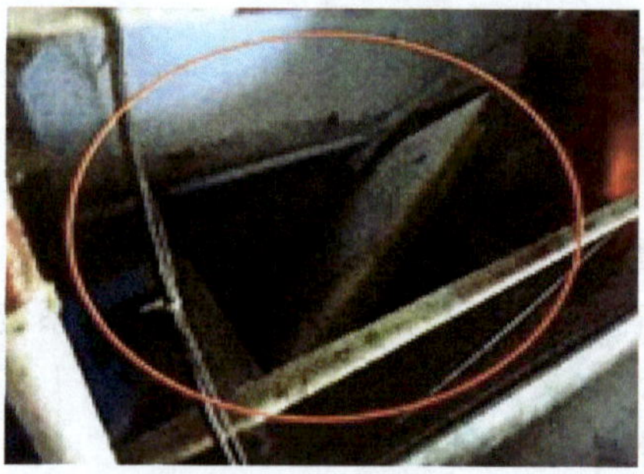

8.31 人员爬梯坠落受伤事件

事件概述

2015年8月31日，某核电厂机组大修过程中，维修支持处在反应堆厂房实施燃料运输小车倾翻机液压缸的更换作业。一名维修支持处员工从上往下拟从高跨区攀爬竖梯至低跨区。在接近竖梯底部位置时，人员不慎从竖梯摔落受伤。该受伤员工立即被送至医院进行救护，经初步诊断为左手和左脚掌骨折。

经验教训(安全要求)

1. 攀爬之前应检查梯子是否有腐蚀或断裂，不得攀爬有缺陷的梯子；

2. 上下梯子时一定要保持三点接触原则(双手和双脚四点中的三点)；

3. 在攀爬竖直爬梯过程中，手中不得持有工器具，并集中注意力；

4. 人必须面向梯子，双手交替握紧梯柱，一阶一阶地上下；

5. 禁止两人以上(包括两人)同时攀爬同一竖直爬梯；

6. 生病服药、情绪不稳定、思想不集中等足以影响平衡的情形时，不得攀爬梯子；

7. 发现任何安全隐患，应立即指出并及时整改，确保隐患得到的有效的闭环管理；

8. 大修任务繁重，工作计划应合理考虑工作项目内容和人员安排，避免疲劳作业，防止由于人员精神不集中、体力不支等导致发生意外事件。

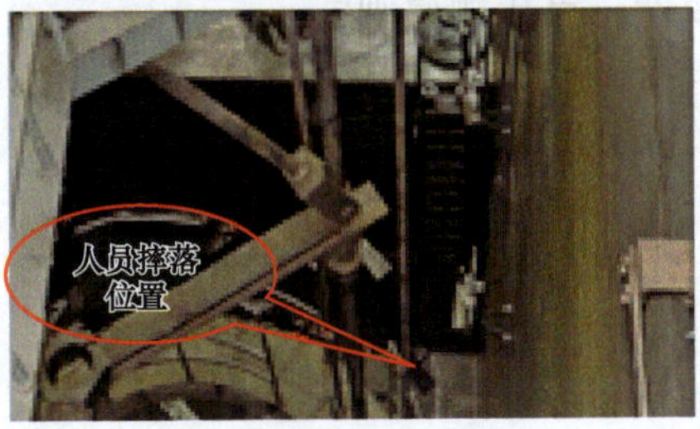

第六章　习　题

6.1　选择题(每题5分)

1. 在距坠落高度基准面(　　)有可能坠落的高处进行的作业称为高处作业。在没有栏杆的脚手架上且高度超过(　　)时,也应视为高处作业。高处作业必须使用安全带,并采取可靠的安全措施。(C)

A. 5米及以上;3米　　B. 3米及以上;2米

C. 2米及以上;1.5米　　D. 4米及以上;2米

2. 安全带的正确挂扣方法是(B)

A. 低挂高用　　B. 高挂低用　　C. 平挂平用　　D. 都可以

3. 在攀爬(B)米以上的脚手架爬梯时,必须使用防坠器。

A. 3　　B. 5　　C. 6　　D. 8

4. 以下关于梯子使用错误的是(C)。

A. 上下梯子时一定要保持三点接触原则

B. 工作人员必须登在距梯顶不少于1 m的梯蹬上工作

C. 使用梯子时下方可不用人扶

D. 人要面向梯子

6.2　判断题(每题4分)

1. 脚手架的搭建人员只需培训即可,不需取得相应资质。(×)

2. 凡是高处作业必须佩戴安全带,安全带在使用之前应当仔细检查,不得使用有变形、破损等缺陷的安全带。(√)

3. 攀爬脚手架时为使工作方便,手中可携物进行攀爬。(×)

4. 高处作业下方应设立隔离区,不得在高处作业地点下面通行或逗留。(√)

5. 用梯子登高作业时,梯子必须检定合格,并要有人扶持保护。(√)

6.3　简答题(每题15分)

1. 高处作业定义和所存在风险?

答:凡在离坠落高度基准面2 m以上(含2 m)或没有栏杆的脚手架且高度超过1.5 m的作业区域作业称为高处作业。高处作业的风险包括:人员从高处坠落、物体坠落打击。

2. 高处作业人员有哪些要求?

答:高处作业人员必须经县级以上医疗机构体检合格(体格检查至少每年一次),凡不适宜高空作业的疾病者不得从事高空作业。

高处作业人员必须身体健康,工作人员因患病服用某些药物、饮酒、精神不振时,禁止登高作业,作业前须保证精神状态良好。

搭拆脚手架必须由具有合格资质的专业架子工进行。

3. 高处作业风险发生的主要原因有哪些?

答:1) 作业人员的习惯性违章;

2) 上下交叉作业缺乏协调或防护措施不足;

3) 防坠落措施不到位,如:没有使用或不正确使用防坠落设施、缺少围栏、安全网、工具防坠落绳等;

4) 登高设施和工具缺陷,如:脚手架、梯子、提升设备缺陷;

5) 不熟悉与作业环境相关的风险,如:风力、温度、地面有易滑物或照明不足、能见度差等;

6) 其他直接引起坠落的客观危险因素等。

4. 佩戴安全带需注意哪些问题?

答:使用前确认安全带合格有效,佩戴方式正确,高挂低用,挂钩挂在牢固的物体上。

6.4 实操题

实操试题 1: 攀爬脚手架竖梯(高度超过 8 米)

鉴定点: 攀爬脚手架竖梯

试题 1: 攀爬脚手架竖梯

1. 准备要求

考场准备:

(1) 试题名称:攀爬脚手架竖梯

(2) 本题分值:10

(3) 考核时间:10 min

(4) 考核形式:实操

(5) 设备设施准备

序号	名称	规格	单位	数量	备注
1	脚手架模拟体		台	1	教学用脚手架竖梯
2	安全带		套	1	安全工器具
3	防坠器		个	1	安全工器具

考生准备:

(1) 试题名称:攀爬脚手架竖梯

(2) 本题分值:10

(3) 考核时间:20 min
(4) 考核形式:实操
(5) 工具及其他准备:无
2. 考核要求
(1) 本题分值:80
(2) 考核时间:20 min
(3) 考核形式:实操
(4) 具体考核要求:攀爬脚手架竖梯过程中进行正确的安全操作
(5) 否定项说明:未正确使用安全带和防坠器
3. 配分与评分标准

序号	考核内容	考核要求	评分标准	配分	扣分	得分
1	工作准备	劳保用品穿戴齐全	穿戴不齐不得分	10		
		安全工器具齐全,符合考题要求	漏一件扣10分 选错一件扣5分,扣完为止	20		
2	穿戴安全带,连接防坠器	正确穿戴和挂接	未正确操作,否定项			
3	攀爬过程	始终面向竖梯	未做到,扣10分	10		
		做到“三点接触”	未做到,扣10分	10		
		手中未持物	未做到,扣10分	10		
		双手不同时抓同一梯阶	未做到,扣10分	10		
4	攀爬结束	解开防坠器,安全带挂在合适位置	未做到,扣10分	10		
备注						

评分人: 年 月 日 核分人: 年 月 日

实操试题 2:使用铝合金梯子到达指定位置(高度约3米)

鉴定点:使用铝合金梯子到达指定位置

试题 1:使用铝合金梯子到达指定位置

1. 准备要求
考场准备:
(1) 试题名称:使用铝合金梯子到达指定位置
(2) 本题分值:10
(3) 考核时间:20 min
(4) 考核形式:实操
(5) 设备设施准备

序号	名称	规格	单位	数量	备注
1	铝合金梯子		付	1	教学用铝合金梯子一台，
2	安全带		套	1	安全工器具

考生准备：

(1) 试题名称：使用铝合金梯子到达指定位置

(2) 本题分值：10

(3) 考核时间：20 min

(4) 考核形式：实操

(5) 工具及其他准备：无

2. 考核要求

(1) 本题分值：80

(2) 考核时间：20 min

(3) 考核形式：实操

(4) 具体考核要求：使用铝合金梯子到达指定位置过程中进行正确的安全操作

(5) 否定项说明：到达指定位置未正确佩戴使用安全带

3. 配分与评分标准

序号	考核内容	考核要求	评分标准	配分	扣分	得分
1	工作准备	劳保用品穿戴齐全	穿戴不齐不得分	10		
		安全工器具齐全，符合考题要求	漏一件扣 10 分 选错一件扣 5 分，扣完为止	20		
2	放置梯子	安置合理、稳固	放置错误，扣 10 分	10		
3	攀爬梯子	安排人员扶持	未做到，扣 10 分	10		
		做到“三点接触”	未做到，扣 10 分	10		
		手中未持物	未做到，扣 10 分	10		
4	攀爬结束	脚部登在距梯顶不少于 1 m 的梯蹬上	未做到，扣 10 分	10		
		一手抓牢，安全带挂在合理位置	未正确操作，否定项			
备注						

评分人：　年　月　日　　　　核分人：　年　月　日